冶金工业出版社

普通高等教育"十四五"规划教材

土木工程勘测

主编 杜 岩 仇安兵 谢谟文

北 京

冶 金 工 业 出 版 社

2024

内 容 提 要

　　本书根据当前土木工程专业本科生的需求和行业发展趋势，阐述了土木工程领域不同阶段工程勘察、安全监测和结构检测等内容，涉及建筑工程全生命周期、聚焦无损检测等新兴领域，突出勘测类新技术与工程应用；旨在培养具备专业勘测技术的土木工程人才，特别是在深地工程、地下工程无损检测、特殊环境操作和工程安全监测等领域专长的工程师。本书全面覆盖了土木工程项目周期的勘测内容，贴近实践需求，并关注国内外新兴领域和专业人才需求，为土木类本科生人才培养提供最新的勘测技术教学资料。

　　本书可作为高等院校本科生、研究生的专业教学用书，也可供从事土木工程的工程技术人员、科研人员以及有关管理人员参考。

图书在版编目 (CIP) 数据

　　土木工程勘测/杜岩，仇安兵，谢谟文主编. —北京：冶金工业出版社，2024. 4

　　普通高等教育"十四五"规划教材

　　ISBN 978-7-5024-9817-7

　　Ⅰ. ①土… Ⅱ. ①杜… ②仇… ③谢… Ⅲ. ①土木工程—工程测量—高等学校—教材 Ⅳ. ①TU198

　　中国国家版本馆 CIP 数据核字 （2024） 第 066484 号

土木工程勘测

出版发行 冶金工业出版社		**电 话**	(010)64027926
地 址 北京市东城区嵩祝院北巷 39 号		**邮 编**	100009
网 址 www. mip1953. com		**电子信箱**	service@ mip1953. com

责任编辑　夏小雪　美术编辑　吕欣童　版式设计　郑小利
责任校对　葛新霞　责任印制　窦 唯
三河市双峰印刷装订有限公司印刷
2024 年 4 月第 1 版，2024 年 4 月第 1 次印刷
710mm×1000mm　1/16；14 印张；272 千字；214 页
定价 42. 00 元

投稿电话　(010)64027932　投稿信箱　tougao@cnmip. com. cn
营销中心电话　(010)64044283
冶金工业出版社天猫旗舰店　yjgycbs. tmall. com
(本书如有印装质量问题，本社营销中心负责退换)

前　言

近些年依据我们对土木工程专业的调研结果发现，土木工程本科毕业生有两大热门方向：一种是具有实际工程背景和熟悉专门技术的卓越工程师，另一种是需要继续进行专业深造的潜在创新科研型人才。这一变化主要是因为国内外环境的变化所致：一方面国内房地产和建筑业增长趋缓，目前传统的结构设计和施工技术人才已基本趋于饱和；另一方面随着"一带一路"的深入部署，国际项目和复杂环境下施工项目日渐增多，越来越多的工程项目开始挑战现有规范和传统技术的适用范围，有大量创新性课题需要进一步研究。因此，培养具有专门技术的卓越工程师，如在深地工程、地下工程无损检测、特殊环境作业和特殊工程安全监测技术等方面的专业人才需求量日渐增多，具备前沿知识储备的卓越工程师有着广阔的就业空间。据此，结合土木工程、智能建造等专业的课程体系及人才培养发展方向，按照国际通用标准（华盛顿协议）培养，编制了这本涉及建筑工程全生命周期的土木工程勘测类教材，从而助力推进土木工程一流专业建设。

本书针对土木工程项目全周期的相关勘察、测试和测量等，不仅涉及岩土工程勘察阶段，而且也关注于结构健康检测等未来新兴领域的内容与勘测类新技术、新应用和新的工程案例。

全书由北京科技大学杜岩、仇安兵、谢谟文、李恒、张磊、黄正均、陈晨、张洪达、张安琦共同完成。其中，杜岩、李恒、陈晨编写第1~3章，仇安兵、张磊、张洪达编写第4~5章，谢谟文、黄正均、张安琦编写第6章。贾北凝、刘静楠、宁利泽、刘慧、丁俊辉参与编写、整理文稿，并参加了部分章节插图绘制工作。

　　本书的出版得到了北京科技大学教材建设经费资助以及北京科技大学教务处的全程支持。在本书编写过程中，参考并引用了相关单位和个人的著作和资料，在此谨向文献作者表示衷心的感谢。

　　由于编者水平所限，书中不妥或错误之处敬请读者批评指正。

编　者

2024 年 1 月

目　　录

1 绪　论

1.1　土木工程与土木工程勘测

土木工程（Civil Engineering）是建造各类工程设施的科学技术的统称。它既指所应用的材料、设备和所进行的勘测、设计、施工、保养、维修等技术活动，也指工程建设的对象，即建造在地上或地下，直接或间接为人类生活、生产、军事、科研服务的各种工程设施，例如房屋、道路、铁路、管道、隧道、桥梁、运河、堤坝、港口、电站、飞机场、海洋平台、给水排水以及防护工程等。土木工程是指除房屋建筑以外，为新建、改建或扩建各类工程的建筑物、构筑物和相关配套设施等进行的勘察、规划、设计、施工、安装和维护等各项技术工作及其完成的工程实体。

土木工程勘测是在工程项目建设前和建设过程中，对建设地点的地形地貌、地质构造以及工程建筑物的结构状况等进行勘探、测试和综合评定，总结出建设所需的勘察成果资料并提出可行性评价，可分为岩土工程勘察、土木工程监测和土木工程检测。土木工程勘测旨在为建设项目的选址路线、工程设计、施工和运维提供有关地质、结构、稳定性等方面的数据资料，研究各种对工程建设有影响的地质问题和结构问题，给出工程建设的方案和设计、施工运维所需的技术参数并对有关技术做出指标评价，风险评估与改进建议。

1.2　土木工程勘测的内容与目的

土木工程工作包括土木工程勘测、设计、施工和监理等。土木工程勘测是整个土木工程作业的重要组成部分之一，也是一项基础性的工作，它的成败将对土木工程全生命周期安全产生极为重要的影响。例如，中华人民共和国国务院在2000 年 9 月 25 日颁布的《建设工程勘察设计管理条例》的总则部分规定，从事建设工程勘察、设计活动，应当坚持先勘察、后设计、再施工的原则。

土木工程勘测是指根据建设工程的要求，查明、分析、评价场地的地质、环境特征和土木工程条件与安全状态，并编制勘测文件的活动。与其他的勘察工作相比，土木工程勘测具有明确的针对性，即其目的是满足工程建设的要求，因此所有的勘测工作都应围绕这一目的展开。土木工程勘测的内容是要查明、分析、评价建设场地的地质、环境特征和土木工程条件与状态。其具体的技术手段有多种，如工程地质测绘和调查、勘探和取样、各种原位测试技术、室内土工试验和岩石试验、检验和现场监测、分析和计算、数据处理等。但不是每一项工程建设都要采用上述全部的勘测技术手段，可根据具体的工程情况合理地选用。土木工程勘测的对象是建设场地（包括相关部分）的地质、环境特征和土木工程条件与安全状态，具体而言主要是指场地岩土的岩性或土层性质、空间分布和工程安全状态，地下水的补给、贮存、排泄特征和水位、水质的变化规律，以及场地及其周围地区存在的不良地质作用和工程地质灾害情况等。土木工程勘测工作的任务是查明情况，提供各种相关的技术数据，分析和评价建筑物及其场地的工程条件并提出解决土木工程问题的建议，以保证工程建设安全、高效进行，促进社会经济的可持续发展。

我国的土木工程勘测体制形成于 20 世纪 80 年代，而在此之前一直采用的是建国初期形成的苏联模式。以岩土工程勘察为例，早期的勘察任务是查明场地或地区的工程地质条件，为规划、设计、施工提供地质资料。因此，在实际工程地质勘察工作中，一般只提出勘察场地的工程地质条件和存在的地质问题，而不涉及解决问题的具体方法。对于所提供的资料，设计单位如何应用也很少了解和过问，使得勘察工作与设计、施工严重脱节，对工程建设产生了不利的影响。针对上述问题，自 20 世纪 80 年代以来，我国开始实施改革，以服务工程为主要目标，勘察任务不仅要正确反映场地和地基的工程地质条件，还应结合工程设计、施工条件进行技术论证和分析评价，提出解决具体土木工程问题的建议，并服务于工程建设的全过程，因此岩土工程勘察、土木工程监测与土木工程检测相互融合，旨在解决建设运维期的工程技术问题，具有很强的工程针对性。

1.3　土木工程勘测的应用

工程建筑物在施工前、中、后期，必须要有具备一定资质的勘测机构对工程进行调研，现场勘察，安全监测与检测。土木工程勘测是工程建设前期最为重要的工作，并且从可行性研究开始，贯穿到整个工程建筑物的建设、使用周期。

土木工程勘测可分为岩土工程勘察、土木工程监测和土木工程检测。岩土工程勘察主要目的在于调查场地的地质构造、地形地貌、岩土类型及性质、地下水埋藏情况等，预测可能出现的工程问题、不良地质现场，例如地基不均匀沉降、管涌、滑坡等，为道路施工、基坑开挖、地基埋置等提供数据资料和专业建议。土木工程监测贯穿在建筑工程的施工和使用阶段，通过监测变形、应力变化情况等，检验施工和使用的合理性，预测可能出现的工程问题。土木工程检测通过对构件或材料进行实验，获取目标物的基本参数，判断结构的安全情况，为工程建设运维提供相应数据和意见。

　　近年来，随着声发射、三维激光扫描、多普勒激光测振等新技术的发展和应用，土木工程勘测工作效率得到很大提升，应用面也更加广泛。随着技术的进步，地质条件调查、结构损伤识别、危岩体识别等土木工程勘测领域将在工程建设中发挥越来越大的作用。

2 土木工程材料

在进行土木工程勘测前，需认清勘测的对象，它们多由如下土木工程材料组成，例如岩石、土、混凝土、钢材等。

2.1 岩 石

2.1.1 岩石的分类及物质成分

2.1.1.1 岩石的分类

自然界中有各种各样的岩石，不同成因的岩石具有不同的力学特性，因此有必要根据不同成因对岩石进行分类。根据地质学的岩石成因，可把岩石分为岩浆岩、沉积岩和变质岩三大类。土木工程勘测学是专门的学科，这里不作详细的探讨，只是简要介绍各类岩石的基本特征。

A 岩浆岩

地壳以下物质成分复杂，但主要是硅酸盐并含有大量的水汽和各种其他气体。由于放射性元素集中，不断蜕变而释放出大量的热能，从而使物质处于高温（1000 ℃以上）、高压（上部岩石的重量产生的巨大压力）的过热可塑状态。当地壳变动时，上部岩层压力一旦降低，过热可塑状态的物质就立即转变为高温熔融体，称为岩浆。它的化学成分很复杂，主要有 SiO_2、TiO_2、Al_2O_3、Fe_2O_3、FeO、MgO、MnO、CaO、K_2O、Na_2O 等[1]。依其含 SiO_2 量的多少，岩浆分为基性岩浆和酸性岩浆。基性岩浆的特点是富含钙镁和铁，而贫钾和钠，黏度较小，流动性较大。酸性岩浆富含钾、钠和硅，而贫镁、铁、钙，黏度大，流动性较小。岩浆内部压力很大，不断向地壳压力低的地方移动，以致冲破地壳深部的岩层，沿着裂缝上升。随着上升高度的增加，温度、压力随之降低。当岩浆的内部压力小于上部岩层压力时，迫使岩浆停留，冷凝成岩浆岩。

依冷凝成岩浆岩地质环境的不同，将岩浆岩分为三大类，即深成岩、浅成岩和喷出岩（火山岩），每一类中又可根据成分的不同分出具体的各类，见表2-1[2]。它们在结构上有较大的差异，这种差异往往通过岩石的力学性质反映出来。

a 深成岩

深成岩经常形成较大的侵入体，有巨型岩体，大的如岩基、岩盘，它们的形

表2-1　岩浆岩分类表

化学成分		含Si、Al为主			含Fe、Mg为主		产状
颜色		浅色（浅灰色、浅红色、黄色）			深色（深灰色、绿色、黑色）		
酸基性		酸性		中性	基性	超基性	
矿物成分成因及结构		含正长石		含斜长石		不含长石	
		石英、云母、角闪石	黑云母、角闪石、辉石	角闪石、辉石、黑云母	辉石、角闪石、橄榄石	橄榄石、辉石	
深成岩	等粒状，有时为斑状，所有矿物皆能用肉眼鉴别	花岗岩	正长岩	闪长岩	辉长岩	橄榄岩、辉岩	岩基、岩株
浅成岩	斑状（斑晶较大且可分辨出矿物名称）	花岗斑岩	正长斑岩	玢岩	辉绿岩	未遇到	岩脉、岩床、岩盘
喷出岩	玻璃状，有时为细粒斑状，矿物难以用肉眼鉴别	流纹岩	粗面岩	安山岩	玄武岩	未遇到	熔岩流
	玻璃状或碎屑状	黑曜岩、浮石、火山凝灰岩、火山碎屑岩、火山玻璃					火山喷出的堆积物

成环境都处在高温高压状态之下，在形成过程中由于岩浆有充分的分异作用，常常形成基性岩、超基性岩、中性岩及酸性、碱性岩等。彼此往往逐渐过渡，有时也突然变化、互相穿插，在逐渐过渡的大型岩基中，有时则具有环形的岩性岩相带，一般外环偏酸性、内环偏基性，有时在外围还出现基性边缘。根据这种分带性，不论是基性或者中、酸性岩体，岩石种类也是很多的，组织结构也有所变化。在侵入岩体的边缘，常有围岩落入火成岩体之中而形成外捕房体，也有冷却的基性边缘岩石堕入火成岩中形成内捕房体。它们的分布与火成岩的流动构造如流线、流层常相一致。围岩在高温高压的作用下，常常形成热力接触变质的混合岩带。接触岩带的规模视侵入体的规模与埋置深度而不同。

深成岩岩性较均一，变化较小，岩体结构呈典型的块状结构，结构体多为六面体和八面体，但在岩体的边缘部分也常有流线、流面和各种原生节理，结构相对比较复杂。

深层岩颗粒均匀，多为粗中粒状结构，致密坚硬，孔隙很少，力学强度高，透水性较弱，抗水性较强，所以深成岩体的工程地质性质一般比较好。花岗岩、闪长岩、花岗闪长岩、石英闪长岩等均属常见的深成岩体，常被选作大型建筑场地，如举世瞩目的长江三峡大坝的坝基就是坐落在花岗闪长岩体之上。但深成岩体也有不足：首先，深成岩体较易风化，风化壳的厚度一般比较厚；其次，当深成岩受同期或后期构造运动影响，断裂破碎剧烈，构造面很发育时，其性质将大为复杂化，岩体完整性和均一性被破坏，强度降低[3-4]。此外，深成岩体常被同期或后期小侵入体、岩脉穿插，有时对岩体或先期断裂起胶结作用，有的起进一步的分割作用，必须分别对待。但总的来说是岩体更加复杂化，破坏了它的均一性，岩体质量降低。深成岩与周围岩体接触，常形成很厚的接触变质带，这些变质带往往成分复杂，有时易风化，形成软弱岩带或软弱结构面，应予以注意。

b 浅成岩

浅成岩的成分一般与相应的深成岩相似，但其产状和结构都不相同，多为岩床、岩墙、岩脉等小侵入体，岩体均一性差；岩体结构常呈镶嵌式结构，而岩石多呈斑状结构和均一-中细粒结构，细粒岩石强度比深成岩高，抗风化能力强，斑状结构岩石则差一些。与其他一些类型的岩体相比，浅成岩一般还是较好的，在岩石工程中应尽量加以利用。

花岗斑岩、闪长玢岩和微晶岩等中酸性浅成岩性质与花岗岩类似，细晶岩强度较高，但由于产出范围较小，岩性变化比较大，岩体均一性较差。

辉绿岩为常见的基性浅成岩体，岩性致密坚硬，强度较高，抗风化能力较强，但岩体均一性较差；煌斑岩常以岩脉产出，含暗色矿物多，是最容易风化且风化程度较深的一种岩体。

c 喷出岩

喷出岩有喷发及溢流之别，喷发式火山岩有陆地喷发、海底喷发，有裂隙性喷发也有火山口式喷发，它们往往间歇性喷发及溢流，即轮回交替出现。每次喷发的压力和温度不同，所含物质成分不等。无论是喷发式或溢流式，都将导致这类岩石的组织结构及成分有很大的差异，岩性岩相变化十分复杂。总的来说喷出岩是火山喷出的熔岩流冷凝而成的，由于火山喷发的多期性，火山熔岩和火山碎屑往往相间，使喷出岩具有类似层状的构造。

喷出岩由于岩浆喷出后才凝固，所以岩石中含有较多的玻璃及气孔构造、杏仁构造，岩石颗粒很细，多呈致密结构，酸性熔岩在流动过程中形成流纹构造。另外，由于喷出岩是在急骤冷却条件下凝固形成的，所以原生节理比较发育。例如，玄武岩的柱状节理、流纹岩的板状节理等。

上述的这些特征都使喷出岩的结构比较复杂，岩性不均一，各向异性显著，岩体的连续性较差，透水性较强，软弱夹层的弱结构面比较发育，成为控制岩体稳定性的主要因素，厚层的熔岩岩体结构类型常呈块状结构，一般呈镶嵌结构，薄的呈层状结构[5]。

特别要注意喷出岩中的松散岩层及松软岩层，如凝灰质碎屑岩及黏土岩等，有些岩层常含有大量的蒙脱石、拜来石及伊利石等黏土矿物，这些矿物往往具有不同程度的膨胀性。

喷出岩以玄武岩最为常见，其次是安山岩和流纹岩。

B　沉积岩

沉积岩又称水成岩，是由风化剥蚀作用或火山作用形成的物质。在原地或被外力搬运，在适当条件下沉积下来，经胶结和成岩作用而形成的，其矿物成分主要是黏土矿物、碳酸盐和残余的石英、长石等，具层理构造，岩性一般具有明显的各向异性。按形成条件及结构特点，沉积岩可分为火山碎屑岩、胶结碎屑岩、黏土岩、化学岩和生物化学岩等，沉积岩分类见表2-2。

表2-2　沉积岩分类简表

岩类			结构与粒径	岩石分类名称	主要亚类及其组成物质
碎屑岩类	火山碎屑岩	碎屑结构	粒径>100 mm	火山集块岩	主要由大于100 mm的熔岩碎块火山灰尘等经压密胶结而成
			粒径2~100 mm	火山角砾岩	主要由2~100 mm的熔岩碎屑、晶屑、玻屑及其他碎屑混入物组成
			粒径<2 mm	凝灰岩	由50%以上粒径<2 mm的火山灰组成，其中有岩屑、晶屑、玻屑等细粒碎屑物质
	沉积碎屑岩		砾状结构粒径>2 mm	砾岩	角砾岩由带棱角的角砾经胶结而成；砾岩由浑圆的砾石经胶结而成
			砂质结构粒径0.05~2.00 mm	砂岩	石英砂岩的石英含量>90%，长石和岩屑<10%；石砂岩的石英含量<75%，长石>25%，岩屑<10%；岩屑砂岩的石英含量<75%，长石<10%，岩屑>25%
			粉砂结构粒径0.005~0.05 mm	粉砂岩	主要由石英和长石的粉、黏粒及黏土矿物组成
黏土岩			泥质结构，粒径<0.005 mm	泥岩	主要由高岭石、微晶高岭石及水云母等黏土矿物组成
				页岩	黏土质页岩由黏土矿物组成；碳质页岩由黏土矿物及有机质组成
化学岩和生物化学岩			结晶结构及生物结构	石灰岩	石灰岩的方解石含量>90%，黏土矿物<10%；泥灰岩的方解石含量为50%~75%，黏土矿物为25%~50%
				白云岩	白云岩的白云石含量为90%~100%，方解石<10%；灰质白云岩的白云石含量为50%~75%，方解石为50%~25%

沉积岩的形成过程，有的属海浸式沉积环境，有的属海退式沉积环境，有的则为既有海浸式亦有海退式，并且海浸式及海退式交替出现。有的是深水宁静环境，有的则为浅水动荡环境。因此，沉积轮回及沉积相的变化有所不同，特别是滨海及湖相沉积，往往受古地形的明显控制，无论在岩层的走向、倾向、岩性与岩相都有变化，再加水体的季节变化以及风浪的影响，岩性与岩相变化就更大。特别是陆相滨湖环境的沉积模式就更复杂，往往在不大的范围内，砾岩常变为砂岩甚至砂质页岩或黏土岩。不但岩性与岩相变化如此，厚度变化也是如此，往往形成大小不一的扁豆体或透镜体。滨海相的沉积模式也差不多是这样，而深海相沉积则为细粒的碎屑岩沉积及碳酸岩类的化学沉积，这种沉积无论是岩性岩相变化或厚度变化，在较小的范围内往往是不大的。所以，在岩体结构分析时，对滨海相沉积，特别是河湖相沉积，要做好岩石地层的详细对比。

（1）火山碎屑岩。火山碎屑岩具有岩浆和普通沉积岩的双重特性和过渡关系，包括火山集块岩、火山角砾岩、凝灰岩等。各类火山碎屑岩的性质差别很大，与火山碎屑物、沉积物、熔岩的相对含量、层理和胶结压实程度相关。

大多数凝灰岩和凝灰质岩石结构疏松，极易风化，强度很低，往往具有遇水膨胀的特性，必须加以特殊注意。

（2）胶结碎屑岩。胶结碎屑岩是沉积物经胶结、成岩固结硬化的岩石，包括各种砾岩、砂岩、粉砂岩。胶结碎屑岩的性质主要取决于胶结物的成分、胶结形式、碎屑物成分和特点。例如，硅质胶结碎屑岩的岩石强度最高、抗水性强，而钙胶结、石膏质和泥质胶结的岩石，强度较低、抗水性弱，在水作用下，可被溶解或软化，使岩石性质变坏。此外，基质胶结类型的岩石较坚硬、透水性较弱，而接触胶结类型的岩石强度较低、透水性较强。

在胶结碎屑岩中，一般粉砂岩的强度比砂砾岩差些，其中硅质胶结石英砂岩的强度比一般砂岩强度高，我国南方各省分布广泛的中生界红色砂砾岩，多为钙质泥质胶结，胶结程度较古生界砂岩差。

（3）黏土岩。黏土岩包括两种类型，即页岩（具有明显的页状层理）和泥岩。总的来说，黏土岩的性质是较差的，特别是红色岩层中的泥岩，厚度薄，抗水性差，强度低，易软化和泥化，建筑物易沿这些软化和泥化后的结构面滑动。

（4）化学岩和生物化学岩。化学岩和生物化学岩中最常见的是碳酸盐类岩石，以石灰岩分布最广，多数为石灰岩和白云岩，结构致密、坚硬、强度较高。它们在地下水的作用下能被溶蚀，形成溶蚀裂隙、溶洞、暗河等，成为渗漏或涌水的通道，给工程带来极大的危害。泥灰岩是黏土和石灰岩之间过渡类型，强度低、遇水易软化，当石灰岩中夹有薄层泥灰岩或黏土岩时，可能产生滑动问题，对工程不利，但石灰岩及黏土岩夹层可能起阻水或隔水作用，对于防止渗漏与涌水问题又是有利的，应结合具体工程进行分析。

C 变质岩

变质岩是在已有岩石的基础上，经过变质混合作用后形成的。由于温度、压力的不同，则有高温变质、中温变质及低温变质，再加上作用力的不同，又有更多组合的变质混合条件，如高温高压、高温中压等。若依据变质深浅来看，浅变质带的压力不大，温度也不特别高，变质作用在定向压力作用下进行，主要是使岩石破碎、固体熔融交替中变质岩带的压力和温度中等，没有碎屑，片理构造发育。深变质带的温度高，几乎接近于岩石熔解点，重力围压很大，部分可以有定向压力，片理不太发育，结晶体较大。在这些不同的物理条件下就使得母岩的矿物组成与组织结构有明显的不同，所以变质岩的内在岩性、岩相变化，往往在不大的范围内，同一岩层随着矿物组分及组织结构的不同而发生变异。由于与变质作用力有一定的关系，这就形成了变质岩特有的片理、剥理、板理、片麻结构、流劈理、流动扭曲褶皱等，所有这些现象，使变质岩具有极为明显的不均质性和各向异性。

变质岩形成的地质环境，大都是地壳最活跃的部位，使得变质岩类岩石组合特别复杂。岩石种类繁多，如大理岩、蛇纹岩、变质砾岩、石英岩、石英片岩、板岩、片岩、变质的火山岩及混合岩化而形成的片麻岩、麻粒岩、花岗片麻岩等[6]。

变质岩的性质与变质作用的特点及原岩的性质有关。其岩石力学性能差别很大，不能一概而论。但大多数常见的变质岩是经过重结晶作用，具有一定的结晶联结，使其结构一般较紧密，抗水性较强，孔隙较小，透水性弱，强度较高。例如，黏土质岩石经变质后其性质有所改变（如页岩变质为板岩、角岩）。但也有相反的情况，如变质岩中的片理及片麻理，往往使岩石的联结减弱，力学性能呈现各向异性，强度降低。另外，某些矿物成分的影响，也可使变质岩容易风化。此外，变质岩一般年代较老，经受地质构造变动较多，断裂及风化作用破坏了某些变质岩体的完整性，使岩体呈现不均一性。变质岩的分类见表 2-3。

表 2-3 变质岩分类简表

岩类	构 造	岩石名称	主要亚类及其矿物成分	原 岩
片理状岩类	片麻状构造	片麻岩	花岗片麻岩：以长石、石英、云母为主，其次为角闪石，有时含石榴子石； 角闪石片麻岩：以长石、石英、角闪石为主，其次为云母，有时含有石榴子石	中酸性岩浆岩，黏土岩、粉砂岩、砂岩
	片状构造	片岩	云母片岩：以云母石英为主，其次有角闪石等； 滑石片岩：以滑石、绢云母为主，其次有绿泥石、方解石等； 绿泥石片岩：以绿泥石、石英为主，其次有滑石、方解石等	黏土岩、砂岩、中酸性火山岩超基性岩，白云质泥灰岩

续表 2-3

岩类	构造	岩石名称	主要亚类及其矿物成分	原　岩
片理状岩类	千枚状构造	千枚岩	以绢云母为主，其次有石英、绿泥石等	黏土岩、黏土质粉砂岩，凝灰岩
	板状构造	板岩	黏土矿物、绢云母、石英、绿泥石、黑云母、白云母等	
块状岩类	块状构造	大理岩	以方解石为主，其次有白云石等	石灰岩、白云岩
		石英岩	以方解石为主，有时含有绢云母、白云母等	砂岩、硅质岩
		蛇纹岩	以蛇纹岩、滑石为主，其次有绿泥石、方解石	超基性岩

（1）接触变质岩。接触变质岩体出现在侵入体的周围，其范围和性质取决于侵入体大小、类型和原岩物质。这种岩石主要受重结晶作用，因此其强度一般比原岩高。但由于侵入体的挤压，接触带附近易发生断裂，使岩体透水性增加，抗风化能力降低，所以对接触变质岩应着重研究其构造特征。

（2）动力变质岩。动力变质岩是构造作用形成的断裂带及其附近受影响的岩石，如前所述这类岩石包括压碎岩、角砾岩、糜棱岩等。

动力变质岩的性质取决于破碎物质成分的大小和压密胶结程度。通常，这类岩石胶结不好，裂隙、孔隙发育，强度低，透水性强，在岩体中常形成软弱结构面或软弱岩体。

（3）区域变质岩。区域变质岩类变质岩分布范围较广，岩石厚度较大，变质程度较为均一，最常见的有片麻岩、片岩、千枚岩、板岩、石英岩和大理岩。混合岩是介于片麻岩与岩浆岩之间的一种岩石，一般来说，块状岩石性质较好，而层状片状岩石，尤其是千枚岩和片麻岩的性质较差。

片麻岩随着黑云母含量的增多和片麻理的发育，其强度和抗风化能力明显降低，因此角闪石片麻岩、角闪岩、变粒岩的强度较黑云母片麻岩要高。花岗片麻岩的分布最广，其性质近似花岗岩，但岩体性质较不均一，抗风化能力较花岗岩低。

片麻岩包括很多类型，由于岩石的矿物成分、结晶程度、片理构造的不同，岩石性质差别很大，其中以石英片岩、角闪石片岩性质较好，岩石强度和抗滑稳定性相对较高，云母片岩、绿泥石片岩、滑石片岩、石墨片岩等性质较差，其强度和抗滑稳定性也较低，在片岩地区筑坝，要注意抗滑稳定性和可能破碎的片理产生渗透。

千枚岩和板岩是变质较浅的岩石，千枚岩和板岩性脆，劈理明显，裂隙比较发育，易于滑动。

上述的千枚岩、绿泥石片岩、滑石片岩、绢云母片岩、双云母片岩、黑云母片岩、石墨片岩等，有时单独构成岩组，有时与其他坚硬岩组交互，形成不稳定的软弱夹层。

石英岩性质均一，致密坚硬，强度极高，抗水性好且不易风化，但性脆，受地质构造破坏后，裂隙发育，夹有软弱泥质板岩时，由于岩性软硬相间，沿层面易发生层间错动，板岩顶面易发生泥化，形成软弱夹层[7-8]。

大理岩的强度较高，但有微弱可溶性，岩溶是一个主要问题。

2.1.1.2 岩石的基本构成

岩石的基本构成是由组成岩石的物质成分和结构两大方面来决定的。

A 岩石的主要物质成分

岩石中主要的造岩矿物有正长石、斜长石、石英、黑云母、白云母、角闪石、辉石、橄榄石、方解石、白云石、高岭石、赤铁矿等。它们的含量，因不同成因的岩石而异[7, 9]。

岩石中的矿物成分会影响岩石的抗风化能力、物理性质和强度特性。

岩石中矿物成分的相对稳定性对岩石抗风化能力有显著影响，各矿物的相对稳定性主要与其化学成分、结晶特征及形成条件有关。从化学元素活动性来看，Cl^- 和 SO_4^{2-} 最易迁移，其次是 K^+、Na^+、Ca^{2+}、Mg^{2+}，再次是 SiO_2，最后是 Fe_2O_3 和 Al_2O_3，至于低价铁则易氧化。

基性和超基性岩石主要是由易于风化的橄榄石、辉石及基性斜长石组成，所以非常容易风化。酸性岩石主要由较难风化的石英、钾长石、酸性斜长石及少量暗色矿物（多为黑云母）组成，故其抗风化能力比同样结构的基性岩要高，中性岩则居两者之间，变质岩的风化性状与岩浆岩类似。沉积岩主要由风化产物组成，大多数为原来岩石中较难风化的碎屑物或是在风化和沉积过程中新生成的化学沉积物。因此，它们在风化作用中的稳定性一般都较高。但是矿物成分并不是决定岩石风化性状的唯一因素，因为岩石的性状还取决于岩石的结构和构造特征，所以不能将矿物抗风的稳定性与岩石的抗风化性等同起来。

通常可以将造岩矿物分为非常稳定的、稳定的、较稳定的和不稳定的四类，并按其稳定性顺序列于表2-4中。

表 2-4 变质岩分类简表

抗风化稳定性	矿 物 名 称
非常稳定	石英
	锆长石
	白云母
稳定	正长石
	钠长石

抗风化稳定性	矿 物 名 称
较稳定	酸性斜长石
	角闪石
	辉石
	黑云母
不稳定	基性斜长石
	霞石
	橄榄石
	黄铁矿

新鲜岩石的力学性能主要取决于岩石的矿物成分和颗粒间的联结。对于具有结晶联结的岩石，其矿物成分的影响要大一些，应当指出，岩石中矿物的硬度和岩石的强度是两个既有联系而又不同的概念。例如，即使组成岩石的矿物都是坚硬的，岩石的强度也不一定是高的，因为矿物颗粒之间的联结可能是弱的。但就大部分岩石来说，两者之间还是有相应关系的。例如，在许多岩浆岩中，其强度常随暗色矿物（辉石，特别是橄榄石）的增加而增加。在沉积岩中，砂岩的强度常随石英相对含量的增加而增大，石灰岩的强度常随其硅质混合物含量的增加而增大，随黏土质含量的增加而降低。在变质岩中，任何片状的硅酸岩盐矿物，如云母、绿泥石、滑石、蛇纹石等将使岩石强度降低，特别是当这些矿物呈平行排列时。

岩石中某些易溶物质、黏土矿物、特殊矿物的存在，常使岩石物理力学性质复杂化。一些易溶矿物，如石膏、芒硝、岩盐、钾盐等在水的作用下易被溶蚀，从而使岩石的孔隙度加大，结构变松，强度降低。一些含芒硝的岩石，由于芒硝的物态变化（液态变为固态，由不含结晶水变为含结晶水）能引起体积的变化，因此，在温度由 32.5 ℃以上变为 32.5 ℃以下，或由干燥变潮湿时，会导致芒硝由液态变固态，由无水变为含水，体积增大，引起岩石膨胀。含石膏的岩石，也由于石膏（$CaSO_4$）转化为水化石膏（$CaSO_4 \cdot 2H_2O$）时体积增大而发生膨胀。

另外，黏土岩石中的蒙脱石遇水膨胀且强度降低，凝灰岩中一些不稳定的物质极易分解成膨润土，遇水也易膨胀和软化。还有某些玻璃质和次生矿物，如沸石等能促进岩石与磷之间的化学反应。

B　常见的岩石结构类型

岩石的结构是指岩石中矿物（及岩屑）颗粒相互之间的关系，包括颗粒的大小、形状、排列、结构联结特点及岩石中的微结构面（即内部缺陷）。其中，以结构联结和岩石中的微结构面对岩石工程性质影响最大[7]。

岩石中结构联结的类型主要有两种，分别为结晶联结和胶结联结。

a 结晶联结

岩石中矿物颗粒通过结晶相互嵌合在一起，如岩浆岩、大部分变质岩及部分沉积岩的结构联结。这种联结使晶体颗粒之间紧密接触，故岩石强度一般较大，但随结构的不同而有一定的差异，如在岩浆岩和变质岩中，等粒结晶结构一般比非等粒结晶结构的强度大，抗风化能力强。在等粒结构中，细粒结晶结构比粗粒的强度高。在斑状结构中，细粒基质比玻璃基质的强度高。总之，晶粒越细，越均匀，玻璃质越少，则强度越高。粗粒斑晶的酸性深成岩强度最低，细粒微晶而无玻璃质的基性喷出岩强度最高。例如，粗粒花岗岩的抗压强度一般只有120 MPa，而同一成分的细粒花岗岩则可达 260 MPa。

具有结晶联结的一些变质岩，如石英岩、大理岩等情况与岩浆岩类似。

沉积岩中的化学沉积岩是以可溶的结晶联结为主，联结强度较大，一般以等粒细晶的岩石强度最高，如成分均一的致密细粒石灰岩的抗压强度可达 260 MPa，但这种联结的缺点是抗水性差，能不同程度地溶于水中，对岩石的可溶性有一定的影响。

固结黏土岩的联结有一部分是再结晶的结晶联结，其强度比其他坚硬岩石要差得很多。

b 胶结联结

胶结联结是指颗粒与颗粒之间通过胶结物连接在一起。例如，沉积碎屑岩、部分黏土岩的结构联结。对于这种联结的岩石，其强度主要取决于胶结物及胶结类型。从胶结物来看，硅质、铁质胶结的岩石强度较高，钙质次之，而泥质胶结强度最低。从胶结类型来看，根据颗粒之间及颗粒与胶结物间的关系，碎屑岩具有以下三种基本类型。

（1）基质胶结类型：颗粒彼此不直接接触，完全受胶结物包围，岩石强度基本取决于胶结物的性质。

（2）接触胶结类型：只有颗粒接触处才有胶结物胶结，胶结一般不牢固，故岩石强度低，透水性较强。

（3）孔隙胶结类型：胶结物完全或部分地充填于颗粒间的孔隙中，胶结一般较牢固，岩石强度和透水性主要视胶结物性质和其充填程度而定。

岩石中的微结构面（或称缺陷），是指存在于矿物颗粒内部或矿物颗粒与矿物集合体之间微小的弱面及空隙，它包括矿物的解理、晶格缺陷、晶粒边界、粒间空隙、微裂隙等。

矿物的解理面是指矿物晶体或晶粒受力后沿一定结晶方向分裂成的光滑平面。它往往平行于晶体中最紧密质点排列的面网，即平行于面网间距较大的面网。某些主要的造岩矿物，如黑云母、方解石、角闪石等具有极完全或完全解理，正长石、斜长石等具有等解理，它们都是岩石中细微的弱面。

（1）晶粒边界：矿物晶体内部各粒子都是由各种离子键、原子键、分子键等相联结。由于矿物晶粒表面电价不平衡而使矿物表面具有一定的结合力，但这种结合力一般比矿物内部的键联结力要小，因此晶粒边界就相对软弱。

（2）微裂隙：是指发育于矿物颗粒内部及颗粒之间的多呈闭合状态的破裂迹线，这些微裂隙十分细小，肉眼难以观察，一般要在显微镜下观察，故也称显微裂隙。它们的成因主要与构造应力的作用有关，因此常具有一定方向，有时也由温度变化、风化等作用而引起。微裂隙的存在对岩石工程地质性质影响很大。

（3）粒间空隙：多在成岩过程中形成，如结晶岩中晶粒之间的小空隙，碎屑岩中由于胶结物未完全充填而留下的空隙。粒间空隙对岩石的透水性和压缩性有较大影响。

（4）晶格缺陷：有由于晶体外原子入侵结果产生的化学上的缺陷，也有由于化学比例或原子重新排列而产生的物理上的缺陷，它与岩石的塑性变形有关。

由上述可见，岩石中的微结构面一般是很小的，通常需在显微镜下观察才能见到；但是，它们对岩石工程性质的影响却是很大的。

首先，微结构面的存在将大大降低岩石（特别是脆性岩石）的强度，许多学者如霍克（Hoek）、布雷斯（Brace）、沃尔什（Walsh）等，根据格里菲斯（Griffith）强度理论，用试验论证了这一点。其主要论点是：由于岩石中这些缺陷的存在，当其受力时，在微孔或微裂隙（缺陷）末端，易造成应力集中，使裂隙可能沿末端继续扩展，导致岩石在比完整无缺陷时所能承受的拉应力或压应力低得多的应力值作用下破坏。故有人认为缺陷是影响岩石力学性质决定性因素之一。

其次，由于微结构面在岩石中常具有方向性，如裂隙等，它们的存在常导致岩石的各向异性。

此外，缺陷能增大岩石的变形，在循环加荷时引起滞后现象，还能改变岩石的弹性波波速，改变岩石的电阻率和热传导率等。应当指出，缺陷对岩石的影响，在低围压时是明显的，但在岩石受高围压时，缺陷的影响相对减弱，这是因为在高温围压下岩石微裂隙等缺陷被压密、闭合。

2.1.2　岩石的工程性质

2.1.2.1　岩石的物理性质

岩石的物理性质（physical properties of rock）是指由岩石固有的物质组成和结构特征所决定的密度、重度、比重、孔隙率、渗透性等基本属性。

A　岩石的密度

岩石单位体积（包括岩石内孔隙体积）的质量称为岩石的密度，岩石密度的表达式为：

$$\rho = \frac{G}{V} \qquad (2-1)$$

式中　ρ——岩石的密度，t/m^3；

　　　G——被测岩样的质量，t；

　　　V——被测岩样的体积，m^3。

B　岩石的重度

岩石单位体积（包括岩石内孔隙体积）的重量称为岩石的重度，岩石重度的表达式为：

$$\gamma = \frac{W}{V} \qquad (2-2)$$

式中　γ——岩石重度，kN/m^3；

　　　W——被测岩样的重量，kN；

　　　V——被测岩样的体积，m^3。

岩石重度和岩石密度之间存在如下关系：

$$\gamma = \rho g \qquad (2-3)$$

式中　g——重力加速度，可取 $9.8 m/s^2$。

岩石重度取决于组成岩石的矿物成分，孔隙发育程度及其含水量。岩石重度的大小，在一定程度上反映出岩石力学性质的优劣。一般地，岩石重度越大，其力学性质也越好；反之，则越差。常见岩石的天然重度见表2-5。

表2-5　常见岩石的天然重度

岩石名称	天然重度 /kN·m⁻³	岩石名称	天然重度 /kN·m⁻³	岩石名称	天然重度 /kN·m⁻³
花岗岩	23.0~28.0	玢岩	24.0~28.6	玄武岩	25.0~31.0
闪长岩	25.2~29.6	辉绿岩	25.3~29.7	凝灰岩	22.9~25.0
辉长岩	25.5~29.8	粗面岩	23.0~26.7	凝灰角砾岩	22.0~29.0
斑岩	27.0~27.4	安山岩	23.0~27.0	砾岩	24.0~26.6
石英砂岩	26.1~27.0	白云质灰岩	28.0	片岩	29.0~29.2
硅质胶结砂岩	25.0	泥质灰岩	23.0	特别坚硬的石英岩	30.0~33.0
砂岩	22.0~27.1	灰岩	23.0~27.7	片状石英岩	28.0~29.0
坚固的页岩	28.0	新鲜花岗片麻岩	29.0~33.0	大理岩	26.0~27.0
砂质页岩	26.0	角闪片麻岩	27.6~30.5	白云岩	21.0~27.0
页岩	23.0~26.2	混合片麻岩	24.0~26.3	板岩	23.1~27.5
硅质灰岩	28.1~29.0	片麻岩	23.0~30.0	蛇纹岩	26.0

岩石力学计算及工程设计中常用到岩石重度。根据岩石的含水状况，将重度分为天然重度（γ）、干重度（γ_d）和水饱和重度（γ_w）。

测定岩石的重度可采用量积法（又称为直接法）、水中称重法或蜡封法。具体采用何种方法，应根据岩石的性质和岩样形态来确定。

a 量积法测定岩石的重度

凡能制备成规则试样的岩石均宜采用量积法测定其容量。

用量积法测定岩石重度时，需测定规则试样的平均断面积 A、平均高度及试样的重量 W，代入式（2-2）即得岩石的天然重度。当试样在 105~110 ℃温度下烘干 24 h 称重后，可测定岩石的干重度（γ_d），公式为：

$$\gamma_d = \frac{W}{A \cdot H} \tag{2-4}$$

式中　γ_d——岩石的干重度，kN/m^3；

　　　　W——被测岩样在 105~110 ℃温度下烘干 24 h 的重量，kN；

　　　　A——被测岩样的平均断面积，m^2；

　　　　H——被测岩样的平均高度，m。

b 水中称重法测定岩石的重度

首先称量出不规则岩样的重量（W），再根据阿基米德原理测定出不规则岩样的体积（V），然后根据式（2-2）计算出天然重度（γ）。可用同一岩样测定岩石的吸水率和饱和吸水率。遇水崩解、溶解和干缩湿胀的岩石不能用此法测重度。

c 蜡封法测定岩石的重度

蜡封法适用于不能用量积法或水中称重法测定重度的岩石。

首先选取有代表性岩样在 105~110 ℃温度下烘干 24 h，取出并系上细线，称岩样重量（W），持线将岩样缓缓浸入刚过熔点的蜡液中，浸后立即提出，检查试样周围的蜡膜，若有气泡应用针刺破，再用蜡液补平；冷却后称蜡封岩样的重量（W_1），然后将蜡封岩样浸没于纯水中测定其在水中的重量（W'）；将浸水后的岩样从水中取出，擦干蜡封薄膜表面水分，置于天平上称量，检查是否有水进入岩样中，若此时岩样重量大于浸水前的封蜡岩样重量，并超过原岩样质量的 0.05%，则试验应重做。若满足要求，则岩石的干重度（γ_d）为：

$$\gamma_d = \frac{W}{\dfrac{W_1 - W'}{\gamma_w} - \dfrac{W_1 - W}{\gamma_n}} = \frac{W}{V_1 - V_2} \tag{2-5}$$

式中　γ_n——蜡的重度，kN/m^3，常采用 9.2 kN/m^3；

　　　　γ_w——水的重度，kN/m^3；

　　　　V_1——封蜡岩样体积，$V_1 = \dfrac{W_1 - W'}{\gamma_w}$，$m^3$；

V_2——蜡膜体积，m^3；

W——岩样质量，kg；

W_1——封蜡岩样的质量，kg；

W'——封蜡试样在水中的质量，kg。

若已知岩石的天然含水率，则可根据干重度（γ_d）计算岩石的天然重度（γ），公式如下：

$$\gamma = \gamma_d(1 + 0.01\omega) \tag{2-6}$$

式中　ω——岩石的天然含水率，%。

C　岩石的比重

岩石的比重是岩石固体部分的重量和 4 ℃时同体积纯水重量的比值，即：

$$G_s = \frac{W_s}{V_s \cdot \gamma_w} \tag{2-7}$$

式中　G_s——岩石的比重，kg/m^3；

W_s——体积为 V 的岩石固体部分的重量，kN；

V_s——岩石固体部分（不包括孔隙）的体积，m^3；

γ_w——4 ℃时单位体积水的重量，kN/m^3。

岩石的比重，在数值上等于其密度，它取决于组成岩石的矿物比重及其在岩石中的相对含量。成岩矿物的比重越大，则岩石的比重越大；反之，则岩石的比重越小。岩石的比重，可采用比重瓶法进行测定，试验时先将岩石研磨成粉末，烘干后用比重瓶法测定，其原理、方法与土工试验相同。岩石的比重一般在 2.50~3.30 范围内，见表2-6。

表 2-6　常见岩石的比重

岩石名称	比　重	岩石名称	比　重	岩石名称	比　重
花岗岩	2.50~2.84	辉绿岩	2.60~3.10	凝灰岩	2.50~2.70
闪长岩	2.60~3.10	流纹岩	2.65	砾岩	2.67~2.71
橄榄岩	2.90~3.40	粗面岩	2.40~2.70	砂岩	2.60~2.75
斑岩	2.60~2.80	安山岩	2.40~2.80	细砂岩	2.70
玢岩	2.60~2.90	玄武岩	2.50~3.30	黏土质砂岩	2.68
砂质页岩	2.72	煤	1.98	黏土质片岩	2.40~2.80
页岩	2.57~2.77	片麻岩	2.63~3.01	板岩	2.70~2.90
石灰岩	2.40~2.80	花岗片麻岩	2.60~2.80	大理岩	2.70~2.90
泥质灰岩	2.70~2.80	角闪片麻岩	3.07	石英岩	2.53~2.84
白云岩	2.70~2.90	石英片岩	2.60~2.80	蛇纹岩	2.40~2.80
石膏	2.20~2.30	绿泥石片岩	2.80~2.90		

D 岩石的孔隙性

天然岩石中包含着数量不等、成因各异的孔隙裂隙，是岩石的重要结构特征之一。它们对岩石力学性质的影响基本一致，在工程实践中很难将二者分开，因此统称为岩石的孔隙性。岩石的孔隙性常用孔隙率 n 表示。

岩石的孔隙率 n 是指岩石孔隙的体积与岩石总体积的比值，以百分数表示。岩石的孔隙裂隙有的与大气相通，有的不相通。孔隙裂隙的开口也有大小之分，分为大开孔隙裂隙和小开孔隙裂隙。因此，岩石的孔隙性指标，应根据孔隙裂隙的类型加以区分，分为总孔隙率 n、总开孔隙率 n_0、大开孔隙率 n_b、小开孔隙率 n_s、闭孔隙率 n_c，这五种孔隙率可按下列公式分别计算：

$$n = \frac{V_p}{V} = \frac{\gamma - \gamma_d}{\gamma} \times 100\% \tag{2-8}$$

$$n_0 = \frac{V_{p,0}}{V} \times 100\% \tag{2-9a}$$

$$n_b = \frac{V_{p,b}}{V} \times 100\% \tag{2-9b}$$

$$n_s = \frac{V_{p,s}}{V} \times 100\% \tag{2-9c}$$

$$n_c = \frac{V_{p,c}}{V} \times 100\% \tag{2-9d}$$

式中　V——岩石体积，m^3；

　　　V_p——岩石孔隙总体积，m^3；

　　　$V_{p,0}$——岩石开型孔隙体积，m^3；

　　　$V_{p,b}$——岩石大开型孔隙体积，m^3；

　　　$V_{p,s}$——岩石小开型孔隙体积，m^3；

　　　$V_{p,c}$——岩石闭型孔隙体积，m^3。

孔隙率是衡量岩石工程质量的重要物理性质指标之一。岩石的孔隙率反映了孔隙裂隙在岩石中所占的百分数，孔隙率越大，岩石中的孔隙裂隙就越多，岩石的力学性能则越差。表 2-7 列出了几种常见岩石的孔隙率。

表 2-7　常见岩石的孔隙率

岩石名称	孔隙率/%	岩石名称	孔隙率/%	岩石名称	孔隙率/%
花岗岩	0.5~4.0	辉长岩	0.29~4.0	玢岩	2.1~5.0
闪长岩	0.18~5.0	辉绿岩	0.29~5.0	安山岩	1.1~4.5

岩石名称	孔隙率/%	岩石名称	孔隙率/%	岩石名称	孔隙率/%
玄武岩	0.5~7.2	石灰岩	0.5~27.0	绿泥石片岩	0.8~2.1
火山集块岩	2.2~7.0	泥灰岩	1.0~10.0	千枚岩	0.4~3.6
火山角砾岩	4.4~11.2	白云岩	0.3~25.0	板岩	0.1~0.45
凝灰岩	1.5~7.5	片麻岩	0.7~2.2	大理岩	0.1~6.0
砾岩	0.8~10.0	花岗片麻岩	0.3~2.4	石英岩	0.1~8.7
砂岩	1.6~28.0	石英片岩	0.7~3.0	蛇纹岩	0.1~2.5
泥岩	3.0~7.0	角闪岩	0.7~3.0		
页岩	0.4~10.0	云母片岩	0.8~2.1		

E　岩石裂隙度与声波传播速度

岩石中的裂隙孔隙影响声波的传播速度。通过测量纵波在岩石中的传播速度，可以对岩石中裂隙孔隙发育的程度作定量的评价。测量和计算步骤如下：

（1）确定岩石试件的矿物组成，并测定每一种矿物的纵波传播速度。一些常见矿物的纵波传播速度见表 2-8[10]。

表 2-8　常见矿物的纵波传播速度

矿 物 名 称	纵波传播速度/m·s⁻¹
石英	6050
橄榄石	8400
辉石	7200
角闪石	7200
白云母	5800
正长石	5800
斜长石	6250
方解石	6600
白云石	7500
磁铁矿	7400
石膏	5200
绿帘石	7450
黄铁矿	8000

（2）根据下式计算出岩石试件在没有裂隙和孔隙条件下的纵波传播速度 v_1^*：

$$\frac{1}{v_1^*} = \sum_i \frac{C_i}{v_{1,i}} \tag{2-10}$$

式中　v_1^*——假设没有裂隙、孔隙条件下岩石试件中的纵波传播速度；

$v_{1,i}$——第 i 种矿物的纵波传播速度；

C_i——第 i 种矿物在岩石试件中所占的比例。

几种常见岩石在没有裂隙和孔隙条件的纵波传播速度（v_1^*）见表 2-9[10]。

表 2-9　常见岩石的纵波传播速度

岩 石 名 称	$v_1^* / m \cdot s^{-1}$
辉长岩	7000
玄武岩	6500~7000
石灰岩	6000~7000
白云岩	6500~7000
砂岩	6000
石英岩	6000
花岗岩	5500~6000

（3）测量纵波在实际岩石试件中的传播速度。根据纵波在实际岩石条件下的传播速度与纵波在假设没有裂隙、孔隙岩石条件下的传播速度之比，将评价与裂隙度相关的岩石质量指标定义为：

$$IQ = \frac{v_1}{v_1^*} \times 100\% \tag{2-11}$$

式中　IQ——岩石质量指标（quality index）；

　　　v_1——实际岩石试件中的纵波传播速度，m/s。

声波在岩石中的传播速度不仅受裂隙的影响，而且受孔隙的影响。综合考虑裂隙和孔隙的影响，根据 IQ 和不含裂隙的岩石孔隙度 n_p，可以将岩石中裂隙发育程度划分成五个等级：Ⅰ 无裂隙至轻微裂隙、Ⅱ 轻微裂隙至中等程度裂隙、Ⅲ 中等程度裂隙至严重裂隙、Ⅳ 严重微裂至非常严重裂隙、Ⅴ 极度裂隙化。

　　F　岩石的渗透性

岩石中存在的各种裂隙、孔隙为流体和气体的通过提供了通道。度量岩石允许流体和气体通过的特性称为岩石的渗透性。岩石的渗透性对很多岩石工程有非常重要的影响。例如，在水利、水电、采矿、隧道等工程中，岩石的高渗透性可能导致溃坝、溃堤、涌水等重大渗透破坏的发生；而在油气田工程中，岩石的低渗透性将会导致油气采出率的低下，甚至无法正常生产。

绝大多数岩石的渗透性可用达西定律（Darcy's law）来描述[10]：

$$Q_x = \frac{K}{\mu} \cdot \frac{dp}{dx} A \tag{2-12}$$

式中　Q_x——单位时间从 x 方向通过流体的量，m³/s；

　　　p——流体的压力，N/m²，即 Pa 或 MPa；

μ——流体的黏度（Pa·s），对于 20 ℃的水，$\mu = 1.005$ Pa·s；

A——垂直于 x 方向的横截面积，m^2；

K——用面积表示的渗透系数（物理单位为 m^2），其值只取决于岩石的渗透性（率），与流体性质无关。通常将 Darcy 定义为渗透率的一个基本单位，1 Darcy $= 9.87 \times 10^{-9}$ cm^2。

如果流体是 20 ℃的水，达西定律可以表示成如下的形式：

$$Q_x = k \frac{\mathrm{d}h}{\mathrm{d}x} A \tag{2-13}$$

式中 h——水头高度，m；

k——用流体速度表示的渗透系数，cm/s。

对应于渗透率为 1 Darcy 的岩石和流体是 20 ℃的水，转换成用速度表示的渗透率约为 10^{-3} cm/s，将其定义为用速度表示的渗透率的基本单位 Darcy，即 1 Darcy $\approx 10^{-3}$ cm/s。

几种常见岩石在流体为 20 ℃的水条件下的渗透系数值列于表 2-10 中。

表 2-10　常见岩石的渗透系数（流体为 20 ℃的水）

岩石类型	渗透系数 k/cm·s^{-1}	
	实验室	现　场
砂岩	$8 \times 10^{-8} \sim 3 \times 10^{-3}$	$3 \times 10^{-8} \sim 1 \times 10^{-3}$
页岩	$5 \times 10^{-13} \sim 10^{-9}$	$10^{-11} \sim 10^{-8}$
石灰岩	$10^{-13} \sim 10^{-5}$	$10^{-7} \sim 10^{-3}$
玄武岩	10^{-12}	$8 \times 10^{-7} \sim 10^{-2}$
花岗岩	$10^{-11} \sim 10^{-7}$	$10^{-9} \sim 10^{-4}$
片岩	10^{-8}	2×10^{-7}
裂变化的片岩	$3 \times 10^{-4} \sim 1 \times 10^{-4}$	

G　岩石的水理性

岩石与水相互作用时所表现的性质称为岩石的水理性，包括岩石的吸水性、透水性、软化性和抗冻性。

a　岩石的天然含水率

天然状态下岩石中水的质量与岩石的烘干质量的比值，称为岩石的天然含水率，以百分数表示，即：

$$\omega = \frac{m_{\mathrm{w}}}{m_{\mathrm{dr}}} \times 100\% \tag{2-14}$$

式中 ω——岩石的天然含水率，%；

　　　　m_w——岩石中水的质量，g；

　　　　m_{dr}——岩石的烘干质量，g。

　　b　岩石的吸水性

　　岩石在一定条件下吸收水分的性能称为岩石的吸水性。它取决于岩石孔隙的数量、大小、开闭程度和分布情况，表征岩石吸水性的指标有吸水率、饱和吸水率和饱水系数。

　　岩石吸水率是岩石在常温常压下吸入水质量与其烘干质量的比值，以百分数表示，即：

$$\omega_a = \frac{m_0 - m_{dr}}{m_{dr}} \times 100\% \tag{2-15}$$

式中　ω_a——岩石吸水率，%；

　　　　m_{dr}——烘干岩石的质量，g；

　　　　m_0——烘干岩样浸水 48 h 后的总质量，g。

　　岩石吸水率 ω_a 的大小取决于岩石中孔隙的多少及其连通情况。岩石的吸水率越大，表明岩石中的孔隙大，数量多，并且连通性好，岩石的力学性质差。表 2-11 列出了几种常见岩石的吸水率。

表 2-11　常见岩石的吸水率

岩石名称	吸水率/%	岩石名称	吸水率/%	岩石名称	吸水率/%
花岗岩	0.1~4.0	砾岩	0.3~2.4	石英片岩	0.1~0.3
闪长岩	0.3~5.0	砂岩	0.2~9.0	角闪岩	0.1~0.3
辉长岩	0.5~4.0	泥岩	0.7~3.0	云母片岩	0.1~0.6
玢岩	0.4~5.0	页岩	0.5~3.2	绿泥石片岩	0.1~0.6
辉绿岩	0.8~5.0	石灰岩	0.1~4.5	板岩	0.1~0.3
安山岩	0.3~4.5	泥灰岩	0.5~3.0	大理岩	0.1~1.0
玄武岩	0.3~2.8	白云岩	0.1~3.0	石英岩	0.1~1.5
火山集块岩	0.5~1.7	片麻岩	0.1~0.7	蛇纹岩	0.2~2.5
火山角砾岩	0.2~5.0	花岗片麻岩	0.1~0.85		
凝灰岩	0.5~7.5	千枚岩	0.5~1.8		

　　岩石的饱和吸水率也称饱水率，是岩石在强制状态（高压或真空，煮沸）下，岩石吸入水的质量与岩样烘干质量的比值，以百分数表示，即：

$$\omega_{sa} = \frac{m_{sa} - m_{dr}}{m_{dr}} \times 100\% \tag{2-16}$$

式中　ω_{sa}——岩石的饱和吸水率，%；

　　　　m_{sa}——真空抽气饱和或煮沸后岩样的质量，g；

m_{dr}——岩样在 105~110 ℃温度下烘干 24 h 的质量，g。

在高压条件下，通常认为水能进入岩石中所有张开的孔隙和裂隙中。国外采用高压设备，测定岩石的饱和吸水率，国内常用真空抽气法或煮沸法测定饱和吸水率。饱水率反映岩石中总的张开型孔隙和裂隙的发育程度，对岩石的抗冻性和抗风化能力具有较大影响。

岩石饱水系数 k_{w} 是指岩石吸水率与饱水率的比值，以百分数表示，即：

$$k_{\mathrm{w}} = \frac{\omega_{\mathrm{a}}}{\omega_{\mathrm{sa}}} \times 100\% \tag{2-17}$$

表 2-12 列出了几种常见岩石的吸水性指标值。

表 2-12 常见岩石的吸水率

岩石名称	吸水率 ω_{a}/%	饱水率 ω_{sa}/%	饱水系数 k_{w}
花岗岩	0.46	0.84	0.55
石英闪长岩	0.32	0.54	0.59
玄武岩	0.27	0.39	0.69
基性斑岩	0.35	0.42	0.83
云母片岩	0.13	1.31	0.10
砂岩	7.01	11.99	0.58
石灰岩	0.09	0.25	0.36
白云质灰岩	0.74	0.92	0.80

c 岩石的透水性

岩石能被水透过的性能称为岩石的透水性。岩石透水性是岩石渗透性的一部分，所以岩石透水性同样服从达西定律。水只能沿连通孔隙渗透，因此岩石的透水性主要取决于岩石孔隙的大小、方向及其相互连通情况。岩石透水性大小可用渗透系数衡量，部分典型岩石的渗透系数值见表 2-10。

d 岩石的软化性

岩石浸水后强度降低的性能称为岩石的软化性。岩石的软化性常用软化系数来衡量。软化系数是岩样饱水状态的单轴抗压强度与自然风干状态单轴抗压强度的比值，用小数表示，即：

$$\eta_{\mathrm{c}} = \frac{\sigma_{\mathrm{cw}}}{\sigma_{\mathrm{c}}} \tag{2-18}$$

式中 η_{c}——岩石的软化系数；

σ_{cw}——饱水岩样的单轴抗压强度，kPa；

σ_{c}——自然风干岩样的单轴抗压强度，kPa。

通常岩石的软化系数总是小于 1。表 2-13 列出了几种常见岩石的软化系数的试验值。

表 2-13 常见岩石的软化系数 η_c 的试验值

岩石种类	η_c	岩石种类	η_c
花岗岩	0.80~0.98	砂岩	0.60~0.97
闪长岩	0.70~0.90	泥岩	0.10~0.50
辉长岩	0.65~0.92	页岩	0.55~0.70
辉绿岩	0.92	片麻岩	0.70~0.96
玄武岩	0.70~0.95	片岩	0.50~0.95
凝灰岩	65~0.88	石英岩	0.80~0.98
白云岩	0.83	千枚岩	0.76~0.95
石灰岩	0.68~0.94		

e 岩石的抗冻性

岩石抵抗冻融破坏的性能称为岩石的抗冻性。岩石的抗冻性，通常用抗冻系数表示。

岩石的抗冻系数 c_f 是指岩样在 ±25 ℃的温度区间内，反复降温、冻结、升温、融解，其抗压强度有所下降，岩样抗压强度的下降值与冻融前的抗压强度的比值，即为抗冻系数，用百分数表示，即：

$$c_f = \frac{\sigma_c - \sigma_{cf}}{\sigma_c} \times 100\% \tag{2-19}$$

式中 c_f——岩石的抗冻系数；

　　σ_c——岩样冻融前的抗压强度，kPa；

　　σ_{cf}——岩样冻融后的抗压强度，kPa。

岩石在反复冻融后其强度降低的主要原因是：

（1）构成岩石的各种矿物的膨胀系数不同，当温度变化时，由于矿物的胀、缩不均而导致岩石结构的破坏；

（2）当温度降到 0 ℃以下时，岩石孔隙中的水将结冰，其体积增大约 9%，会产生很大的膨胀压力，使岩石的结构发生改变，直至破坏。

2.1.2.2 岩石的力学性质

A 岩石的强度

岩石在各种荷载作用下，达到破坏时所能承受的最大应力称为岩石的强度（strength of rock）。例如，在单轴压缩荷载作用下所能承受的最大压应力称为单轴抗压强度，或非限制性抗压强度；在单轴拉伸荷载作用下所能承受的最大拉应力称为单轴抗拉强度；在纯剪力作用下所能承受的最大剪应力称为非限制性剪切强度；等等。

（1）单轴抗压强度：岩石在单轴压缩荷载作用下达到破坏前所能承受的最大压应力称为岩石的单轴抗压强度（uniaxial compressive strength），或称为非限制性抗压强度（unconfined compressive strength）。因为岩样只受到轴向压力作用，侧向没有压力，因此岩样变形没有受到限制。

国际上通常把单轴抗压强度表示为 UCS，我国习惯于将单轴抗压强度表示为 σ_c，其值等于达到破坏时的最大轴向压力（P）除以试件的横截面积（A），即：

$$\sigma_c = \frac{P}{A} \qquad (2-20)$$

（2）三轴抗压强度：岩石在三向压缩荷载作用下，达到破坏时所能承受的最大压应力称为岩石的三轴抗压强度（triaxial compressive strength）。与单轴压缩试验相比，岩样除受轴向压力外，还受侧向压力。侧向压力限制岩样的横向变形，因而三轴试验是限制性抗压强度（confined compressive strength）试验。

（3）抗拉强度：岩石在单轴拉伸荷载作用下达到破坏时所能承受的最大拉应力称为岩石的单轴抗拉强度（tensile strength），或简称为抗拉强度。通常以 T 或 σ_t 表示抗拉强度，其值等于达到破坏时的最大轴向拉伸荷载（P_t）除以试件的横截面积（A），即：

$$\sigma_t = \frac{P_t}{A} \qquad (2-21)$$

（4）抗剪切强度：岩石在剪切荷载作用下达到破坏前所能承受的最大剪应力称为岩石的抗剪切强度（shear strength）。剪切强度试验分为非限制性剪切强度试验（unconfined shear strength test）和限制性剪切强度试验（confined shear strength test）两类。非限制性剪切试验在剪切面上只有剪应力存在，没有正应力存在；限制性剪切试验在剪切面上除了存在剪应力外，还存在正应力。

B 岩石的变形性质

岩石在荷载作用下，首先发生的物理现象是变形。随着荷载的不断增加或在恒定荷载作用下，随时间的延长，岩石变形逐渐增大，最终导致岩石破坏。岩石变形有弹性变形、塑性变形和黏性变形三种。

（1）弹性（elasicity）变形：物体在受外力作用的瞬间即产生全部变形，而去除外力（卸载）后又能立即恢复其原有形状和尺寸的性质称为弹性。产生的变形称为弹性变形，具有弹性性质的物体称为弹性体。弹性体按其应力-应变关系又可分为两种类型：线弹性体（或称理想弹性体），其应力-应变呈直线关系；非线性弹性体，其应力-应变呈非直线的关系。

（2）塑性（plasticity）变形：物体受力后产生变形，在外力去除（卸载）后变形不能完全恢复的性质，称为塑性。不能恢复的那部分变形称为塑性变形，或称永久变形、残余变形。在外力作用下只发生塑性变形的物体，称为理想塑性体。理想塑性体的应力-应变关系，当应力低于屈服极限 σ_0 时，材料没有变形，应力达到 σ_0 后，变形不断增大而应力不变，应力-应变曲线呈水平直线。

（3）黏性（viscosity）变形：物体受力后变形不能在瞬时完成，且应变速率随应力增加而增加的性质，称为黏性。其应力-应变速率关系为过坐标原点的直线的物质称为理想黏性体（如牛顿流体）。

岩石是矿物的集合体，具有复杂的组成成分和结构，因此其力学属性也是很复杂的。同时，岩石的力学属性还与受力条件、温度等环境因素有关。在常温常压下，岩石既不是理想的弹性体，也不是简单的塑性体和黏性体，而往往表现出弹-塑性、塑-弹性、弹-黏-塑性或黏-弹性等复合性质。

2.1.3 岩体的结构特征及工程性质

2.1.3.1 岩体结构的基本类型

A 岩体结构分类依据

岩体结构单元有结构面和结构体两种基本要素。结构面分软弱结构面和坚硬结构面两类。结构体按力学作用可归并为块状结构体和板状结构体两大类[7, 11-12]，它们在岩体内组合、排列不同构成不同类型的岩体结构。同时，自然界的岩体结构是互相包容的，如软弱结构面切割成的结构体内包容着坚硬结构面切割成的次一级的结构体，它们之间存在着级序性关系。如此，可将软弱结构面切割成的岩体结构定为Ⅰ级结构，坚硬结构面切割成的岩体结构可以定义为Ⅱ级结构。

在相同级序之内又可按结构体地质特征再划分为不同结构类型，如软弱结构面切割成的Ⅰ级岩体结构，按Ⅰ级岩体结构，又可将Ⅰ级岩体结构划分为块裂结构及板裂结构。具体来说，岩体结构划分的第一个依据是结构面类型；第二个依据是结构面切割程度或结构体类型。

B 分类方案

根据上述的岩体结构分类依据，首先依据结构面的类型将岩体结构划分为Ⅰ级、Ⅱ级及过渡型岩体结构三大类。

Ⅰ级结构岩体的结构体大多数不是完整的一块，而又受Ⅲ、Ⅳ级结构面不同程度切割。有的被切割成大小不等、形状不一的碎块，它们被切割成的形状及块度与区域构造运动强度有关。对层状岩体来说，还与岩层可分离的单层厚度密切有关，这类结构的岩体称为碎裂结构岩体。它的特点主要是由可分离的结构体组成的，也就是说，如果处于无围压的空间时，它的结构体可以分离取出。实际上，在自然界这样典型的岩体是不多见的，而多半是切割成分离的块体，有的并没有切割成分离的块体，在剖面上呈贯通切制，在层面上呈不连续切割。同时，结构面连续性越大，切割性越高；结构面连续性越低，切割的贯通性越低，即切制不成分离的结构体。这种切割程度很低，形成不了结构体的岩体均具较好的完整性，称为完整结构岩体。真正的完整结构是很少见的，而多数是碎裂结构岩体面被愈合，残留部分Ⅴ级结构面，如黏土岩、石灰岩、石英岩等常可见到这种情况。这也是完整结构特征，确切地说，命名为断续结构比较恰当。真正的天衣无缝的完整结构岩体在地壳表层比较少见，在地下深部还是存在的。

　　断层破碎带及强风化带内存在有另一种结构类型，它们具有两个特点：（1）结构面和结构体呈无序状排列；（2）结构面有的为软弱结构面，有的为坚硬结构面，有的为软、硬混杂。这种岩体结构既不是Ⅰ级结构，又不属于Ⅱ级结构，在级序上属于一种过渡型，称为散体结构。具有这种结构的岩体，一般来说，规模不大，常呈夹层或带状存在。尽管规模不大，但比较常见，是一种不可忽视的结构类型，它常是应力消散、地下水畅通、岩体失稳的关键地段。以一个与工程建筑有关联的地区为对象，就结构面对岩体力学的影响程度来说，根据分类依据，可以将岩体结构划分为表 2-14 所示的一些级序和类型，这就是Ⅰ级的块裂结构、板裂结构，Ⅱ级的完整结构、断续结构、碎裂结构及过渡类型的散体结构。表 2-14 中所列的岩体结构类型是比较典型的，而实际的岩体是比较复杂的，不是绝对的属于哪一种结构，多数是介于这种和那种之间。在实际岩体结构划分时，需要有一种模糊的观点，只能择其趋向性而定，这也是岩体力学性质具有不确定性的一个方面。

表 2-14　岩体结构类型

级	序号	结构类型	划分依据	亚　类	划分依据
Ⅰ	1	块裂结构	多组软弱结构面切割，块状结构体	块状块裂结构	原生岩体结构呈块状
				层状块裂结构	原生岩体结构呈层状
	2	板裂结构	一组软弱结构面切割，板状结构体	块状板裂结构	原生岩体结构呈块状
				层状板裂结构	原生岩体结构呈层状
Ⅱ	1	完整结构	无显结构面切割	块状完整结构	原生岩体结构呈块状
				层状完整结构	原生岩体结构呈层状
	2	断续结构	显结构面断续切割	块状断续结构	原生岩体结构呈块状
				层状断续结构	原生岩体结构呈层状
	3	碎裂结构	坚硬结构面贯通切割，结构体为块状	块状碎裂结构	原生岩体结构呈块状
				层状碎裂结构	原生岩体结构呈层状
过渡型		散体结构	软、硬结构面混杂，结构面无序分布	碎屑状散体结构	结构体为角砾，原生岩体结构特征已消失
				糜棱化散体结构	结构体为糜棱质，原生岩体结构特征已消失

C　各类岩体结构的地质特征

(1) 完整结构岩体。完整结构岩体多半是碎裂结构岩体中结构面被后生作用愈合而成。后生愈合有两种，其一为压力愈合，其二为胶结愈合。具有黏性成分物质，如黏土岩、长石质、石灰质矿物成分组成的岩体，在高围压作用下，其结构面可以重新黏结到一起，形成完整结构，黏土岩、页岩、石灰岩及富含长石的岩浆岩中可以见到这种结构岩体。胶结愈合的岩体也极常见，其胶结物有硅质、铁质、钙质及后期侵入的岩浆等。在胶结愈合作用下碎裂结构岩体可以转化为完整结构，但后期愈合面的强度仍低于原岩强度，故在后期振动、热力胀缩作用下又可开裂，开裂程度高者可恢复为碎裂结构岩体，低者可转化为断续结构岩体，在自然界中这种情况极为常见。

(2) 块裂结构岩体。块裂结构岩体是多组或至少有一组软弱结构面切割及坚硬结构面参与切割成块状结构体的高级序岩体结构。其结构体有的是由岩浆岩、变质岩及厚层大理岩、灰岩、砂岩等块状原生结构岩体构成，有的为薄至中厚层沉积岩，层状浅变质岩及岩浆喷出岩等层状原生结构岩体组成。其软弱结构面主要为断层，层间错动也是重要的软弱结构面之一。参与切割的坚硬结构面一般延展较长，也多数为错动过的坚硬结构面。

(3) 板裂结构岩体。板裂结构岩体主要发育于经过褶皱作用的层状岩体内，受一组软弱结构面切割，结构体呈板状。软弱结构面主要为层间错动面或块状原生结构岩体内的似层间错动面。结构体多数为组合板状结构体，有的也为完整板状结构体。

(4) 碎裂结构岩体。碎裂结构岩体尽管可以划分为块状碎裂结构岩体及层状碎裂结构岩体两种亚类，但它们的共同点是切割岩体的结构面是有规律的，即主要为原生结构面及构造结构面。块状碎裂结构主要形成于岩浆岩侵入体、深变质的片麻岩、混合岩、大理岩、石英岩及层理不明显的巨厚层灰岩、砂岩等岩体内。其特点是结构体块度大，大多为 $1\sim2$ m，但块度较均匀。层状碎裂结构的特点是块度小，其块度与岩层厚度有关，浅海相及海陆交互相沉积岩多数为这种结构。有时还可分为一种镶嵌状碎裂结构，大多发育于强烈构造作用区内的硬脆性岩体内，结构面组数多，结构面组数多于 5 组时可形成这种结构。

(5) 断续结构岩体特征。断续结构岩体特点是显结构面不连续，对岩体切而不断，个别部分也有连续贯通结构。但这种部位很少，多数为不连续切割，形不成结构体。在力学上来说，宏观上具有连续介质特点；微观上多数不连续，应力集中现象明显，这种应力集中对岩体破坏具有特殊意义，断裂力学判据对这种岩体也具有特殊意义。

(6) 散体结构岩体。散体结构岩体有两种亚类：1) 碎屑状散体结构岩体；2) 糜棱化散体结构岩体。

碎屑状散体结构岩体特点是结构面无序分布,结构面中有软弱的,也有坚硬的。结构体主要为角砾,角砾中常充填夹杂有泥质成分。一般来说,以角砾成分为主,即所谓"块夹泥"。也有的泥质成分局部集中,但角砾仍起主导作用。其成因有两种类型,其一为构造型,其二为风化型。结构体块度不等,形状不一,"杂乱无序"可以用来描述这类岩体的结构特征。

糜棱化散体结构岩体主要指断层泥而言。断层泥主要是由糜棱岩风化而成,而糜棱岩主要为压力愈合联结。当压力卸去后,又转化为糜棱岩粉,糜棱岩体风化后便转化为断层泥,这种现象在岩浆岩体剖面内极为常见。还有一种断层泥是泥质沉积岩在构造错动下直接形成的,如黏土岩中的断层泥便属于此类。这种岩体中次生错动面常极发育,易被误视为均质体。其实不然,在次生错动作用下形成的擦痕面对其力学性能仍具有一定的控制作用。但这种控制作用由于结构面强度与断层泥强度相差不大,故并不十分显著。

2.1.3.2 岩体结构面及其充填特征

岩体结构面是具有一定方向、延展较大而厚度较小的二维面状地质界面。它在岩体中的变化非常复杂。结构面的存在,使岩体显示构造上的不连续性和不均质性,岩体力学性质与结构面的特性密切相关。

根据结构面的形成原因,通常将结构面分为三种类型[12]:原生结构面、构造结构面及次生结构面。

A 原生结构面

原生结构面包括所有在成岩阶段形成的结构面。根据岩石成因不同,可分为沉积结构面、火成结构面及变质结构面三类。

(1) 沉积结构面:是沉积岩在成岩作用过程中形成的各种地质界面,包括层面、层理、沉积间断面(不整合面、假整合面)及原生软弱夹层等,它们都是层间结构面。这些结构面的特征能反映出沉积环境,标志着沉积岩的成层条件和岩性、岩相的变化。例如,海相沉积,其结构面延展性强,分布稳定;陆相及滨海相沉积易于尖灭,形成透镜体、扁豆体。沉积结构面的产状与岩层一致,一般层面结合良好,只有风化后才会沿层面剥离。沉积结构面的层面特征最为典型多样,如常见的有泥裂、波痕、交错层理、缝合线等。在沉积间断面中,还常见有古风化残积物。原生软弱夹层是指在相对坚硬岩层(如石灰岩、砂岩等)中夹有相对软弱的物质成分(如页岩、黏土岩等),它们在沉积过程中就形成了这种结构特点。这种层间软弱物质在后期构造运动及地下水作用下,极易软化、泥化,使岩体强度大大降低。

(2) 火成结构面:是岩浆侵入、喷溢冷凝形成的各种结构面,如流层、流线、火山岩流接触面、各种蚀变带、挤压破碎带及原生节理等。这些结构面的产状受侵入岩体与围岩接触面所控制。接触面一般延伸较远,原生节理延展性不强，但它们往往密集。原生节理常常是平行或垂直接触面的，节理面粗糙，较不平整，在浅成岩体或火山岩体内常发育有特殊的节理及柱状节理。节理面间有时充填软弱物质。蚀变带和挤压破碎带是岩体中薄弱的部位。

（3）变质结构面：是岩体在变质作用过程中形成的结构面，如片理、片麻理、板理及软弱夹层等，变质结构面的产状与岩层基本一致，延展性较差，但它们一般分布密集，片理结构面是变质结构面中最常见的。其面常常是光滑的，但形态呈波浪状。片麻理面常呈凹凸不平状，结构面也比较粗糙，变质岩中的软弱夹层主要是片状矿物，如黑云母、绿泥石、滑石等的富集带，其抗剪强度低，遇水后性质就更差。

B 构造结构面

各类岩体在构造运动作用下形成的各种结构面，如劈理、节理、断层、层间错动面等。节理面在走向延展及纵深发展上，其范围都是有限的，大者一般不过上百米，小者仅有几厘米。张节理一般面粗糙，参差不齐，宽窄不一，延展性较差，剪节理一般平直光滑，延展性相对较好，节理面上常见有擦痕和各种泥质薄膜，如高岭石、绿泥石、滑石等，因此，剪节理面尽管接触紧密，但易于滑动。断层面的规模相差比较悬殊，有的深切岩石圈几十千米，有的仅限于地壳表层或只在地表数十米。但是，相对工程而言，断层面一般是延展性较好的结构面。断层面（或帘）的物质成分主要是构造岩，如断层泥、糜棱岩、角砾岩、压碎岩等。层间错动带是在层状岩体中常见的一种构造结构面，其产状一般与岩层一致。

剪节理延展性较好，结构面中的物质，因受构造错动的影响，多呈破碎状鳞片状，且含泥质物。

C 次生结构面

在地表条件下，由于外力（如风化、地下水、卸荷、爆破等）的作用而形成的各种界面，如卸荷裂隙、爆破裂隙、风化裂隙、风化夹层及泥化夹层等。卸荷裂隙一般发生在岩体有临空面条件的地区，特别是在深切河谷处，延展性不好，常在地表 20~40 m 内发育，裂隙面粗糙不平，常为张开型，充填物多为泥质碎屑。爆破裂隙是矿山工程中常见的一种次生结构面，爆破裂隙的延展与分布视所在地区岩体特性及爆破的大小而异。一般爆破裂隙的延展范围是有限的，且多呈一组相互平行的、弧状的裂隙面分布。风化裂隙及风化夹层一般是沿原生夹层和原有结构面发育，多是短小密集，延展性差，仅限于地表一定深度。泥化夹层是由于水的作用使夹层内的松软物质泥化而成，其产状与岩层基本一致，泥化程度视地下水作用条件而异。泥化夹层一般都是强度很低的，它们是导致岩体失稳破坏的常见因素。

2.1.3.3　结构面的力学性质

结构面的力学性质主要包括三个方面：法向变形、剪切变形和抗剪强度。

（1）法向变形。在法向荷载作用下，岩石粗糙结构面的接触面积和接触点数随荷载增大而增加，结构面间隙呈非线性减小，应力与法向变形之间呈指数关系。这种非线性力学行为归结于接触微凸体弹性变形、压碎和间接拉裂隙的产生，以及新的接触点、接触面积的增加。

（2）剪切变形。在一定的法向应力作用下，结构面在剪切作用下产生切向变形。通常有两种基本形式：1）对非充填粗糙结构面，随剪切变形发生，剪切应力相对上升较快，当达到剪应力峰值后，结构面抗剪能力出现较大的下降，并产生不规则的峰后变形或黏滑现象；2）对于平坦（或有充填物）的结构面，初始阶段的剪切变形曲线呈下凹形，随着剪切变形的持续发展，剪切应力逐渐升高但没有明显的峰值出现，最终达到恒定值，有时也出现剪切硬化。

（3）抗剪强度。结构面最重要的力学性质之一是抗剪强度。从结构面的变形分析可以看出，结构面在剪切过程中的力学机制比较复杂，构成结构面抗剪强度的因素是多方面的，大量试验结果表明，结构面抗剪强度一般可以用库仑准则表述：

$$\tau = c + \sigma_n \tan\phi \tag{2-22}$$

式中　c，ϕ——结构面上的黏结力和摩擦角；

　　　　σ_n——作用在结构面上的法向应力。

2.1.3.4　岩体的变形特性

A　岩体的单轴和三轴压缩变形特征

根据现场岩体单轴和三轴压缩试验的应力-应变全过程曲线，岩体在加载过程中，由于岩体内部的结构调整、结构面压密与闭合，应力-应变曲线呈上凹形；中途卸载回弹变形有滞后现象，并出现不可恢复的残余变形。这是由结构面受压过程中产生闭合滑移与错动造成的。不论每一级加载与卸载循环曲线都是开环形，伴随外荷载增加，残余变形量的增长速度变小，累积残余变形增大；而且岩体内结构面数量越多，岩体越破碎，岩体的弹性越差，回弹变形能力越弱，因此卸载变形曲线有较大的滞后变形量。岩体弹性变形差的原因是结构面非弹性变形部分消耗一定的能量，这部分能量完全用于岩体结构调整、结构面压密，或者结构体相对滑移与错动。

当加载达到岩体峰值强度后，岩体开始出现破坏，岩体的破坏过程一般呈柔性特征，应力下降比较缓慢。岩体的应力下降取决于岩体的完整性。岩体越破碎，应力降越小，脆性度越低。从岩体整个变形过程看，岩体受载后应力上升比较缓慢，由于岩体的结构效应，破坏后显示出岩体保留有一定的残余应力。

岩体在循环荷载作用下，而卸载下限又不致零荷载时，相应的变形过程将出现闭环形式。随着外荷载加大或循环次数的增多,闭环曲线逐级向后移动,其原因是岩体裂隙结构面逐级被压密与啮合所致。重复加、卸载次数越多,结构体与结构面压密程度越高,闭环曲线上的滞后变形量越小,甚至把闭环曲线演变成一条线。岩体变形由结构控制转变为结构效应的消失。当外荷载降至零时,并且持续一定时间后,岩体将产生较大的回弹变形,即岩体弹性变形能释放。

B　岩体剪切变形特征

岩体的剪切变形是许多岩体工程,特别是边坡工程中最常见的一种变形模式,如坝基底部剪滑、巷道拱肩失稳、边坡滑坡等。实际岩体变形有可能是单因素的,如沿某一组结构面剪切滑移、追踪某一组结构面剪切滑移或追踪岩体内部薄弱部位剪断,也可以是几种变形兼而有之。根据岩体剪切变形的特征,在屈服点以下,变形曲线与抗压变形曲线相似。屈服点之后,岩体内某个结构体或结构面可能首先被剪坏,随之出现一次应力降,峰值前可能出现多次应力降,应力下降程度与被剪坏的结构体或结构面有关。岩体破碎程度高,应力降反而不明显了。当剪应力增加到一定水平时,岩体的剪切变形已积累到一定程度,未被剪坏部位以瞬间破坏的方式出现,并伴有一次大的应力降,然后可能产生稳定的滑移。

C　岩体各向异性变形特征

岩体变形的另一个主要特征是各向异性。竖直方向分布的节理岩体变形模量明显大于水平分布节理岩体的变形模量,这种区别主要是变形机制不同。垂直层面的压缩变形量主要是由岩块和结构面(软弱夹层)压密汇集而成,平行层面方向的压缩变形量主要是岩块和少量结构面错动构成。层状岩体中,不仅开裂层面压缩变形量大,而且成岩过程中由于沉积韵律的变化,层面出现在矿物联结力弱、致密度又低的部位,它是层面方向压缩变形量大的又一个原因。因此,构成岩体变形的各向异性的两个基本要素是:(1)物质成分和物质结构的方向性;(2)节理、结构面和层面的方向性。节理岩体各方向力学性质的差异均由此而产生[13]。

2.2　土

土是岩石经风化、剥蚀、搬运、沉积而形成的大小悬殊的颗粒,是覆盖在地表碎散的、没有胶结或弱胶结的颗粒堆积物。在漫长的地质年代中,地球表面的整体岩石在大气中经受长期的风化作用而破碎,在各种内力和外力的作用下,在各种不同的自然环境中堆积下来形成土。堆积下来的土在长期的地质年代中发生复杂的物理化学变化,经压密固结、胶结硬化,最终又形成岩石。工程上遇到的土大多数是第四纪沉积物,是土力学研究的主要对象。土是由固体颗粒、水和空气组成的三相体系。

2.2.1 土的分类及物质成分

2.2.1.1 土的物质成分

土是由固体颗粒、水和空气组成的三相体系。固体部分一般由矿物质组成，有时含有有机质。土中的固体矿物构成土的骨架，骨架之间贯穿着大量的孔隙，这些孔隙有时完全被水充满，称为饱和土；有时一部分被水占据，另一部分被空气占据，称为非饱和土；有时也可能完全充满气体，称为干土。水和溶解于水的物质构成土的液体部分，空气及其他一些气体构成土的气体部分，这三种组成部分本身的性质以及它们之间的比例关系和互相作用决定土的物理性质。

A 土的固体颗粒

土的固相物质包括无机矿物颗粒和有机质，是构成土的骨架最基本的物质，称为土中的固体颗粒（土粒）。

a 土粒的矿物成分

土的固体颗粒包括无机矿物颗粒和有机质，是构成土的骨架最基本的物质。土的无机矿物可分为原生矿物和次生矿物两大类。

原生矿物是岩石物理风化生成的颗粒，其矿物成分与母岩相同，土粒较粗，多呈浑圆状、块状或板状，比表面积小（单位体积内颗粒的总面积），吸附水的能力较弱，性质稳定，无塑性。漂石、卵石、砾石（圆砾、角砾）等粗大粒组都是岩石碎屑，它们的矿物成分与母岩相同。砂粒大部分是母岩中的单矿物颗粒，如石英、长石、云母等也都是原生矿物。

次生矿物是指岩石中矿物经化学风化作用后形成的新的矿物，性质与母岩完全不同，如三氧化二铝、三氧化二铁、次生二氧化硅及各种黏土矿物。由于其粒径非常小（小于 $2~\mu m$），具有很大的比表面积，与水作用能力很强，因此能发生一系列复杂的物理、化学变化。次生矿物主要是黏土矿物，主要有高岭石、蒙脱石和伊利石三类，如图 2-1 所示。高岭石是在酸性介质条件下形成的，它的亲水性弱，遇水后的膨胀性和可塑性小；蒙脱石亲水性强，遇水后具有极大的膨胀性与可塑性；伊利石的亲水性介于高岭石与蒙脱石之间，膨胀性和可塑性也介于高岭石与蒙脱石之间，比较接近蒙脱石。

b 土粒的粒组划分

天然土由无数大小不同的土粒组成，土粒的大小称为粒度。土颗粒的大小相差悬殊，有大于几十厘米的漂石，也有小于几微米的胶粒，随着土粒的粒径由粗变细，土的性质相应地会发生很大的变化，如土的渗透性由大变小、由无黏性变为有黏性等。同时，由于土粒的形状往往是不规则的，很难直接测量土粒的大小，故只能用间接的方法来定量描述土粒的大小和各种颗粒的相对含量。工程上常用不同粒径颗粒的相对含量来描述土的颗粒组成情况，这种指标称为土的粒度

图 2-1　三种黏土的矿物形状

（a）高岭石；（b）蒙脱石；（c）伊利石

成分，又称土的颗粒级配。

　　天然土的粒径一般是连续变化的，为了描述方便，工程上常把大小、性质相近的土粒合并为组，称为粒组。划分粒组的分界尺寸称为界限粒径。对于粒组的划分，各个国家，甚至一个国家的各个部门，可能有不同的规定。土粒的粒组划分方法见表 2-15，表中根据国家标准《土的工程分类标准》（GB/T 50145—2007），按新规定的界限粒径 200 mm、60 mm、2 mm、0.075 mm 和 0.005 mm，分别将土粒粒组先分为巨粒、粗粒和细粒三个粒组统称，再细分为六个粒组，即漂石（块石）、卵石（碎石）、砾粒、砂粒、粉粒和黏粒。

表 2-15　土粒的粒组划分

粒组统称	粒组名称		粒径范围/mm	一 般 特 征
巨粒	漂石或块石颗粒		>200	透水性很大，无黏性，无毛细水
	卵石或碎石颗粒		200~60	
粗粒	圆砾或角砾颗粒	粗	60~20	透水性大，无黏性，毛细水上升高度不超过粒径大小
		中	20~5	
		细	5~2	
	砂粒	粗	2~0.5	易透水，当混入云母等杂质时透水性减小，而压缩性增加；无黏性，遇水不膨胀，干燥时松散；毛细水上升高度不大，随粒径变小而增大
		中	0.5~0.25	
		细	0.25~0.075	

粒组统称	粒组名称	粒径范围/mm	一 般 特 征
细粒	粉粒	0.075~0.005	透水性小，湿时稍有黏性，遇水膨胀小，干时稍有收缩；毛细水上升高度较大较快，极易出现冻胀现象
	黏粒	<0.005	透水性很小，湿时有黏性、可塑性，遇水膨胀大，干时收缩显著；毛细水上升高度大，但速度较慢

c 土的颗粒级配

自然界里的天然土很少是单一粒组的土，往往由多个粒组混合而成。因此，为了说明天然土颗粒的组成情况，不仅要了解土颗粒的大小，而且要了解各种颗粒所占的比例，工程中常用土中各粒组的相对含量占总质量的百分数来表示，称为土的颗粒级配。这是决定无黏性土工程性质的主要因素，是确定土的名称和选用建筑材料的重要依据。

B 土中水

土中水是指存在于土孔隙中的水。土中细粒越多，水对土的性质影响越大。按照水与土相互作用程度的强弱，可将土中水分为结合水和自由水两大类。

a 结合水

结合水是指在电分子引力下吸附于土粒表面的水。由于土粒表面一般带有负电荷，围绕土粒形成电场，在土粒电场范围内的水分子和水溶液中的阳离子一起被吸附在土粒表面。极性水分子被吸附后呈定向排列，形成结合水膜，如图 2-2 所示。在靠近土粒表面处，静电引力

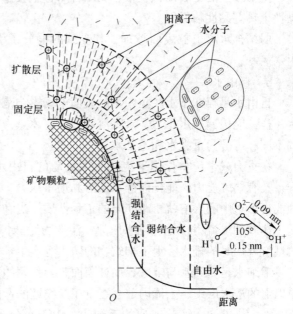

图 2-2 结合水分子定向排列及其所受
电分子力变化的简图

最强，能把水化离子和极性水分子牢固地吸附在颗粒表面上形成固定层。在固定

层外围，静电引力较小，水化离子和极性水分子活动性比在固定层中大一些，形成扩散层。固定层与扩散层中的水分别称为强结合水和弱结合水。

强结合水是指紧靠土粒表面的结合水，受表面静电引力最强。这部分水的特征是没有溶解盐类的能力，它因受到表面引力的控制而不能传递静水压力，只有吸热变为蒸汽时才能移动，没有溶解盐类的能力，性质接近于固体；密度为 $1.2 \sim 2.4 \ g/cm^3$，冰点为 $-78 \ ℃$，具有极大的黏滞性、弹性和抗剪强度。如果将干燥的土样放在天然湿度和温度的空气中，土的质量增加，直到土中强结合水达到最大吸着度为止。土粒越细，土的比表面积越大，则土的吸着度越大。黏性土只含强结合水时，呈固体状态。

弱结合水是紧靠于强结合水外围的一层结合水膜。在这层水膜范围内的水分子和水化阳离子仍受到一定程度的静电引力，随着离开土粒表面的距离增大，所受静电引力迅速降低，距土粒表面稍远的地方，水分子虽仍为定向排列，但不如强结合水那么紧密和严格。这层水仍然不能传递静水压力，但弱结合水可以从较厚水膜处缓慢地迁移到较薄的水膜处，密度为 $1.0 \sim 1.7 \ g/cm^3$。当土中含有较多的弱结合水时，则土具有一定的可塑性。砂土比表面积较小，几乎不具有可塑性，但黏性土的比表面积较大，弱结合水含量较多，其可塑性范围较大，这就是黏性土具有黏性的原因。

弱结合水离土粒表面越远，其受到的电分子引力就越弱，并逐渐过渡为自由水。

b　自由水

自由水是存在于土孔隙中土粒表面电场影响范围以外的水。它的性质与普通水一样，能传递静水压力，具有溶解能力，冰点为 $0 \ ℃$。按照其移动所受作用力的不同，可分为重力水和毛细水。

在重力或水位差作用下能在土中流动的自由水称为重力水。它与普通水一样，具有溶解能力，能传递静水压力和动水压力，对土颗粒有浮力作用。它能溶蚀或析出土中的水溶盐，改变土的工程性质。当它在土孔隙中流动时，对所流经的土体施加渗流力（也称动水压力、渗透力），计算中应该考虑其影响。重力水对基坑开挖时的排水、地下构筑物的防水等产生较大影响。

毛细水是受到水与空气界面处表面张力作用的自由水。毛细水存在于地下水位以上的透水层中。土体内部存在着相互贯通的弯曲孔道，可以看成是许多形状不一、大小不同，彼此连通的毛细管。由于水分子和土粒分子之间的吸附力及水、气界面上的表面张力，地下水将沿着这些毛细管被吸引上来，而在地下水位以上形成一定高度的毛细水带，这一高度称为毛细水上升高度。它与土中孔隙的大小和形状，土粒的矿物质成分以及水的性质有关。土颗粒越细，毛细水上升越高，黏性土的毛细水上升较高，可达几米。而对孔隙较大的粗粒土，毛细水几乎不存在。在毛细水带内，只有靠近地下水位的一部分土的孔隙才被认为是被水充满的，这一部分称为毛细水饱和带。

在毛细水带内，由于水、气界面上弯液面和表面张力的存在，使水内的压力小于大气压力，即水压力为负值。

在潮湿的粉、细砂中孔隙水仅存在于土粒接触点周围，彼此是不连续的。这时，由于孔隙中的气与大气连通存在毛细现象，因此孔隙水的压力将小于大气压力。于是，将引起迫使相邻土粒相互挤紧的压力，这个压力称为毛细水压力，如图 2-3 所示。由于毛细水压力的存在，增加了粒间错动的摩擦阻力。这种由毛细水压力引起的摩擦阻力犹如给予砂土以某些黏聚力，以致在潮湿的砂土中能开挖一定高度的直立坑壁。一旦砂土被水浸饱和，则弯液面消失，毛细水压力变为零，这种黏聚力也就不再存在，因而把这种黏聚力称为假黏聚力。

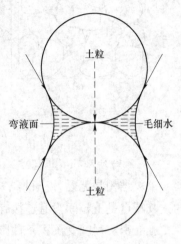

图 2-3 毛细水压力示意图

在工程中，应特别注意毛细水上升对建筑物地下部分的防潮措施、地基土的浸湿及地基与基础的冻胀的重要影响。

C 土中气体

土中气体是指充填在土的孔隙中的气体，包括与大气连通的和不连通的两类。

与大气连通的气体对土的工程性质没有多大的影响，当土受到外力作用时，这种气体很快从孔隙中挤出；但是密闭的气体对土的工程性质有很大的影响，密闭气体的成分可能是空气、水汽或天然气等。在压力作用下这种气体可被压缩或溶解于水中，而当压力减小时，气泡会恢复原状或重新游离出来。封闭气体的存在，增大了土的弹性和压缩性，降低了土的透水性。

土中气体的成分与大气成分比较，主要区别在于 CO_2、O_2 及 N_2 的含量不同。一般土中气体中含有更多的 CO_2，较少的 O_2，较多的 N_2。土中气体与大气的交换越困难，两者的差别就越大。

含气体的土称为非饱和土，非饱和土的工程性质研究已经形成土力学的一个新的分支。

2.2.1.2 土的结构分类

土的结构是指土粒的大小、形状、相互排列及其连接关系的综合特征。一般分为单粒结构、蜂窝结构和絮状结构三种基本类型，如图 2-4 所示。

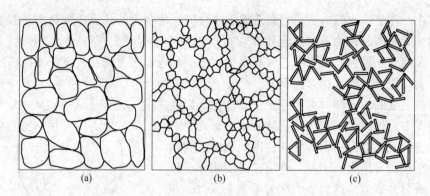

图 2-4　土的结构

（a）单粒结构；（b）蜂窝结构；（c）絮状结构

A　单粒结构

单粒结构是无黏性土的结构特征，是由粗大土粒在水或空气中下沉而形成的。其特点是土粒间没有连接存在，或者连接非常微弱，可以忽略不计。

土的密实程度受沉积条件影响。如果土粒受波浪的反复冲击推动作用，其结构紧密，强度大，压缩性小，是良好的天然地基。而洪水冲积形成的砂层和砾石层，一般较疏松，如图 2-5 所示。由于孔隙大，土的骨架不稳定，当受到动力荷载或其他外力作用时，土粒易于移动，从而趋于更加稳定的状态，同时产生较大变形，这种土不宜做天然地基。如果细砂或粉砂处于饱和疏松状态，在强烈的振动作用下，土的结构会突然破坏，在瞬间变成流动状态，即所谓"液化"，使得土体强度丧失，在地震区将产生震害。1976 年唐山大地震后，当地许多地方出现了喷砂冒水现象，这就是砂土液化的结果。

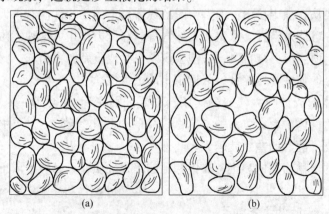

图 2-5　单粒结构

（a）紧密结构；（b）疏松结构

密实状态的单粒结构，其土粒排列紧密，强度较大，压缩性小，是较为良好的天然地基。单粒结构的紧密程度取决于矿物成分、颗粒形状、颗粒级配。片状矿物颗粒组成的砂土最为疏松，浑圆的颗粒组成的土比带棱角的容易趋向密实；土粒的级配越不均匀，结构越紧密。

B 蜂窝结构

蜂窝结构是以粉粒为主的土的结构特征。粒径在 0.075~0.005 mm 的土粒在水中沉积时，基本上是单个颗粒下沉，当碰上已沉积的土粒时，由于土粒间的引力大于其重力，因此颗粒就停留在最初的接触点上不再下沉，形成大孔隙的蜂窝结构，如图 2-6 所示。

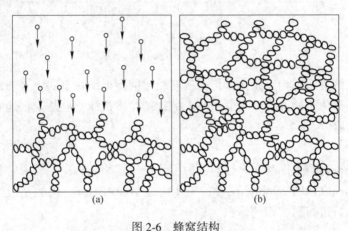

图 2-6 蜂窝结构
（a）颗粒正在沉积；（b）沉积完成

C 絮状结构

絮状结构是黏土颗粒特有的结构特征。悬浮在水中的黏粒（粒径<0.005 mm）被带到电解质浓度较大的环境中（如海水），黏粒间的排斥力因电荷中和而破坏，土粒互相聚合，形成絮状物下沉，沉积为大孔隙的絮状结构，如图 2-7 所示。

具有蜂窝结构和絮状结构的土存在大量的细微孔隙，渗透性小，压缩性大，强度低，土粒间连接较弱，受扰动时土粒接触点可能脱离，导致结构强度损失，强度迅速下降；而后随着时间延长，强度还会逐渐恢复，其土粒之间的连接强度往往由于长期的压密作用和胶结作用而得到加强。

2.2.2 土的物理力学性质及指标

2.2.2.1 土的物理性质指标

土的物理性质指标反映土的工程性质的特征，土的三相组成物质的性质、三相之间的比例关系及相互作用决定了土的物理性质。土的三相组成物质在体积和

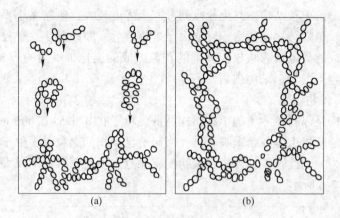

图 2-7　絮状结构

（a）絮状集合体正在沉积；（b）沉积完毕

质量上的比例关系称为三相比例指标。三相比例指标反映土的干燥与潮湿、疏松与紧密，是评价土的工程性质的最基本的物理性质指标，也是工程地质勘察报告中的基本内容。

A　土的三相简图

土的三相物质是混杂在一起的，为了便于计算和说明，工程中常将三相分别集中起来，画成如图 2-8 所示的土的三相组成草图的形式。图的左边标出各相的质量，图的右边标出各相的体积。

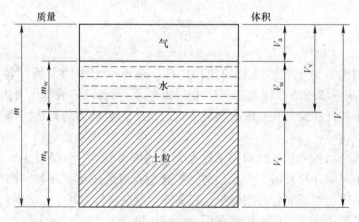

图 2-8　土的三相关系图

m_s—土粒质量，g；m_w—土中水质量，g；m—土的总质量，g；V_s—土粒体积，cm^3；
V_w—土中水体积，cm^3；V_a—土中气体积，cm^3；V_v—土中孔隙体积，cm^3；V—土的总体积，cm^3

B　由试验直接测定的指标

通过试验直接测定的指标有土的密度 ρ、土粒比重 d_s 和含水量 ω，它们是土的三项基本物理性质指标。

a　土的密度 ρ

在天然状态下（即保持原始状态的含水量不变），单位土体积内湿土的质量称为土的湿密度 ρ，简称天然密度或密度（单位为 g/cm³），用公式表示如下：

$$\rho = \frac{m}{V} \tag{2-23}$$

工程中还常用重度 γ 来表示类似的概念。单位体积的土受到的重力称为土的湿重度，又称土的重力密度或重度（单位为 kN/m³），其值等于土的湿密度乘以重力加速度 g，工程中可取 $g = 10 \ m/s^2$，则用公式表示如下：

$$\gamma = \rho g \tag{2-24}$$

天然状态下土的密度变化范围很大，随着土的矿物成分、孔隙体积和水的含量而异，一般为 $\rho = 1.6 \sim 2.2 \ g/cm^3$，若土较软则介于 $1.2 \sim 1.8 \ g/cm^3$，有机质含量高或塑性指数大的极软黏土可降至 $1.2 \ g/cm^3$ 以下。天然密度一般采用"环刀法"测定，用一个圆环刀（刀刃向下）放置于削平的原状土样面上，垂直边压边削至土样伸出环刀口为止，削去两端余土，使其与环刀面齐平，称出环刀内土质量，求它与环刀容积的比值即为土的密度。

b　土粒比重（土粒相对密度）d_s

土粒的密度与 4 ℃时纯水的密度的比值称为土粒比重（无量纲）或土粒相对密度，即：

$$d_s = \frac{m_s}{V_s \rho_w} = \frac{\rho_s}{\rho_w} \tag{2-25}$$

式中　ρ_s——土粒密度，g/cm³；

　　　ρ_w——纯水在 4 ℃时的密度（单位体积的质量），取 1 g/cm³。

土粒比重取决于土的矿物成分，不同土类的土粒比重变化幅度不大。在有经验的地区可按经验值选用，一般砂土为 $2.65 \sim 2.69$，粉土为 $2.70 \sim 2.71$，黏性土为 $2.72 \sim 2.75$。

土粒的相对密度可在实验室采用"比重瓶法"测定。将风干碾碎的土样注入比重瓶内，由排出同体积的水的质量原理测定土粒的体积 V_s。

c　土的含水量 ω

土中水的质量与土粒质量之比称为土的含水量，以百分数表示，用公式表示如下：

$$\omega = \frac{m_w}{m_s} \times 100\% \tag{2-26}$$

含水量是表示土的湿度的一个重要指标。天然土层的含水量变化范围很大，它与土的种类、埋藏条件及其所处的自然地理环境等有关，一般砂土为 0% ~

40%、黏性土为 20%~60%。一般来说，同一类土含水量越大，则其强度就越低。

含水量的测定方法一般采用烘干法，适用于黏性土、粉土和砂土的常规试验。方法是：称得天然土样的质量 m，然后置于电烘箱内，在温度 100~150 ℃ 下烘至恒重，称得干土质量 m_s，湿土与干土质量之差即为土中水的质量 m_w。

C 换算指标

除了上述三个试验指标之外，还有六个可以通过计算求得的指标，称为换算指标。换算指标包括特定条件下反映土的密度（重度）的指标：干密度（干重度）、饱和密度（饱和重度）、有效密度（有效重度），反映土的松密程度的指标：孔隙比、孔隙率，反映土的含水程度的指标：饱和度。

a 表示土的密度和重度的指标

（1）土的干密度 ρ_d 和干重度 γ_d：单位体积土中土颗粒的质量称为土的干密度或干土密度 $\rho_d(\text{g/cm}^3)$，即：

$$\rho_d = \frac{m_s}{V} \tag{2-27}$$

单位体积土中土颗粒受到的重力称为土的干重度或干土的重力密度 γ_d（kN/m^3），即：

$$\gamma_d = \rho_d g \tag{2-28}$$

土的干密度一般为 $1.3~2.0\ \text{g/cm}^3$。工程中常用土的干密度作为填方工程土体压实质量控制的标准。土的干密度越大，土体压得越密实，土的工程质量就越好。

（2）土的饱和密度 ρ_{sat} 和饱和重度 γ_{sat}：土孔隙中充满水时的单位体积土的质量，称为土的饱和密度 $\rho_{sat}(\text{g/cm}^3)$，即：

$$\rho_{sat} = \frac{m_s + V_v \rho_w}{V} \tag{2-29}$$

单位体积土饱和时受到的重力称为土的饱和重度 $\gamma_{sat}(\text{kN/m}^3)$，即：

$$\gamma_{sat} = \rho_{sat} g \tag{2-30}$$

土的饱和密度一般为 $1.8~2.3\ \text{g/cm}^3$。

（3）土的有效密度 ρ' 和有效重度 γ'：地下水位以下，土体受到水的浮力作用时，扣除水的浮力后单位体积土的质量称为土的有效密度或浮密度 ρ'（g/cm^3），即：

$$\rho' = \frac{m_s - V_s \rho_w}{V} = \rho_{sat} - \rho_w \tag{2-31}$$

地下水位以下，土体受到水的浮力作用时，扣除水的浮力后单位体积土受到的重力称为土的有效重度或浮重度 $\gamma'(\mathrm{kN/m^3})$，即：

$$\gamma' = \rho'g = \gamma_{sat} - \gamma_w \tag{2-32}$$

式中，$\gamma_w = 10 \ \mathrm{kN/m^3}$。

土的有效密度一般为 $0.8 \sim 1.3 \ \mathrm{g/cm^3}$。

（4）土粒密度 ρ_s：单位土颗粒体积内颗粒的质量称为土粒密度 ρ_s（单位为 $\mathrm{t/m^3}$ 或 $\mathrm{g/cm^3}$），即：

$$\rho_s = \frac{m_s}{V_s} \tag{2-33}$$

这几种密度在数值上的关系为：$\rho_{sat} \geqslant \rho \geqslant \rho_d > \rho'$。同样的，这几种重度在数值上的关系为：$\gamma_{sat} \geqslant \gamma \geqslant \gamma_d > \gamma'$。

b 反映土松密程度的指标

（1）土的孔隙比 e：土中孔隙体积与土颗粒体积之比称为土的孔隙比，以小数表示，即：

$$e = \frac{V_v}{V_s} \tag{2-34}$$

孔隙比可用来评价天然土层的密实程度，一般砂土为 $0.5 \sim 1.0$，黏性土为 $0.5 \sim 1.2$。当砂土 $e < 0.6$ 时，呈密实状态，为良好地基；当黏性土 $e > 1.0$ 时，为软弱地基。

（2）土的孔隙率 n：土中孔隙体积与土总体积之比称为土的孔隙率，以百分数表示，即：

$$n = \frac{V_v}{V} \times 100\% \tag{2-35}$$

e 与 n 的关系为：

$$n = \frac{e}{1+e} \tag{2-36}$$

土的孔隙比或孔隙率都可用来表示土的松密程度。它随土形成过程中所受到压力、粒径级配和颗粒排列的状况而变化。一般来说，粗粒土的孔隙率小，细粒土的孔隙率大。例如，砂类土的孔隙率一般是 $28\% \sim 35\%$，黏性土的孔隙率有时可高达 $60\% \sim 70\%$。

c 饱和度 S_r

土中被水充满的孔隙体积与孔隙总体积之比称为土的饱和度，以百分数表示，即：

$$S_r = \frac{V_w}{V_v} \times 100\% \qquad (2\text{-}37)$$

饱和度是评价土的潮湿程度的物理性质指标。当 $S_r \leqslant 50\%$ 时，土为稍湿的；当 $50\% < S_r \leqslant 80\%$ 时，土为很湿的；当 $S_r > 80\%$ 时，土为饱和的。当 $S_r = 100\%$ 时，则土处于完全饱和状态；而干土的饱和度 $S_r = 0$。

2.2.2.2　土的物理状态指标

土的物理状态指标用于研究土的松密和软硬状态。由于无黏性土与黏性土的颗粒大小相差较大，土粒与土中水的相互作用各不相同，即影响土的物理状态的因素不同，因此需分别进行阐述。

A　无黏性土的物理特性

无黏性土为单粒结构，土粒与土中水的相互作用不明显，影响其工程性质的主要因素是密实度。土的密实度通常是指单位体积中固体颗粒的含量。土颗粒含量多，土就密实；土颗粒含量少，土就疏散。无黏性土的密实度与其工程性质有着密切的关系。无黏性土呈密实状态时，其结构就稳定，压缩变形小，强度较高，属于良好的天然地基；呈松散状态时，其结构不稳定，压缩变形大，强度低，则属不良地基。

a　砂土的密实度评价

（1）孔隙比确定法。土的基本物理性质指标中，孔隙比 e 的定义表示土中孔隙的大小。e 大，表示土中孔隙大，则土为疏松；反之，土为密实。因此，可以用孔隙比的大小来衡量土的密实性，见表 2-16。

表 2-16　砂土的密实度

土　名	密　实　度			
	密实	中密	稍密	松散
砾砂、粗砂、中砂	$e<0.6$	$0.6 \leqslant e \leqslant 0.75$	$0.75 < e \leqslant 0.85$	$e>0.85$
细砂、粉砂	$e<0.7$	$0.7 \leqslant e \leqslant 0.85$	$0.85 < e \leqslant 0.9$	$e>0.95$

孔隙比确定法的评价有如下优缺点。

优点：用一个指标 e 即可判别砂土的密实度，应用方便简捷。

缺点：由于颗粒的形状和级配对孔隙比有极大的影响，而只用一个指标 e 无法反映土的粒径级配的因素。例如，对两种级配不同的砂，采用孔隙比 e 来评判其密实度，其结果是颗粒均匀的密砂的孔隙比大于级配良好的松砂的孔隙比，密砂的密实度小于松砂的密实度，而与实际不符。

（2）相对密实度法。为了考虑颗粒级配的影响，引入砂土相对密实度的概念。用天然孔隙比 e 与该砂土的最松状态孔隙比 e_{max} 和最密实状态孔隙比 e_{min} 进行对比，根据 e 是靠近 e_{max} 或者靠近 e_{min} 来判别砂土的密实度。其表达式如下：

$$D_r = \frac{e_{max} - e}{e_{max} - e_{min}} \tag{2-38}$$

砂土的最小孔隙比 e_{min} 和最大孔隙比 e_{max} 采用一定的方法进行测定。由式 (2-38) 可以看出，当砂土的天然孔隙比 e 接近于 e_{min} 时，相对密实度 D_r 接近于 1，表明砂土接近于最密实的状态；当 e 接近于 e_{max} 时，相对密实度接近于 0，表明砂土处于最松散的状态。根据 D_r 值将砂土密实度划分为三种状态：$0.67 < D_r \leqslant 1$，为密实；$0.33 < D_r \leqslant 0.67$，为中密；$0 < D_r \leqslant 0.33$，为松散。

相对密实度法的评价有如下优缺点。

优点：把土的级配因素考虑在内，理论上较为完善。

缺点：e，e_{max}，e_{min} 都难以准确测定。目前主要应用 D_r 于填方质量的控制，对于天然土尚难以应用。

（3）现场标准贯入试验法。《建筑地基基础设计规范》（GB 50007—2011，以下均简称《规范》）采用未经修正的标准贯入试验锤击数 N 来划分砂土的密实度，见表2-17。标准贯入试验是一种原位测试方法。试验方法为：将质量为 63.5 kg 的锤头，提升到 76 cm 的高度，让锤自由下落，打击标准贯入器，使贯入器入土深为 30 cm 所需的锤击数，记为 $N_{63.5}$，这是一种简便的测试方法。$N_{63.5}$ 的大小，综合反映了土的贯入阻力的大小，亦即密实度的大小。

表2-17　砂土的密实度

标准贯入试验锤击数 $N_{63.5}$	$N_{63.5} \leqslant 10$	$10 < N_{63.5} \leqslant 15$	$15 < N_{63.5} \leqslant 30$	$N_{63.5} > 30$
密实度	松散	稍密	中密	密实

b　碎石土的密实度

碎石土既不易获得原状土样，也难以将贯入器击入土中。对于卵石、碎石、圆砾、角砾，《规范》采用重型圆锥动力触探锤击数 $N_{63.5}$ 来划分其密实度，见表2-18。

表2-18　碎石土的密实度

重型圆锥动力触探锤击数 $N_{63.5}$	$N_{63.5} \leqslant 5$	$5 < N_{63.5} \leqslant 10$	$10 < N_{63.5} \leqslant 20$	$N_{63.5} > 20$
密实度	松散	稍密	中密	密实

注：表内 $N_{63.5}$ 为经综合修正后的平均值。

对于漂石、块石以及粒径大于 200 mm 的颗粒含量较多的碎石土，可根据

《规范》要求，按野外鉴别方法划分为密实、中密、稍密、松散四种，见表2-19。

表 2-19 碎石土密实度野外鉴别方法

密实度	骨架颗粒含量和排列	可 挖 性	可 钻 性
密实	骨架颗粒含量大于总重的70%，呈交错排列，连续接触	锹、镐挖掘困难，用撬棍方能松动；井壁一般较稳定	钻进极困难；冲击钻探时，钻杆、吊锤跳动剧烈；孔壁较稳定
中密	骨架颗粒含量等于总重的60%～70%，呈交错排列，大部分接触	锹、镐可挖掘；井壁有掉块现象；从井壁取出大颗粒后，能保持颗粒凹面形状	钻进较困难；冲击钻探时，钻杆、吊锤跳动剧烈；孔壁有坍塌现象
稍密	骨架颗粒含量等于总重的55%～60%，排列混乱，大部分不接触	锹可以挖掘；井壁易坍塌；从井壁取出大颗粒后，填充物砂土立即坍落	钻进较容易；冲击钻探时，钻杆稍有跳动；孔壁易坍塌
松散	骨架颗粒含量小于总重的55%，排列十分混乱，绝大部分不接触	锹易挖掘；井壁极易坍塌	钻进很容易；冲击钻探时，钻杆无跳动；孔壁极易坍塌

注：碎石土的密实度应按表 2-18 所列各项要求综合确定。

B 黏性土的物理特性

a 黏性土的状态

黏性土的颗粒很细，土粒与土中水相互作用很显著。随着含水量的不断增加，黏性土的状态变化为固态→半固态→可塑状态→流动状态，相应土的承载力逐渐下降。我们将黏性土对外力引起的变化或破坏的抵抗能力（即软硬程度）称为黏性土的稠度。因此，可用稠度表示黏性土的物理特征。

土中含水量很少时，由于颗粒表面电荷的作用，水紧紧吸附于颗粒表面，成为强结合水。按水膜厚薄的不同，土表现为固态或半固态。当含水量增加时，被吸附在颗粒周围的水膜加厚，土粒周围有强结合水和弱结合水，在这种含水量情况下，土体可以被捏成任意形状而不破裂，这种状态称为塑态。弱结合水的存在是土具有可塑状态的原因。当含水量再增加时，土中除结合水外，土中出现了较多的自由水，黏性土变成了液体呈流动状态。黏性土随含水量的减少可从流动状态转变为可塑状态、半固态及固态。

b 界限含水量

黏性土从一种状态过渡到另一种状态的分界含水量称为界限含水量。

土由可塑状态变化到流动状态的界限含水量称为液限（或流限），用 ω_L 表示；土由半固态变化到可塑状态的界限含水量称为塑限，用 ω_P 表示；土由半固体状态不断蒸发水分，体积逐渐缩小，直到体积不再缩小时土的界限含水量称为缩限，用 ω_S 表示，如图2-9所示，界限含水量均以百分数表示。它对黏性土的分类及工程性质的评价有重要意义。界限含水量首先由瑞典科学家阿太堡（Atterberg）于 1911 年提出，故这些界限含水量又称为阿太堡界限。

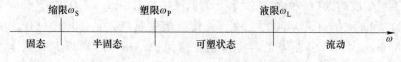

图 2-9　黏性土的状态与含水量的关系

c　塑性指数 I_P 与液性指数 I_L

（1）塑性指数 I_P。可塑性是黏性土区别于无黏性土的重要特征。可塑性的大小用土处于可塑状态的含水量变化范围，即塑性指数来衡量，即：

$$I_P = \omega_L - \omega_P \tag{2-39}$$

塑性指数习惯上用不带百分号的数值表示。塑性指数越大，则土处于可塑状态的含水量范围越大，土的可塑性越好。也就是说，塑性指数的大小与土可能吸附的结合水的多少有关，一般土中黏粒含量越高或矿物成分吸水能力越强，则塑性指数越大，《规范》用 I_P 作为黏性土与粉土的定名标准。

（2）液性指数 I_L。液性指数是指黏性土的天然含水量与塑限的差值和塑性指数之比。它是表示天然含水量与界限含水量相对关系的指标，反映黏性土天然状态的软硬程度，又称为相对稠度，其表达式为：

$$I_L = \frac{\omega - \omega_P}{I_P} = \frac{\omega - \omega_P}{\omega_L - \omega_P} \tag{2-40}$$

可塑状态土的液性指数 I_L 在 0~1 之间，I_L 越大，表示土越软；$I_L>1$ 的土处于流动状态；$I_L<0$ 的土则处于固体状态或半固体状态。建筑工程中将液性指数 I_L 用作确定黏性土承载力的重要指标。《规范》按 I_L 的大小将黏性土划分为五种软硬状态，见表 2-20。

表 2-20　黏性土软硬状态的划分

液性指数	$I_L \leq 0$	$0 < I_L \leq 0.25$	$0.25 < I_L \leq 0.75$	$0.75 < I_L \leq 1.0$	$I_L \geq 1.0$
状态	坚硬	硬塑	可塑	软塑	流塑

d　灵敏度 S_t

天然状态的黏性土通常都具有一定的结构性，当受到外来因素的扰动时，其结构破坏，强度降低，压缩性增大，土的结构性对强度的这种影响通常用灵敏度来衡量。原状土无侧限抗压强度与原土结构完全破坏的重塑土（含水量与密度不变）的无侧限抗压强度之比称为土的灵敏度 S_t，即：

$$S_t = \frac{q_u}{q_u'} \tag{2-41}$$

式中　q_u——原状土的无侧限抗压强度，kPa；

　　　q_u'——重塑土的无侧限抗压强度，kPa。

根据灵敏度的大小，可将黏性土分为低灵敏（$1.0 < S_t \le 2.0$）、中灵敏（$2.0 < S_t \le 4.0$）和高灵敏（$S_t > 4.0$）三类。土体灵敏度越高，其结构性越强，受扰动后强度降低越多，所以在施工时应特别注意保护基槽，尽量减少对土体的扰动（如人为践踏基槽）。

黏性土的结构受到扰动后，强度降低。但静置一段时间后，土的强度会逐渐增加，这种性质称为土的触变性。这是由于土粒、离子和水分子体系随时间而逐渐趋于新的平衡状态之故。例如，在黏性土地基中打桩时，桩周土的结构受到破坏而强度降低，而打桩停止后，土的强度会部分恢复，所以打桩时要"一气呵成"，才能进展顺利，提高工效[14]。

2.2.3　土的工程分类及工程性质

2.2.3.1　土的工程分类

在土方工程施工和工程预算定额中，根据土的开挖难易程度，将土分为表2-21所示的八类，前四类为一般土，后四类为岩石。正确区分和鉴别土的种类，可以合理地选择施工方法和准确地套用定额计算土方工程费用。

表2-21　土的工程分类与开挖方法和工具

土的分类	土的级别	土的名称	土的可松性系数		开挖方法及工具
			K_S	K_S'	
一类土（松软土）	I	砂土、粉土、冲积砂土层、疏松的种植土、淤泥（泥炭）	1.08~1.17	1.01~1.03	用锹、锄头挖掘，少许用脚蹬
二类土（普通土）	II	粉质黏土、潮湿的黄土、夹有碎石卵石的砂、粉土混卵（碎）石、种植土、填土	1.20~1.30	1.03~1.04	用锹、锄头挖掘，少许用镐翻松
三类土（坚土）	III	软及中等密实黏土、重粉质黏土、砾石土、干黄土、含有碎石卵石的黄土、粉质黏土、压实的填土	1.14~1.28	1.02~1.05	主要用镐，少许用锹、锄头挖掘，部分用撬棍
四类土（砂砾坚土）	IV	坚硬密实的黏性土或黄土、含碎石、卵石的中等密实的黏性土或黄土、粗卵石、天然级配砂石、软泥灰岩	1.26~1.32（除泥灰岩、蛋白石外） 1.33~1.37（泥灰岩、蛋白石）	1.06~1.09（除泥灰岩、蛋白石外） 1.11~1.15（泥灰岩、蛋白石）	整个先用镐、撬棍，后用锹挖掘，部分用楔子及大锤

土的分类	土的级别	土的名称	土的可松性系数		开挖方法及工具
			K_s	K'_s	
五类土（软石）	V ～ VI	硬质黏土、中密的页岩、泥灰岩、白垩土、胶结不紧的砾岩、软石灰岩及贝壳石灰岩			用镐、撬棍，大锤挖掘，部分用爆破方法
六类土（次坚石）	VII ～ IX	泥岩、砂岩、砾岩、坚实的页岩、泥灰岩、密实的石灰岩、风化花岗岩、片麻岩及正长岩	1.30～1.45	1.10～1.20	用爆破方法开挖，部分用风镐
七类土（坚石）	X ～ XIII	大理石、辉绿岩、玢岩、粗或中粒花岗岩、坚实的白云岩、砂岩、砾岩、片麻岩、石灰岩、微风化安山岩、玄武岩			用爆破方法开挖
八类土（特坚石）	XIV ～ XVI	安山岩、玄武岩、花岗片麻岩、坚实的细粒花岗岩、闪长岩、石英岩、辉长岩、辉绿岩、玢岩、角闪岩	1.45～1.50	1.20～1.30	用爆破方法开挖

2.2.3.2 土的工程性质

土的工程性质对土方工程的施工方法、机械设备的选择、基坑（槽）降水、劳动力消耗以及工程费用等有直接的影响，下面介绍其主要工程性质。

A 土的含水量

土的含水量是指土中水的质量与固体颗粒质量之比，以百分数表示，即：

$$\omega = \frac{m_1 - m_2}{m_2} \times 100\% = \frac{m_w}{m_s} \times 100\% \qquad (2\text{-}42)$$

式中 m_1——含水状态时土的质量，kg；

       m_2——烘干后土的质量，kg；

       m_w——土中水的质量，kg；

       m_s——固体颗粒的质量，kg。

土的含水率随气候条件、季节和地下水的影响而变化，它对降低地下水、土方边坡的稳定性及填方密实程度有直接的影响。

B 土的可松性

自然状态下的原状土经开挖后内部组织被破坏，其体积因松散而增加，以后虽经回填压实，仍不能恢复其原来的体积，土的这种性质称为土的可松性。土的可松性用可松性系数表示，即：

$$K_{S} = \frac{V_1}{V_2} \qquad (2-43)$$

$$K'_{S} = \frac{V_3}{V_1} \qquad (2-44)$$

式中　K_{S}——土的最初可松性系数；

　　　K'_{S}——土的最终可松性系数；

　　　V_1——土在自然状态下的体积，m^3；

　　　V_2——土挖出后在松散状态下的体积，m^3；

　　　V_3——土经回填压实后的体积，m^3。

V_3 指的是土方分层填筑时在土体自重、运土工具重量及压实机具作用下压实后的体积，此时，土壤变得密实，但一般情况下其密实程度不如原状土，$V_3 >V_1$。土的最初可松性系数 K_{S} 是计算车辆装运土方体积及选择挖土机械的主要参数；土的最终可松性系数 K'_{S} 是计算填方所需挖土工程量的主要参数，K_{S}、K'_{S} 的大小与土质有关。根据土的工程分类，相应的可松性系数参见表 2-21。

2.2.3.3　土的渗透性

土的渗透性是指土体被水透过的性质。土体孔隙中的自由水在重力作用下会发生流动，当基坑（槽）开挖至地下水位以下时，地下水会不断流入基坑（槽）。地下水在渗流过程中受到土颗粒的阻力，其大小与土的渗透性及地下水渗流的路程长短有关。法国学者达西根据图 2-10 所示的砂土渗透实验，发现水在土中的渗流速度（V）与水力坡度（I）成正比，即：

$$V = KI \qquad (2-45)$$

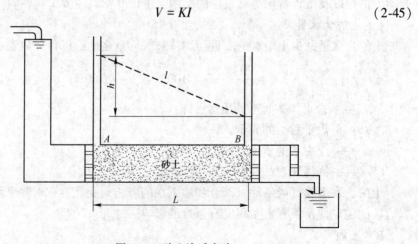

图 2-10　砂土渗透实验

水力坡度 I 是 A、B 两点的水位差 h 与渗流路程 L 之比，即 $I=h/L$。显然，渗流速度 V 与 h 成正比，与渗流的路程长度 L 成反比。比例系数 K 称为土的渗透系数（m/d 或 cm/d）。它与土的颗粒级配、密实程度等有关，一般由实验确定，表 2-22 的数值可供参考。

表 2-22 土的渗透系数参考

土 的 种 类	渗透系数/m·d^{-1}	土 的 种 类	渗透系数/m·d^{-1}
粉质黏土、黏土	<0.01	含黏性土的中砂及纯细砂	5~20
粉质黏土	0.01~0.1	含黏土的粗砂及纯中砂	10~30
含粉质黏土的粉砂	0.1~0.5	纯粗砂	20~50
纯粉砂	0.5~1.0	粗砂夹砾石	50~100
含黏土的细砂	1.0~5.0	砾石	50~150

土的渗透系数是选择人工降低地下水位方法的依据，也是分层填土时确定相邻两层结合面形式的依据[15]。

2.2.4　特殊土

特殊土是指在一定分布区域或工程意义上具有特殊成分、状态和结构特征的土，在工程中需要特别加以注意。从目前工程实践来看，大体可分为软土、红黏土、黄土、膨胀土、多年冻土、盐渍土等。

（1）软土：是指沿海的滨海相、三角洲相、溺谷相，内陆的河流相、湖泊相、沼泽相等，主要由细粒土组成的孔隙比大（$e \geqslant 1$）、天然含水量高（$\omega \geqslant \omega_L$）、压缩性高、强度低和具有灵敏性、结构性的土层，为不良地基，包括淤泥、淤泥质黏性土、淤泥质粉土等。

淤泥和淤泥质土是工程建设中经常遇到的软土。在静水或缓慢的流水环境中沉积，并经生物化学作用形成。当黏性土的 $\omega > \omega_L$，$e \geqslant 1.5$ 时称为淤泥；而当 $\omega > \omega_L$，$1.5 > e \geqslant 1.0$ 时称为淤泥质土。当土的有机质含量大于 5% 时称为有机质土，大于 60% 时称为泥炭。

（2）红黏土：是指碳酸盐系的岩石经第四纪以来的红土化作用，形成并覆盖于基岩上，呈棕红色、褐黄色等的高塑性黏土。其特征是：$I_P = 30 \sim 50$，$\omega_L > 50\%$，$e = 1.1 \sim 1.7$，$S_r > 0.85$。红黏土通常强度高，压缩性低。因受基岩起伏影响，厚度不均匀，土质上硬下软，具有明显胀缩性、裂隙发育。已形成的红黏土经坡积、洪积再搬运后仍保留着黏土的基本特征，且 $\omega_L > 45$ 的称为次生红黏土。我国红黏土主要分布于云贵高原，南岭山脉南北两侧及湘西、鄂西丘陵山地等。

（3）黄土：是一种含大量碳酸盐类且常能以肉眼观察到大孔隙的黄色粉状土。天然黄土在未受水浸湿时，一般强度较高，压缩性较低。但当其受水浸湿后，因黄土自身大孔隙结构的特征，压缩性剧增使结构受到破坏。土层突然显著下沉（其湿陷系数≥0.015），同时强度也随之迅速下降，这类黄土统称为湿陷性黄土。湿陷性黄土根据上覆土自重压力下是否发生湿陷变形，又可分为自重湿陷性黄土和非自重湿陷性黄土。

（4）膨胀土：是指土中黏粒成分主要由亲水性矿物组成，同时具有显著的吸水膨胀和失水收缩特性，其自由膨胀率大于或等于40%的黏性土。由于膨胀土通常强度较高，压缩性较低，易被误认为是良好的地基，而一旦遇水，就呈现出较大的吸水膨胀和失水收缩的能力，往往导致建筑物和地坪开裂、变形而破坏。膨胀土大多分布于当地排水基准面以上的二级阶地及其以上的台地、丘陵、山前缓坡、坨岗地段。其分布不具绵延性和区域性，多呈零星分布且厚度不均。

（5）多年冻土：是指土的温度等于或低于0℃，含有固态水，且这种状态在自然界连续保持3年或3年以上的土。当自然条件改变时，它将产生冻胀、融陷、热融滑塌等特殊不良地质现象，并发生物理力学性质的改变。多年冻土根据土的类别和总含水量可划分其融陷性等级为少冰冻土、多冰冻土、富冰冻土、饱冰冻土及含土冰层等。

（6）盐渍土：是指易溶盐含量大于0.5%，且具有吸湿、松胀等特性的土。由于可溶盐遇水溶解，可能导致土体产生湿陷、膨胀以及有害的毛细水上升，使建筑物遭受破坏。盐渍土按含盐性质可分为氯盐渍土、亚氯盐渍土、硫酸盐渍土、亚硫酸盐渍土、碱性盐渍土等。按含盐量可分为弱盐渍土、中盐渍土、强盐渍土和超盐渍土[16]。

2.3 混 凝 土

混凝土是指由胶凝材料将集料胶结成整体的工程复合材料的统称。通常讲的"混凝土"一词是指用水泥作胶凝材料，砂、石作集料；与水（可含外加剂和掺合料）按一定比例配合，经搅拌而得的水泥混凝土，也称普通混凝土，它广泛应用于土木工程。

2.3.1 混凝土的物质组成

普通混凝土的基本组成材料是天然砂、石子、水泥和水，为改善混凝土的某些性能还常加入适量的外加剂或掺合料。

在混凝土中，砂、石起骨架作用，因此称为骨料。水泥和水形成的水泥浆，包裹在砂粒表面并填充砂粒间的空隙而形成水泥砂浆，水泥砂浆又包裹在石子表面并填充石子间的空隙。在混凝土硬化前，水泥浆起润滑作用，赋予混凝土拌合物一定的流动性，便于施工。硬化后，则将骨料胶结成一个坚实的整体，并产生一定的力学强度。混凝土结构如图 2-11 所示。

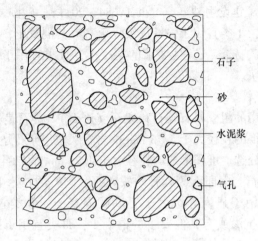

图 2-11 混凝土结构

2.3.1.1 胶凝材料

胶凝材料是指混凝土中水泥和矿物掺合料的总称。

（1）水泥。配制混凝土用的水泥应符合现行国家标准的有关规定，采用何种水泥，应根据工程特点和所处的环境条件选用。水泥强度等级的选择应与混凝土的设计强度等级相适应，原则上配制高强度等级的混凝土，选用高强度等级的水泥；配制低强度等级的混凝土，选用低强度等级的水泥。一般以水泥强度等级为混凝土强度等级的 1.5~2.0 倍为宜，对于高强度混凝土可取 0.9~1.5 倍。

若用高强度等级的水泥配制低强度等级的混凝土时，少量水泥即能满足强度要求，但为了满足混凝土拌合物的和易性和密实性，需增加水泥用量，这会造成水泥的浪费。若用低强度等级的水泥配制高强度等级的混凝土，会使水泥用量过多，不经济，而且会影响混凝土的其他技术性质。

（2）矿物掺合料。为了节约水泥、改善混凝土性能，在拌制混凝土时掺入的矿物粉状材料，称为掺合料。常用的掺合料有粉煤灰、硅粉、磨细矿渣粉、烧黏土、天然火山灰质材料（凝灰岩粉、沸石岩粉等）及磨细自然煤矸石，其中粉煤灰的应用最为普遍。

2.3.1.2 细骨料（砂）

粒径在 0.15~4.75 mm 之间的骨料为细骨料（砂）。混凝土的细骨料主要采用天然砂，它是自然风化、水流搬运和分选、堆积形成的粒径小于 4.75 mm 的岩石颗粒，但不包括软质岩、风化岩石的颗粒。按其产源不同可分为河砂、湖砂、海砂和山砂。河砂、湖砂和海砂由于长期受水流的冲刷作用，颗粒表面较圆滑、洁净，且产源较广，但海砂中常含有贝壳类杂质及可溶盐等有害杂质。山砂颗粒多有棱角，表面粗糙，砂中含泥量及有机质等有害杂质较多。建筑工程多采用河砂作细骨料。根据《建设用砂》（GB/T 14684—2011），砂按技术要求分为Ⅰ类、Ⅱ类、Ⅲ类。其中，Ⅰ类宜用于强度等级大于 C60 的混凝土，Ⅱ类宜用于强度等级 C30~C60 及抗冻、抗渗或其他要求的混凝土，Ⅲ类宜用于强度等级小于 C30 的混凝土和建筑砂浆。

2.3.1.3　粗骨料

普通混凝土常用的粗骨料有碎石和卵石（砾石）。碎石是由天然岩石或大卵石经破碎、筛分而得的粒径大于 4.75 mm 的岩石颗粒。卵石是由天然岩石经自然风化、水流搬运和分选、堆积形成的粒径大于 4.75 mm 的岩石颗粒，按其产源可分为河卵石、海卵石、山卵石等几种。按卵石、碎石的技术要求分为Ⅰ类、Ⅱ类、Ⅲ类，Ⅰ类宜用于强度等级大于 C60 的混凝土，Ⅱ类宜用于强度等级为 C30~C60 及抗冻、抗渗或有其他要求的混凝土，Ⅲ类宜用于强度等级小于 C30 的混凝土。

2.3.1.4　混凝土拌合用水及养护用水

混凝土用水，按水源可分为饮用水、地表水、地下水、海水，以及经适当处理或处置后的工业废水。符合国家标准的生活用水，可拌制各种混凝土。地表水和地下水常溶有较多的有机质和矿物盐类，首次使用前，根据《混凝土用水标准》（JGJ 63—2006）的规定进行检验，合格后方可使用。海水中含有较多的硫酸盐和氯盐，影响混凝土的耐久性和加速混凝土中钢筋的锈蚀，因此，海水可用于拌制无饰面要求的素混凝土。生活污水的水质比较复杂，不能用于拌制混凝土。

2.3.2　混凝土的物理力学性能

混凝土在未凝结硬化以前，称为混凝土拌合物。它必须具有良好的和易性，便于施工，以保证能获得良好的浇灌质量，混凝土拌合物凝结硬化以后，应具有足够的强度，以保证建筑物能安全地承受设计荷载，并应具有必要的耐久性。

2.3.2.1　混凝土拌合物的和易性

和易性是指混凝土拌合物易于各工序（搅拌、运输、浇灌、捣实）施工操作，并获得质量均匀、成形密实的性能。和易性是一项综合的技术指标，包括流动性、黏聚性和保水性等三方面的含义。

流动性是指混凝土拌合物在本身自重或施工机械振捣作用下，能产生流动，并均匀密实地填满模板的性能。流动性的大小反映混凝土拌合物的稀稠程度，直接影响施工的难易及混凝土的质量。

黏聚性是指混凝土各组成材料间具有一定的黏聚力，不致产生分层和离析的现象，使混凝土保持整体均匀的性能。

保水性是指混凝土拌合物在施工过程中，具有一定的保水能力，不致产生严重的泌水现象。保水性差的混凝土拌合物，因泌水会形成易透水的孔隙，使混凝土的密实性变差，降低质量。

混凝土拌合物的流动性、黏聚性和保水性有其各自的内容，三者之间既互相联系，又互相矛盾。例如，黏聚性好则保水性往往也好，但流动性偏大时，黏聚性和保水性则往往变差。因此，混凝土和易性就是这三方面性能在某种具体条件下矛盾统一的概念。

由于混凝土拌合物和易性的内涵比较复杂，目前尚无全面反映和易性的测定方法。根据《普通混凝土拌合物性能试验方法标准》（GB/T 50080—2002）的规定，用坍落度和维勃稠度来测定混凝土拌合物的流动性，并辅以直观经验来评定黏聚性和保水性。

2.3.2.2　混凝土的强度

混凝土的强度包括抗压强度、抗拉强度、抗弯强度、抗剪强度及其与钢筋的黏结强度等。其中，混凝土的抗压强度最大、抗拉强度最小。混凝土强度与混凝土的其他性能关系密切，通常混凝土的强度越大，其刚性、不透水性、抗风化及耐蚀性也越高。

A　混凝土的抗压强度与强度等级

混凝土结构常以抗压强度为主要参数进行设计，而且抗压强度与其他强度之间有一定的相关性，可以根据抗压强度的大小来估计其他强度。抗压强度常作为评定混凝土质量的指标，也作为确定强度等级的依据。习惯上混凝土的强度，是指它的极限抗压强度。

按照《普通混凝土力学性能试验方法标准》（GB/T 50081—2002），制作 150 mm×150 mm×150 mm 的标准立方体试件，在标准条件（温度 18~22 ℃，相对湿度 95% 以上或在氢氧化钙饱和溶液中）下，养护到 28 d 龄期，测得的抗压强度值为混凝土立方体抗压强度，以 f_{cu} 表示。

测定混凝土立方体抗压强度，也可以采用非标准尺寸的试件，其尺寸应根据粗骨料的最大粒径而定。但在计算其抗压强度时，测得的抗压强度应乘以表 2-23 的换算系数，得到相当于标准试件的试验结果。

表 2-23　混凝土试件不同尺寸的强度换算系数 （GB/T 50081—2002）

骨料最大粒径/mm	试件尺寸/mm×mm×mm	换算系数
31.5	100×100×100	0.95
40	150×150×150	1.00
63	200×200×200	1.05

混凝土的强度等级按立方体抗压强度标准值用 $f_{cu,k}$ 表示。混凝土立方体抗压

强度标准值是指按标准方法制作和养护的边长为 150 mm 的立方体试件，在 28 d 龄期，用标准试验方法测得的抗压强度总体分布中的一个值，强度低于该值的百分数不超过 5%。混凝土强度等级采用符号 C 与立方体抗压强度标准值（以 MPa 计）表示，共分为 C15、C20、C25、C30、C35、C40、C45、C50、C55、C60、C65、C70、C75 及 C80 等 14 个强度等级。

B 混凝土的轴心抗压强度

混凝土的立方体抗压强度用来评定强度等级，它不能直接用来作为设计的依据。实际工程中钢筋混凝土构件形式大部分是棱柱体或圆柱体，为了使测得的混凝土强度接近构件的实际情况，在钢筋混凝土结构计算轴心受压构件（梁、柱、桁架的腹杆等）时，都采用混凝土轴心抗压强度 f_{cp} 作为设计依据。

根据 GB/T 50081—2002 的规定，轴心抗压强度采用 150 mm×150 mm×300 mm 的棱柱体作为标准试件。如有必要，也可用非标准尺寸的棱柱体试件，但其高 h 与宽 a 之比应在 2~3 的范围内。轴心抗压强度 f_{cp}，比同截面的立方体抗压强度 f_{cu} 小，棱柱体试件的高宽比越大，轴心抗压强度越小，但高宽比达到一定值后，强度就不再降低。在立方体抗压强度 f_{cu} = 10~55 MPa 范围内，轴心抗压强度 f_{cp} ≈ $(0.70~0.80)$ f_{cu}。

C 混凝土的抗拉强度

混凝土的抗拉强度只有抗压强度的 1/20~1/10，且随着混凝土强度等级的提高其比值有所降低。因此，混凝土在工作时一般不依靠其抗拉强度。但混凝土的抗拉强度对抵抗裂缝的产生有着重要意义，在结构计算中抗拉强度是确定混凝土抗裂度的重要指标，有时也用来间接衡量混凝土与钢筋间的黏结强度等。

用"8"字形试件或棱柱体试件测定轴向抗拉强度，荷载不易对准轴线，夹具附近常发生局部破坏，致使测定值不准确，故我国目前采用边长为 150 mm 的混凝土标准立方体试件（国际上多用圆柱体）的劈裂抗拉试验来测定混凝土的抗拉强度，称为劈裂抗拉强度。该方法的原理是：在试件的两个相对的表面素线上，作用着均匀分布的压力，这样就能够在外力作用的竖向平面内产生均匀分布的拉伸应力，如图 2-12 所示。该应力可以根据弹性理论计算得出，这种方法不但简化了抗拉试件的制作，而且较正确地反映了试件的抗拉强度。

劈裂抗拉强度可按下式计算：

$$f_{ts} = \frac{2F}{\pi A} = 0.637 \frac{F}{A} \tag{2-46}$$

式中 f_{ts}——混凝土劈裂抗拉强度，MPa；

F——破坏荷载，N；

A——试件劈裂面积，mm^2。

混凝土按劈裂试验所得的抗拉强度 f_{ts} 与混凝土立方体抗压强度 f_{cu} 之间的关

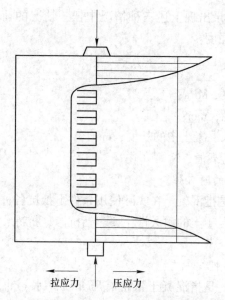

拉应力　压应力

图 2-12　劈裂试验时垂直于受力面的应力分布

系，可用经验公式表达如下：

$$f_{ts} = 0.35 f_{cu}^{3/4}$$　　　　　　　　　　(2-47)

D　混凝土的抗折强度

在道路和机场工程中，混凝土抗折强度是结构设计和质量控制的重要指标，而抗压强度作为参考强度指标，各交通等级道路路面要求的水泥混凝土设计抗折强度为 5.0 MPa（特重和重交通量）、4.5 MPa（中等交通量）、4.0 MPa（轻交通量）。

道路水泥混凝土的抗折强度检验的标准试件为 150 mm×150 mm×550 mm 棱柱体，是对直角棱柱体小梁按三分点加荷方式测定的。

E　混凝土与钢筋的黏结强度

在钢筋混凝土结构中，混凝土可加入钢筋增加结构强度，为使钢筋混凝土这类复合材料能有效工作，混凝土与钢筋之间必须要有适当的黏结强度，这种黏结强度主要来源于混凝土与钢筋之间的摩擦力、钢筋与水泥之间的黏结力和钢筋表面的机械啮合力。黏结强度与混凝土质量有关，与混凝土抗压强度成正比。此外，黏结强度还受其他许多因素影响，如钢筋尺寸及钢筋种类、钢筋在混凝土中的位置（水平钢筋或垂直钢筋）、加载类型（受拉钢筋或受压钢筋）、环境的干湿和温度的变化等。

目前美国材料试验学会（ASTMC 234—1991）提出了一种较标准的试验方法，能准确测定混凝土与钢筋的黏结强度，该试验方法是：混凝土试件边长为 150 mm 的立方体，其中埋入 φ19 mm 的标准变形钢筋，试验时以不超过 34 MPa/min 的加荷速度对钢筋施加拉力，直到钢筋发生屈服，或混凝土裂开，或加荷端钢筋滑移超过 2.5 mm。记录出现上述三种情况中任一情况的荷载值 F，用下式计算混凝土与钢筋的黏结强度：

$$f_N = \frac{F}{\pi dl} \qquad (2\text{-}48)$$

式中 f_N——黏结强度，MPa；

$\quad d$——钢筋直径，mm；

$\quad l$——钢筋埋入混凝土中的长度，mm；

$\quad F$——测定的荷载值，N。

2.3.2.3 混凝土的耐久性

混凝土的耐久性是指混凝土在实际使用条件下抵抗各种破坏因素作用和保持外观完整性的能力。混凝土的耐久性主要包括抗渗、抗冻、抗侵蚀、抗碳化、抗碱-骨料反应等性能。

A 混凝土的抗渗性

混凝土的抗渗性，是指混凝土抵抗有压介质（水、油、溶液等）渗透作用的能力。它是决定混凝土耐久性的最主要因素，若混凝土的抗渗性差，不仅周围的水等液体物质易渗入内部，而且当遇有负温或环境水中含有侵蚀性介质时，混凝土就易遭受冰冻或侵蚀作用而破坏，对钢筋混凝土还将引起内部钢筋锈蚀并导致表面混凝土保护层开裂与剥落。因此，对地下建筑、水坝、水池、港工、海工等工程，必须要求混凝土具有一定的抗渗性。

混凝土的抗渗性用抗渗等级表示，抗渗等级是以 28 d 龄期的标准试件，在标准试验条件下能承受的最大静水压来确定。抗渗等级有 P4、P6、P8、P10、P12 等 5 个等级，表示能抵抗 0.4 MPa、0.6 MPa、0.8 MPa、1.0 MPa、1.2 MPa 的静水压力而不渗透，抗渗等级不小于 P6 级的混凝土为抗渗混凝土。

混凝土渗水的主要原因，是由于内部的空隙形成连通的渗水通道。这些孔道除产生于施工振捣不密实外，主要来源于水泥浆中多余水分的蒸发而留下的气孔、水泥浆泌水所形成的毛细孔及粗骨料下部界面水富集形成的孔穴。这些渗水通道的多少，主要与水胶比的大小有关，因此水胶比是影响抗渗性的一个主要因素。试验表明，随着水胶比的增大，抗渗性逐渐变差，当水胶比大于 0.6 时，抗渗性急剧下降。根据 JGJ 55—2011 的规定，抗渗等级与水胶比的关系参见表 2-24。

表 2-24 抗渗等级与水胶比的关系（JGJ 55—2011）

设计抗渗等级	最大水胶比	
	C20~C30	C30 以上混凝土
P6	0.60	0.55
P8~P12	0.55	0.50
>P12	0.50	0.45

提高混凝土抗渗性的主要措施是增加混凝土的密实度和改善混凝土中的孔隙结构，减少连通孔隙，这些可通过降低水胶比、选择好的骨料级配、充分振捣和养护、掺入引气剂等方法来实现。

B 混凝土的抗冻性

混凝土的抗冻性是指混凝土在饱和水状态下，能经受多次冻融循环而不破坏，同时也不严重降低其所具有性能的能力。在寒冷地区，特别是接触水又受冻的环境条件下，混凝土要求具有较高的抗冻性。

混凝土的抗冻性用抗冻等级来表示。抗冻等级是以 28 d 龄期的混凝土标准试件，在饱和水状态下承受反复冻融循环，以抗压强度损失不超过 25%，且质量损失不超过 5% 时所能承受的最大循环次数来确定。混凝土的抗冻等级有 F10、F15、F25、F50、F100、F150、F200、F250 和 F300 等 9 个等级，分别表示混凝土能承受冻融循环的最大次数不小于 10、15、25、50、100、150、200、250 和300，抗冻等级不小于 F50 的混凝土为抗冻混凝土。

混凝土受冻融破坏的原因，是由于混凝土内部孔隙中的水在结冰后体积膨胀形成的压力，当这种压力产生的内应力超过混凝土的抗拉强度时，混凝土就会产生裂缝，多次冻融循环使裂缝不断扩展直至破坏。混凝土的密实度、孔隙率和孔隙构造、孔隙的充水程度是影响抗冻性的主要因素。低水胶比、密实的混凝土和具有封闭孔隙的混凝土（引气混凝土）抗冻性较高，掺入引气剂、减水剂和防冻剂可有效提高混凝土的抗冻性。根据 JGJ 55—2011 的规定，抗冻混凝土的原材料应符合下列规定：（1）应采用硅酸盐水泥或普通硅酸盐水泥。（2）宜选用连续级配的粗骨料，其含泥量不得大于 1.0%，泥块含量不得大于 0.5%。（3）细骨料含泥量不得大于 3.0%，泥块含量不得大于 1.0%。（4）粗、细骨料均应进行坚固性试验，并应符合《普通混凝土用砂、石质量及检验方法标准》（JGJ 52—2006）的规定。（5）钢筋混凝土和预应力混凝土不应掺用含有氯盐的外加剂。（6）最大水胶比和最小胶凝材料用量应符合表 2-25 的规定。（7）抗冻混凝土宜掺用引气剂，掺用引气剂的混凝土最小含气量应符合表 2-26 的规定。

表 2-25 抗冻混凝土的最大水胶比和最小胶凝材料用量（JGJ 55—2011）

设计抗冻等级	最大水胶比		最小胶凝材料用量/kg·m⁻³
	无引气剂时	掺引气剂时	
F50	0.55	0.60	300
F100	0.50	0.55	320
不低于 F150		0.50	350

表 2-26　掺用引气剂的混凝土最小含气量（JGJ 55—2011）

粗骨料最大公称粒径/mm	混凝土最小含气量/%	
	潮湿或水位变动的寒冷和严寒环境	盐冻环境
40.0	4.5	5.0
25.0	5.0	5.5
20.0	5.5	6.0

C　混凝土的抗侵蚀性

当混凝土所处环境中含有侵蚀性介质时，混凝土便会遭受侵蚀，通常有软水侵蚀、硫酸盐侵蚀、镁盐侵蚀、碳酸侵蚀、一般酸侵蚀与强碱侵蚀等。随着混凝土在地下工程、海岸与海洋工程等恶劣环境中的应用，对混凝土的抗侵蚀性提出了更高的要求。混凝土的抗侵蚀性与所用水泥品种、混凝土的密实程度和孔隙特征等有关，密实和孔隙封闭的混凝土，环境水不易侵入，抗侵蚀性较强。提高混凝土抗侵蚀性的主要措施是合理选择水泥品种、降低水胶比、增加混凝土密实度和改善孔隙结构。

D　混凝土的碳化（中性化）

混凝土的碳化是指混凝土内水泥石中的 $Ca(OH)_2$ 与空气中的 CO_2，在湿度适宜时发生化学反应，生成 $CaCO_3$ 和水，也称中性化。混凝土的碳化是 CO_2 由表及里逐渐向混凝土内部扩散的过程。碳化引起水泥石化学组成及组织结构的变化，对混凝土的碱度、强度和收缩产生影响，碳化对混凝土性能既有有利的影响，也有不利的影响。其不利影响：（1）碱度降低减弱了对钢筋的保护作用。这是因为混凝土中水泥水化生成大量的 $Ca(OH)_2$，使混凝土孔隙中充满饱和的 $Ca(OH)_2$ 溶液，其 pH 值可达到 12.6~13，使钢筋处在碱性环境中而在表面生成一层钝化膜，保护钢筋不易腐蚀。碳化作用降低混凝土的碱度，当 pH 值低于 10 时，钢筋表面钝化膜破坏，导致钢筋锈蚀。（2）当碳化深度穿透混凝土保护层而达钢筋表面时，钢筋钝化膜被破坏而发生锈蚀，此时产生体积膨胀，致使混凝土保护层产生开裂，开裂后的混凝土更有利于二氧化碳、水、氧等有害介质的进入，加剧了碳化的进行和钢筋的锈蚀，最后导致混凝土产生顺筋开裂而破坏。另外，碳化作用会增加混凝土的收缩，引起混凝土表面产生拉应力而出现微细裂缝，从而降低混凝土的抗拉强度、抗折强度及抗渗能力。

碳化作用对混凝土也有一些有利影响，即碳化作用产生的碳酸钙填充了水泥石的孔隙，以及碳化时放出的水分有助于未水化水泥的水化，从而可提高混凝土碳化层的密实度，对提高抗压强度有利。例如，混凝土预制桩往往利用碳化作用来提高桩的表面硬度。

影响碳化速度的主要因素有环境中 CO_2 的浓度、水泥品种、水胶比、环境湿度等。CO_2 浓度高（如铸造车间），碳化速度快；当环境中的相对湿度在 50%~75% 时，碳化速度最快，当相对湿度小于 25% 或大于 100% 时，碳化将停止；水胶比越小，混凝土越密实，二氧化碳和水不易侵入，碳化速度就慢；掺混合材的水泥碱度较低，碳化速度随混合材料掺量的增多而加快。

在实际工程中，为减少碳化作用对钢筋混凝土结构的不利影响，可采取以下措施：

（1）在钢筋混凝土结构中采用适当的保护层，使碳化深度在建筑物设计年限内达不到钢筋表面。

（2）根据工程所处环境的使用条件合理选择水泥品种。

（3）使用减水剂，改善混凝土的和易性，提高混凝土的密实度。

（4）采用水胶比小、单位水泥用量较大的混凝土配合比。

（5）加强施工质量控制，加强养护，保证振捣质量，减少或避免混凝土出现蜂窝等质量事故。

（6）在混凝土表面涂刷保护层，防止 CO_2 侵入等。

E　碱-骨料反应

碱-骨料反应是指水泥中的碱（Na_2O、K_2O）与骨料中活性 SiO_2 发生反应，生成碱硅酸-凝胶，吸水膨胀，引起混凝土膨胀、开裂。碱-骨料反应的反应速度很慢，需几年或几十年，因而对混凝土的耐久性不利。

活性骨料有蛋白石、玉髓、鳞石英、玛瑙、安山岩、凝灰岩等。

碱-骨料反应必须具备三个条件：一是水泥中碱的含量必须高；二是骨料中含有一定的活性成分；三是有水存在。当水泥中碱的含量大于 0.6% 时（Na_2O 当量大于 0.6%），就会与活性骨料发生碱-骨料反应，这种反应进行很慢，由此引起内膨胀破坏往往几年之后才会发现，所以应对碱-骨料反应给予足够的重视。其预防的措施如下：（1）当水泥中碱含量大于 0.6% 时，需对骨料进行碱-骨料反应试验；当骨料中活性成分含量高，可能引起碱-骨料反应时，应根据混凝土结构或构件的使用条件，进行专门试验，以确定是否可用。（2）如必须采用的骨料是碱活性的，就必须选用低碱水泥（Na_2O 当量小于 0.6%），并限制混凝土总碱量不超过 2.0~3.0 kg/m³。（3）如无低碱水泥，应掺足够的活性混合材料，如粉煤灰不少于 30%，矿渣不少于 30% 或硅灰不少于 70% 以缓解破坏作用。（4）碱-骨料反应充分的条件是水分。混凝土构件长期处在潮湿环境中（即在有水的条件下）助长发生碱-骨料反应；干燥状态下不会发生反应，所以混凝土的渗透性对碱-骨料有很大影响，应保证混凝土密实性和重视建筑物排水，避免混凝土表面积水和接缝存水[17]。

2.3.3　混凝土的分类及其工程特性

2.3.3.1　混凝土的分类

混凝土的种类繁多，可以从不同角度进行分类。

A　按所用胶凝材料分类

按胶凝材料分，混凝土可分为无机胶结材料混凝土、有机胶结材料混凝土和有机与无机复合胶结材料混凝土。

(1) 无机胶结材料混凝土包括水泥混凝土、硅酸盐混凝土、石膏混凝土、水玻璃氟硅酸钠混凝土等。

(2) 有机胶结材料混凝土包括沥青混凝土、硫黄混凝土、聚合物混凝土等。

(3) 有机与无机复合胶结材料混凝土包括聚合物水泥混凝土、聚合物浸渍混凝土等。

B　按用途分类

按用途不同，混凝土可分为结构混凝土、道路混凝土、水工混凝土、耐热混凝土、耐酸混凝土、防射线混凝土等。

C　按体积密度分类

混凝土按照表观密度的大小可分为重混凝土、普通混凝土、轻质混凝土，这三种混凝土不同之处就是骨料的不同。重混凝土的表观密度大于 2500 kg/m^3，是由特别密实和特别重的集料制成的。例如，重晶石混凝土、钢屑混凝土等，它们具有不透 X 射线和 γ 射线的性能。普通混凝土即是在建筑中常用的混凝土，表观密度为 1950~2500 kg/m^3，集料为砂、石。轻质混凝土是表观密度小于 1950 kg/m^3 的混凝土，可以分为以下三类。

(1) 轻集料混凝土：表观密度在 800~1950 kg/m^3，轻集料包括浮石、火山渣、陶粒、膨胀珍珠岩、膨胀矿渣、矿渣等。

(2) 多空混凝土（泡沫混凝土、加气混凝土）：表观密度是 300~1000 kg/m^3。泡沫混凝土是由水泥浆或水泥砂浆与稳定的泡沫制成的。加气混凝土是由水泥、水与发气剂制成的。

(3) 大孔混凝土（普通大孔混凝土、轻骨料大孔混凝土）：组成中无细集料。普通大孔混凝土的表观密度范围为 1500~1900 kg/m^3，是由碎石、软石、重矿渣作集料配制的。轻骨料大孔混凝土的表观密度为 500~1500 kg/m^3，是由陶粒、浮石、碎砖、矿渣等作为集料配制的。

D　按性能特点分类

按性能特点不同，混凝土可分为抗渗混凝土、耐酸混凝土、耐热混凝土、高强混凝土、高性能混凝土等。

E 按施工方法分类

按施工方法分类，混凝土可分为现浇混凝土、预制混凝土、泵送混凝土、喷射混凝土等。

在混凝土中应用最广、用量最大的是水泥混凝土，水泥混凝土按表观密度可分为如下三类。

（1）重混凝土。重混凝土的表观密度大于 2.8 t/m³，常采用重晶石、铁矿石、钢屑等作骨料和锶水泥、钡水泥共同配置防辐射混凝土，它们具有不透 X 射线和 γ 射线的性能，主要作为核工程的屏蔽结构材料。

（2）普通混凝土。普通混凝土一般是指以水泥为主要胶凝材料，与水、砂、石子，必要时掺入化学外加剂和矿物掺合料，按适当比例配合，经过均匀搅拌、密实成型及养护硬化而成的人造石材，表观密度为 2000～2800 kg/m³。混凝土强度等级以立方体抗压强度标准值划分，目前我国普通混凝土强度等级划分为 14 级：C15、C20、C25、C30、C35、C40、C45、C50、C55、C60、C65、C70、C75、C80。

（3）轻混凝土。重度不大于 2000 kg/m³ 的混凝土的统称。轻混凝土按其孔隙结构分为：轻集料混凝土（即多孔集料轻混凝土）、多孔混凝土（主要包括加气混凝土和泡沫混凝土等）和大孔混凝土（即无砂混凝土或少砂混凝土）。轻混凝土与普通混凝土相比，其最大特点是重度轻且具有良好的保温性能，主要用作工业与民用建筑，特别是高层建筑、桥梁工程的承重结构及保温隔热结构兼保温材料。

2.3.3.2 混凝土的工程特性

混凝土之所以在土木工程中得到广泛应用，是由于它有许多独特的技术性能，这些特点主要反映在以下几个方面。

（1）材料来源广泛。混凝土中占整个体积 80% 以上的砂、石料均可以就地取材，其资源丰富，有效降低了制作成本。

（2）性能可调整范围大。根据使用功能要求，改变混凝土的材料配合比例及施工工艺，可在相当大的范围内对混凝土的强度、保温耐热性、耐久性及工艺性能进行调整。

（3）在硬化前有良好的塑性。混凝土拌合物优良的可塑成型性，使混凝土可适应各种形状复杂的结构构件的施工要求。

（4）施工工艺简易、多变。混凝土既可进行简单的人工浇筑，亦可根据不同的工程环境特点灵活采用泵送、喷射、水下等施工方法。

（5）可用钢筋增强。钢筋与混凝土虽为性能迥异的两种材料，但两者却有近乎相等的线膨胀系数，从而使它们可共同工作，弥补了混凝土抗拉强度低的缺点，扩大了其应用范围。

（6）有较高的强度和耐久性。高强混凝土的抗压强度可达 100 MPa 以上，且同时具备较高的抗渗、抗冻、抗腐蚀、抗碳化性，其耐久年限可达数百年以上。

混凝土在具有上述优点的同时，也存在着自重大、养护周期长、导热系数较大、不耐高温、拆除废弃物再生利用性较差等缺点。随着混凝土新功能、新品种的不断开发，这些缺点正不断得以克服和改进[18]。

2.4　钢　材

在土木工程中，金属材料有着广泛的应用。金属材料包括黑色金属和有色金属两大类，黑色金属是指以铁元素为主要成分的金属及其合金，常用的黑色金属材料有钢和生铁。有色金属是指黑色金属以外的金属，如铝、铜、铅、锌等金属及其合金。在各种金属材料中，钢材是最重要的建筑材料之一，广泛应用于铁路、桥梁、房屋建筑等各种工程中。随着金属建筑体系的兴起，一些大空间、大跨度（厂房、商场、体育设施、机场等）和高层建筑结构（住宅、酒店、写字楼等）相继采用钢结构体系，因此建筑钢材是工程建设中最主要的建筑材料之一。

建筑钢材是指用于钢结构的各种型材（圆钢、角钢、工字钢、管钢等）和用于钢筋混凝土中的各种钢筋、钢丝、钢绞线等，以及用于围护结构和装饰工程的各种深加工钢板和复合板等。由于建筑钢材主要用作结构材料，钢材的性能往往对结构的安全起着决定性作用，因此应对各种钢材的性能有充分的了解，以便在设计和施工中合理地选择和使用。

2.4.1　钢材的物质组成

2.4.1.1　钢材的化学成分

以生铁冶炼钢材，经过一定的工艺处理后，钢材中除主要含有铁和碳外，还有少量硅、锰、磷、硫、氧、氮等杂质。另外，在生产合金钢的工艺中，为了改善钢材的性能，还特意加入一些化学元素，如锰、硅、钒、钛等合金元素。

建筑钢材的碳含量一般不大于 0.8%，常用的以碳素钢为最多。根据铁与碳结合方式的不同，碳素钢的基本组织有铁素体、珠光体和渗碳体三种。在常温条件下以铁素体和珠光体为主。

铁素体是碳溶于 $\alpha\text{-Fe}$ 晶格中的固溶体，晶格原子间的间隙较小，其溶碳能力很低，室温下仅能溶入小于 0.005% 的碳。由于溶碳少而且晶格中滑移面较多，因此其强度较低、塑性较好。

渗碳体是铁与碳的化合物，分子式为 Fe_3C，碳含量为 6.67%，其晶体结构复杂、性质脆硬，是钢中的主要强化组分。

珠光体是铁素体和渗碳体相间形成的机械混合物，其层状构造可认为是铁素体基体上分布着硬脆的渗碳体片。珠光体的性能介于铁素体和渗碳体之间。

2.4.1.2 钢材化学元素对其性能的影响

钢材中的化学成分对其性能的影响如下：

（1）碳。碳是决定钢材性质的主要元素，土木工程用钢材碳含量不大于0.8%，在此范围内，钢材随碳含量的增加，强度和硬度相应提高，而塑性和韧性相应降低。当碳含量超过1%时，钢材的极限强度开始下降。此外，碳含量过高还会显著降低钢材的可焊性，增加钢的冷脆性和时效敏感性，降低抗大气腐蚀性。

（2）硅。当在钢材中的硅含量较低（小于1%）时，随着含量的加大可提高钢材的强度，而对塑性和韧性影响不明显。

（3）锰。锰是我国低合金钢的主加合金元素，锰含量一般在1%~2%，它的作用主要是使强度提高；锰还能削减硫和氧引起的热脆性，使钢材的热加工性能改善。

（4）硫。硫是有害元素，呈非金属硫化物夹杂于钢中，具有强烈的偏析作用，会降低钢材的各种力学性能。硫化物造成的低熔点使钢在焊接时易于产生热裂纹，显著降低可焊性。

（5）磷。磷为有害元素，含量提高，钢材的强度随之提高，塑性和韧性显著下降，特别是温度越低，对韧性和塑性的影响越大。磷在钢中偏析作用强烈，使钢材冷脆性增大，并显著降低钢材的可焊性。但磷可提高钢的耐磨性和耐蚀性，在低合金钢中可配合其他元素作为合金元素使用。

（6）氧。氧为有害元素，主要存在于非金属夹杂物内，可降低钢的力学性能，特别是韧性。氧有促进时效倾向的作用，氧化物造成的低熔点也使钢材的可焊性变差。

（7）氮。氮对钢材性能的影响与碳、磷相似，使钢材的强度提高，塑性和韧性显著下降。氮可加剧钢材的时效敏感性和冷脆性，降低可焊性。但在铝、铌、钒等元素的配合下，氮可作为低合金钢的合金元素使用。

（8）铝、钛、钒、铌。这些元素均为炼钢时的强脱氧剂，能提高钢材强度，改善韧性和可焊性，是常用的合金元素。

2.4.2 钢材的物理力学性能

2.4.2.1 拉伸性能

抗拉性能是评价建筑钢材性能的重要指标。由于拉伸是建筑钢材的主要受力形式，因此抗拉性能采用拉伸试验测定，测定的屈服点（也称屈服强度）、抗拉强度（全称抗拉极限强度）和伸长率是钢材抗拉性能的主要技术指标。钢材的抗拉性能，可通过低碳钢（软钢）受拉时的应力与应变图阐明，如图2-13所示。

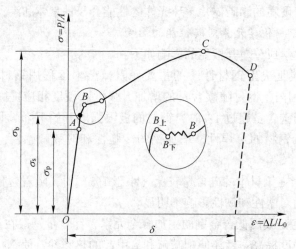

图2-13 低碳钢拉伸试验的应力-应变图

从图2-13中可以看出，就变形性质而言，低碳钢受拉经历了四个阶段：弹性阶段（O→A）、屈服阶段（A→B）、强化阶段（B→C）、颈缩阶段（C→D）。

(1) 屈服点。当试件拉力在OA范围内时，如卸去拉力，试件能恢复原状，应力σ与应变ε的比值为常数，即弹性模量$E=\sigma/\varepsilon$，该阶段被称为弹性阶段。弹性模量反映钢材抵抗变形的能力，是计算结构受力变形的重要指标。

当对试件的拉伸进入塑性变形的屈服阶段AB时，称屈服下限$B_{下}$所对应的应力为屈服强度或屈服点，记做σ_s。设计时一般以σ_s作为强度取值的依据。对屈服现象不明显的钢，规定以0.2%残余变形时的应力$\sigma_{0.2}$作为屈服强度。

(2) 抗拉强度。从图2-13中BC曲线逐步上升可以看出：试件在屈服阶段以后，其抵抗塑性变形的能力又重新提高，称为强化阶段。对应于最高点C的应力称为抗拉强度，用σ_b表示。

设计中抗拉强度虽然不能利用，但屈强比σ_s/σ_b能反映钢材的利用率和结构的安全可靠性。屈强比越小，反映钢材受力超过屈服点工作时的可靠性越大，因而结构的安全性越高；但屈服比太小，则反映钢材不能有效地被利用，造成钢材浪费。建筑结构钢合理的屈强比一般为0.60~0.75。

(3) 伸长率。在图2-13中当曲线到达C点后，试件薄弱处急剧缩小，塑性变形迅速增加，产生"颈缩现象"而断裂。试件拉断后，量出拉断后标距部分的长度L_1，L_1与试件原标距L_0比较，按下式可以计算伸长率δ。

$$\delta = \left[(L_1 - L_0)/L_0 \right] \times 100\% \tag{2-49}$$

式中 L_0——试件的原标距长度，mm；

L_1——试件拉断后的标距长度，mm。

伸长率表征了钢材的塑性变形能力。伸长率的大小与标距长度有关，塑性变形在标距内的分布是不均匀的；在塑性变形时颈缩处的变形最大，离颈缩部位越远变形越小。因此，若原标距与试件的直径之比越大，则颈缩处伸长值在整个伸长值中的比重越小，因而计算所得的伸长率会小些。通常以 δ_5 和 δ_{10} 分别表示 $L_0 = 5d_0$ 和 $L_0 = 10d_0$（ d_0 为试件直径）时的伸长率，对同一种钢材，δ_5 应大于 δ_{10}。

2.4.2.2　冲击性能

冲击韧性是指钢材抵抗冲击荷载的能力。冲击韧性指标是通过标准试件的弯曲冲击韧性试验确定的，如图 2-14 所示。按照规定，将带有 V 形缺口的试件进行冲击试验，将试件冲断时缺口处单位截面积上所消耗的功作为钢材的冲击韧性指标，称为冲击吸收功，用 A_k 表示。A_k 值越大，钢材的冲击韧性越好。

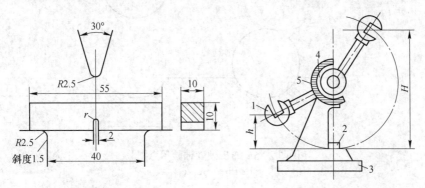

图 2-14　钢材的冲击韧性试验
1—摆锤；2—试件；3—试验台；4—指针；5—转盘；
r—缺口半径；h—摆锤下落后的高度；H—摆锤顶点高度

钢材的化学成分、内部组织状态、内在缺陷、加工工艺及环境温度等都是影响钢材冲击韧性的重要因素。试验表明，A_k 值随温度的降低而减小，其规律是开始时下降较平缓，当达到某一温度范围时，A_k 值会急剧下降而呈脆性断裂，这种现象称为钢材的冷脆性。发生冷脆时的温度称为脆性临界温度，其数值越低，说明钢材的低温冲击性能越好。所以在负温下使用的结构，应当选用脆性临界温度较工作温度低的钢材。

随时间的延长而表现出强度提高，塑性和冲击韧性下降，这种现象称为时效。完成时效变化的过程可达数十年。钢材如经受冷加工变形，或使用中经受振动和反复荷载的影响，时效可迅速发展。因时效而导致性能改变的程度称为时效敏感性。时效敏感性越大的钢材，经过时效以后，其冲击韧性和塑性的降低越显著，对于承受动荷载的结构，如道路、桥梁等，应选用时效敏感性较小的钢材。

　　因此，对于直接承受动荷载而且可能在负温下工作的重要结构，必须进行钢材的冲击韧性检验。

2.4.2.3　硬度

　　钢材的硬度是指其表面局部体积内抵抗较硬物体压入产生塑性变形的能力。测定钢材硬度的方法有布氏法和洛氏法，较常用的方法是布氏法。

　　布氏法的测定原理是：利用一直径为 D 的淬火钢球，以一定的荷载 F_p 将其压入试件表面，经规定的持续时间后卸除荷载，得到直径为 d 的压痕，如图 2-15 所示。以压入荷载 F_p 除以压痕表面积 S，所得的应力值即为该试件的布氏硬度值，用 HB 表示。布氏法比较准确，但压痕较大，不适宜做成品检验。

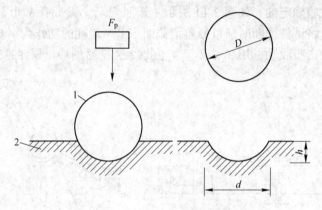

图 2-15　布氏硬度试验示意图

1—钢球；2—试件

　　试验时，应按规定选取 D 和 F_p 值。由于压痕附近的金属将产生塑性变形，其影响深度可达压痕深度的 8~10 倍，因此试件厚度一般应大于压痕深度的 10 倍，荷载保持时间以 10~15 s 为宜。

　　材料的硬度值实际上是材料弹性、塑性、变形强化率、强度和韧性等一系列性能的综合反映，因此硬度值往往与其他材料性能有一定的相关性。

　　洛氏法测定的原理与布氏法相似，是根据压头压入试件深度的大小来表示材料的硬度值。洛氏法的压痕很小，一般用于判断机械零件的热处理效果。

2.4.2.4　疲劳性能

　　在反复荷载作用下的结构构件，钢材往往在应力远小于抗拉强度时发生断裂，这种现象称为钢材的疲劳破坏。疲劳破坏的危险应力用疲劳极限来表示，它是指疲劳试验中试件在交变应力作用下，在规定的周期基数内不发生断裂所能承受的最大应力。设计承受反复荷载且需进行疲劳验算的结构时，应测定所用钢材的疲劳极限。

　　试验时，钢材的疲劳破坏先从局部形成细小裂纹，由于裂纹端部的应力集中而逐渐扩大，直到破坏。其破坏特点是断裂突然发生，断口可明显看到疲劳裂纹扩展区和残留部分的瞬时断裂区。

一般认为，钢材的疲劳破坏是由拉应力引起的，抗拉强度高，其疲劳极限也较高。钢材的疲劳极限与其内部组织和表面质量有关。

2.4.3　钢材的分类及其工程特性

2.4.3.1　钢材的分类

钢材按照不同的标准，有不同的分类方式。

（1）按照化学成分分类。钢材可分为碳素钢和合金钢两种类型。碳素钢根据碳含量的不同，又分为低碳钢（碳含量小于0.25%）、中碳钢（碳含量0.25%~0.60%）和高碳钢（碳含量大于0.60%）三种类型。合金钢根据合金元素总含量的不同，又分为低合金钢（合金元素含量小于5%）、中合金钢（合金元素含量5%~10%）和高合金钢（合金元素含量大于10%）三种类型。

（2）按照脱氧程度分类。钢材在熔炼过程中条件不同会形成不同的脱氧程度，脱氧充分者为镇静钢（代号Z）和特殊镇静钢（代号TZ），脱氧不充分者为沸腾钢（代号F），介于两者之间者为半镇静钢（代号b）。

（3）按照加工方式分类。钢材在加工时，可分为热加工钢材和冷加工钢材两种。热加工又分为热轧和热处理，冷加工又分为冷轧、冷拉、冷拔、冷扭、刻痕等。

（4）按照应用范围分类。在工程建设中，钢材可分为钢结构用钢和混凝土结构用钢两种。钢结构用钢一般以圆钢、角钢、工字钢、管钢、板材等形式为主，混凝土结构用钢一般以各种钢筋、钢丝、钢绞线等形式为主。

（5）按照质量等级分类。钢材在炼制工程中会夹杂一些有害元素，根据有害杂质含量的多少，可分为普通钢、优质钢、高级优质钢（代号A）和特级优质钢（E）[20]。

2.4.3.2　钢材的工艺性能

A　冷弯性能

冷弯性能是指钢材在常温下承受弯曲变形的能力。冷弯是通过检验试件经规定的弯曲程度后，弯曲处外面及侧面有无裂纹、起层、鳞落和断裂等情况进行评定的，一般用弯曲角度 α 以及弯心直径 d 与钢材厚度或直径 a 的比值来表示。如图 2-16 所示，弯曲角度越大，d 与 a 的比值越小，表明冷弯性能越好。

冷弯性能也是检验钢材塑性的一种方法，并与伸长率存在有机的联系。伸长率大的钢材，其冷弯性能必然好，但冷弯试验对钢材塑性的评定比拉伸试验更严格、更敏感。因此，冷弯性能是评定钢材质量的重要指标之一。

B　焊接性能

焊接是各种型钢、钢板、钢筋的重要连接方式，建筑工程的钢结构有90%以

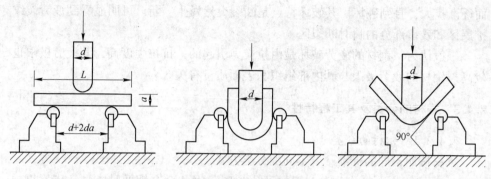

图 2-16　钢材冷弯试验
d—弯心直径；a—试件厚度或直径

上是焊接结构，焊接的质量取决于焊接工艺、焊接材料及钢材的可焊性。

钢材的可焊性是指钢材是否适于用通常的方法与工艺进行焊接的性能。可焊性好的钢材，易于用一般焊接方法和工艺施焊，焊口处不易形成裂纹、气孔、夹渣等缺陷；焊接后钢材的力学性能，特别是强度，不低于原有钢材，硬脆倾向小。

钢材可焊性能的好坏主要取决于钢的化学成分，碳含量高其硬脆性增加，可焊性降低，碳含量小于 0.25% 的碳素钢具有良好的可焊性。加入合金元素（如硅、锰、钒、钛等），也将增大焊接处的硬脆性，降低可焊性，硫能使焊接产生热裂纹及硬脆性。

钢筋焊接应注意的问题：冷拉钢筋的焊接应在冷拉之前进行；钢筋焊接之前，焊接部位应清除铁锈、熔渣、油污等；应尽量避免不同国家生产的钢筋之间的焊接。

C　冷加工强化及时效处理

（1）冷加工。冷加工是钢材在常温下进行的加工，建筑钢材常见的冷加工方式有：冷拉、冷拔、冷轧、冷扭、刻痕等。

钢材在常温下超过弹性范围后，产生塑性变形强度和硬度提高、塑性和韧性下降的现象称为冷加工强化。如图 2-17 所示，钢材的应力-应变曲线为 $OBKCD$，若钢材被拉伸至 K 点时，放松拉力，则钢材将恢复至 O' 点，此时重新受拉后，其应力-应变曲线将为 $O'KCD$，新的屈服点（K）比原屈服点（B）提高，但伸长率降低。在一定范围内，冷加工变形程度越大，屈服强度提高越多，塑性和韧性降低得越多。

（2）时效处理。将经过冷拉的钢筋于常温下存放 15~20 d，或加热到 100~200 ℃并保持 2 h 左右，这个过程称为时效处理。前者称为自然时效，后者称为人工时效。

钢筋冷拉以后再经过时效处理，其屈服点、抗拉强度及硬度进一步提高，塑性及韧性继续降低。如图 2-17 所示，其应力-应变曲线为 $O'K_1C_1D_1$，此时屈服强度点 K_1 和抗拉强度点 C_1 均较时效处理前有所提高。一般强度较低的钢材采用自然时效，而强度较高的钢材采用人工时效[18]。

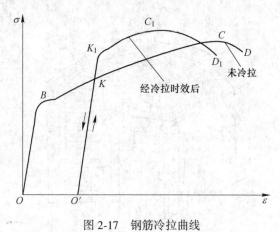

图 2-17   钢筋冷拉曲线

2.5 其他土木工程材料

2.5.1 木

建筑工程中使用的木材是由树木加工而成的，树木的种类不同，木材的性质及应用就不同，一般来说，树木分为针叶树和阔叶树。

针叶树树干通直高大，纹理顺直，材质均匀，木质较软且易于加工，故又称为软木材。针叶树材强度较高，表观密度及胀缩变形较小，耐腐蚀性较强，为建筑工程中的主要用材，被广泛用作承重构件，常用树种有松、杉、柏等。

阔叶树多数树种树干通直部分较短，材质坚硬，较难加工，故又称硬木材。阔叶树材一般较重，强度高，胀缩和翘曲变形大，易开裂，在建筑中常用于尺寸较小的装饰构件。对于具有美丽天然纹理的树种，特别适合于室内装修、家具及胶合板等，常用树种有水曲柳、榆木、柞木等。

2.5.1.1 木材的构造

树木由树根、树干、树冠（包括树枝和叶）三部分组成。木材主要取自树干，木材的性能取决于木材的构造。由于树种和生长环境不同，各种木材在构造上差别很大。木材的构造可分为宏观和微观两个方面。

A   木材的宏观构造

木材的宏观构造是指用肉眼或放大镜能看到的木材构造特征。图 2-18 显示了木材的 3 个切面，即横切面（垂直于树轴的面）、径切面（通过树轴的纵切面）和弦切面（平行于树轴的纵切面）。从横切面观察，木材由树皮、木质部和髓心三部分组成。

树皮起保护树木的作用，建筑上用处不大，主要用于加工密度板材。

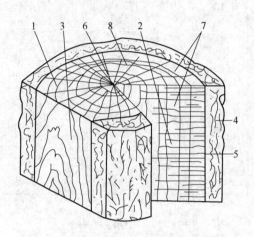

图 2-18　木材的宏观构造

1—横切面；2—径切面；3—弦切面；4—树皮；5—木质部；6—髓心；7—髓线；8—年轮

木质部是木材的主要部分，处于树皮和髓心之间。木质部靠近髓心部分颜色较深，称为心材；靠近树皮部分颜色较浅，称为边材。心材含水量较少，不易翘曲变形；边材含水量较多，易翘曲，抗腐蚀性较心材差。

髓心在树干中心。其材质松软，强度低，易腐朽，易开裂，因此对材质要求高的用材不得带有髓心。

在横切面上深浅相同的同心环，称为年轮。同一年年轮内，有深浅两部分。春天生长的木质，颜色较浅，组织疏松，材质较软，称为春材（早材）；夏秋两季生长的木质，颜色较深，组织致密，材质较硬，称为夏材（晚材）。相同树种，夏材所占比例越多，木材强度越高，年轮密而均匀，材质好。

从髓心向外的辐射线，称为髓线。髓线是由联系很弱的薄壁细胞组成的，木材干燥时易沿此线开裂。

B　木材的微观构造

在显微镜下看到的木材组织称为微观构造。针叶树和阔叶树的微观构造不同，如图 2-19 和图 2-20 所示。

从显微镜下可以看到，木材是由无数细小空腔的圆柱形细胞紧密结合而组成的，每个细胞都有细胞壁和细胞腔，细胞壁由若干层细胞纤维组成，其连接纵向较横向牢固，因而造成细胞壁纵向的强度高；而横向的强度低，在组成细胞壁的纤维之间存在着极小的空隙，能吸附和渗透水分。

细胞本身的组织构造在很大程度上决定了木材的性质，如细胞壁越厚、腔越小，木材组织越均匀，则木材越密实，表观密度与强度越大，胀缩变形也越大。

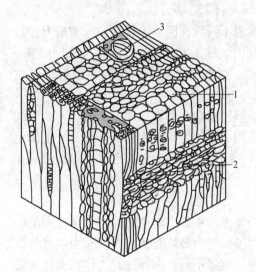

图 2-19 针叶树马尾松的微观构造
1—管胞；2—髓线；3—树脂道

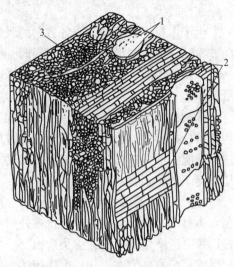

图 2-20 阔叶树柞木的微观构造
1—导管；2—髓线；3—木纤维

2.5.1.2 木材的物理性质

木材的物理性质对木材的选用和加工有很重要的现实意义。

A 含水率

含水率是指木材中水重占烘干木材重的百分数。木材中的水分可分两部分：一部分存在于木材细胞壁内，称为吸附水；另一部分存在于细胞腔和细胞间隙，称为自由水（游离水）。当吸附水达到饱和而尚无自由水时，称为纤维饱和点。木材的纤维饱和点因树种而有差异，为 23% ~ 33%。当含水率大于纤维饱和点时，水分对木材性质的影响很小。当含水率自纤维饱和点降低时，木材的物理和力学性质随之变化。木材在大气中能吸收或蒸发水分，与周围空气的相对湿度和温度相适应而达到恒定的含水率，称为平衡含水率。木材平衡含水率随地区、季节及气候等因素而变化，为 10% ~ 18%。

B 湿胀干缩

木材具有显著的湿胀干缩特征。当木材的含水率在纤维饱和点以上时，含水率的变化并不改变木材的体积和尺寸，因为只是自由水在发生变化；当木材的含水率在纤维饱和点以内时，含水率的变化会由于吸附水而发生变化。

当吸附水增加时，细胞壁纤维间距离增大，细胞壁厚度增加，则木材体积膨胀，尺寸增加，直到含水率达到纤维饱和点时为止。此后，木材含水率继续提高，也不再膨胀。当吸附水蒸发时，细胞壁厚度减小，则体积收缩，尺寸减小。也就是说，只有吸附水的变化，才能引起木材的变形，即湿胀干缩。

　　木材的湿胀干缩随树种不同而有差异，一般来讲，表观密度大、夏材含量高者胀缩性较大。

　　由于木材构造不均匀，各方向的胀缩也不一致，同一木材弦向胀缩最大，径向其次，纤维方向最小。木材干燥时，弦向收缩为 6%～12%，径向收缩为 3%～6%，顺纤维方向收缩仅为 0.1%～0.35%。弦向胀缩最大，主要是受髓线影响所致。

　　木材的湿胀干缩对其使用影响较大，湿胀会造成木材凸起，干缩会导致木结构连接处松动。如果长期湿胀干缩交替作用，会使木材产生翘曲开裂。为了避免这种情况，通常在加工使用前将木材进行干燥处理，使木材的含水率达到使用环境湿度下的平衡含水率。

2.5.1.3　木材的力学性能

　　木材的力学性能是指木材抵抗外力的能力。在外力作用下，木构件内部单位截面积上所产生的内力，称为应力。木材抵抗外力破坏时的应力，称为木材的极限强度。根据外力在木构件上作用的方向、位置不同，木构件的工作状态分为受拉、受压、受弯、受剪等，如图 2-21 所示。

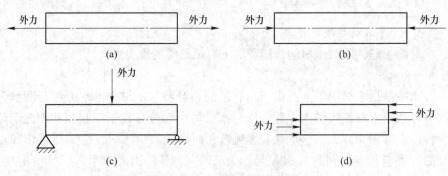

图 2-21　木构件的受力状态
（a）受拉；（b）受压；（c）受弯；（d）受剪

A　木材的抗拉强度

木材的抗拉强度有顺纹抗拉强度和横纹抗拉强度两种。

（1）顺纹抗拉强度，即外力与木材纤维方向相平行的抗拉强度，由木材标准小试件测得的顺纹抗拉强度，是所有强度中最大的。但是，节子、斜纹、裂缝等木材缺陷对抗拉强度的影响很大。因此，在实际应用中，木材的顺纹抗拉强度反而比顺纹抗压强度低。木屋架中的下弦杆、竖杆均为顺纹受拉构件。工程中，对于受拉构件应采用选材标准中的 I 等材。

（2）横纹抗拉强度，即外力与木材纤维方向相垂直的抗拉强度，木材的横纹抗拉强度远小于顺纹抗拉强度。对于一般木材，其横纹抗拉强度为顺纹抗拉强度的 1/10～1/4，所以在承重结构中不允许木材横纹承受拉力。

B　木材的抗压强度

木材的抗压强度有顺纹抗压强度和横纹抗压强度两种。

(1) 顺纹抗压强度,即外力与木材纤维方向相平行的抗压强度,由木材标准小试件测得的顺纹抗压强度,为顺纹抗拉强度的40%~50%。由于木材的缺陷对顺纹抗压的影响很小,因此木构件的受压工作要比受拉工作可靠得多。屋架中的斜腹杆、木柱、木桩等均为顺纹受压构件。

(2) 横纹抗压强度,即外力与木材纤维方向相垂直的抗压强度,木材的横纹抗压强度远小于顺纹抗压强度。

C　木材的抗弯强度

木材的抗弯强度介于横纹抗压强度和顺纹抗压强度之间。木材受弯时,在木材的横截面上有受拉区和受压区。

梁在工作状态时,截面上部产生顺纹压应力,截面下部产生顺纹拉应力,且越靠近截面边缘,所受的压应力或拉应力也越大。由于木材的缺陷对受拉影响大,对受压影响小,因此对大梁、格栅、檩条等受弯构件,不允许在其受拉区内存在节子或斜纹等缺陷。

D　木材的抗剪强度

外力作用于木材,使其一部分脱离邻近部分而滑动时,在滑动面上单位面积所能承受的外力,称为木材的抗剪强度。木材的抗剪强度有顺纹抗剪强度、横纹抗剪强度和剪断强度三种。其受力状态如图2-22所示。

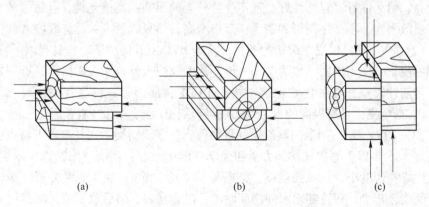

(a)　　　　　(b)　　　　　(c)

图 2-22　木材的受剪形式
(a) 顺纹剪切;(b) 横纹剪切;(c) 剪断

(1) 顺纹抗剪强度,即剪力方向和剪切面均与木材纤维方向平行时的抗剪强度。木材顺纹受剪时,绝大部分是破坏在受剪面中纤维的联结部分,因此木材顺纹抗剪强度是较小的。

(2) 横纹抗剪强度,即剪力方向与木材纤维方向相垂直,而剪切面与木材纤维方向平行时的抗剪强度，木材的横纹抗剪强度只有顺纹抗剪强度的 1/2 左右。

（3）剪断强度，即剪力方向和剪切面都与木材纤维方向相垂直时的抗剪强度，木材的剪断强度约为顺纹抗剪强度的 3 倍。

2.5.2　膜

膜结构作为一种空间结构形式，最早可以追溯到远古，人类用木头搭建结构骨架，覆盖上兽皮或草席，用绳子或石块固定在地上建成简易的房子。

近代膜结构受到马戏团大型帐篷的启发，并随着新型膜材料和高强钢索的研发，以自由、轻巧、柔美，充满力量感的造型在建筑领域的应用越来越广泛。此外，因为膜结构建造快、方便安装和拆卸，特别适用于小型、临时的或使用年限较短的建筑。膜结构建筑打破了以往建筑形态的模式，以其独特新颖、丰富多彩的造型、优美的曲线成为城市的象征性建筑，给建筑设计师与规划师提供了更大的想象和创造空间。

2.5.2.1　膜结构的材料特性

建筑中最常用的膜材料主要有 PTFE 膜、PVC 膜和 ETFE 膜 3 种，膜材的选择往往取决于建筑物的功能、防火要求、设计寿命和投资额。

（1）PTFE 膜：在极细的玻璃纤维（3 μm）编织成的基材上涂覆聚四氟乙烯等材料。它具有以下特点：永久性建筑的首选膜材料，使用寿命在 20~30 年；强度高、耐久性好、自洁性好，且不受紫外光的影响；高透光性，且透过的光线为自然散漫光，不产生阴影和眩光；反射率高，热吸收量少；燃烧性能 A 级。

（2）PVC 膜：以尼龙织物为基材，涂覆 PVC 或其他树脂。它具有以下特点：早期的膜材，使用年限一般为 7~15 年；强度及防火性与 PTFE 相比具有一定差距；自洁性较差，可在 PVC 涂层上再涂 PVDF 树脂。另一种涂有 TiO_2（二氧化钛）的 PVC 膜，具有极高的自洁性；燃烧等级 B1 级，不及 PTFE 膜。

（3）ETFE 膜：乙烯-四氟乙烯共聚物薄膜，非织物类。它具有以下特点：耐久性好，15 年以上恶劣气候，力学和光学性能不改变；耐磨、耐高温、耐腐蚀、绝缘性好；密度小，抗拉强度高，破断伸长率达 300%；表面非常光滑，极佳的自洁性能，灰尘、污迹随雨水冲刷而除去；阻燃材料，熔后收缩但无滴落物。

2.5.2.2　膜结构的受力特性

膜结构是以高强度的柔性薄膜材料，经张拉或充气形成稳定的曲面承受外荷载的结构形式，其造型自由、轻巧、柔美，充满力量感。

在图 2-23 的膜结构形式简图中，膜结构属于利用形抗的全轴力张拉结构，其结构效率是非常高的，利用膜材料的高抗拉强度，单独考虑膜材的跨度与其厚度的比值可以达到 1/10000，是最极致的轻型结构，如图 2-24 所示。

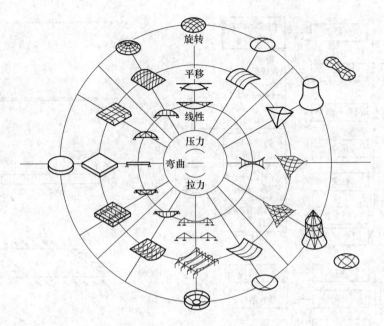

图 2-23 膜结构形式谱系简图

2.5.2.3 膜结构形式分类

根据膜结构的成形方式和受力特点，一般可以分为张拉膜、充气膜和骨架膜3种。

（1）张拉膜：利用马鞍面或者其他曲面正反曲率的特点，给膜材施加张力以提高膜结构的刚度抵抗外荷载。

（2）骨架膜：骨架膜是以刚性构件作为骨架，以膜材作为覆盖材料，主要由刚性骨架承受外荷载。由于膜材的透光性和张力感，使得骨架膜结构的大空间更加明亮、开放、富有力度感。

（3）充气膜：利用气压使膜产生张力，以此来抵抗外力的结构，称为充气膜结构。充气膜具体又分为气承式和气胀管式两大类，是现代膜结构摆脱马戏团帐篷形象的一次尝试。

2.5.3 防水材料

防水材料是建筑工程不可缺少的主要建筑材料之一，它在建筑物中起防止雨水、地下水与其他水渗透的作用。

2.5.3.1 沥青防水材料

沥青防水材料是目前应用较多的防水材料，但是其使用寿命较短。近年来，防水材料已向橡胶基和树脂基防水材料或高聚物改性沥青方向发展，油毡的胎体由纸胎向玻纤胎或化纤胎方向发展，防水涂料由低塑性的产品向高弹性、高耐久

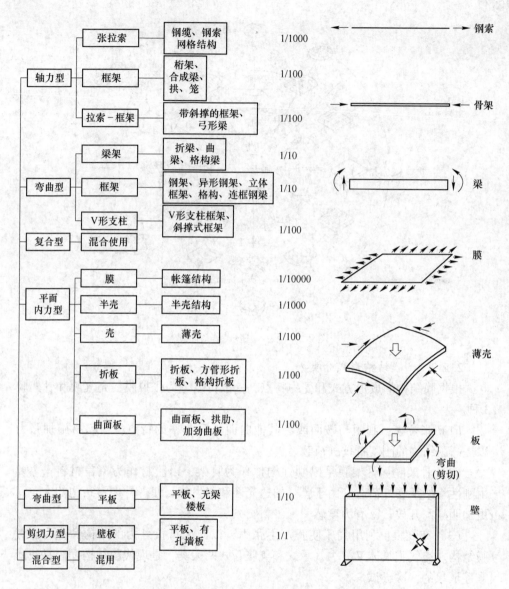

图 2-24　构件尺寸与跨度的比值（估算）

性产品的方向发展，施工方法则由热熔法向冷黏法发展。

　　沥青材料是一种有机胶凝材料，它是由高分子碳氢化合物及其非金属（氧、硫、氮等）衍生物组成的复杂的混合物。常温下，沥青呈褐色或黑褐色的固体、半固体或液体状态。

　　沥青按产源可分为地沥青（天然沥青、石油沥青）和焦油沥青（煤沥青、页岩沥青）。目前工程中常用的主要是石油沥青，另外还使用少量的煤沥青。天然沥青是将自然界中的沥青矿经提炼油加工后得到的沥青产品。石油沥青是将原油经蒸馏等提炼出各种轻油（汽油、柴油）及润滑油以后的一种褐色或黑褐色的残留物，并经再加工而得的产品。

沥青是憎水性材料，几乎完全不溶于水，而与矿物材料有较强的黏结力，结构致密，不透水、不导电，耐酸碱侵蚀，并有受热软化、冷后变硬的特点。因此，沥青广泛用于工业与民用建筑的防水、防腐、防潮，以及道路和水利工程。

2.5.3.2 防水卷材

防水卷材有：

（1）沥青防水卷材。凡用原纸或玻璃布、石棉布、棉麻织品等胎料浸渍石油沥青（或焦油沥青）制成的卷状材料，均称为浸渍卷材（有胎卷材）；将石棉、橡胶粉等掺入沥青材料中，经碾压制成的卷状材料称为辊压卷材（无胎卷材）；这两种卷材统称为沥青防水卷材。

（2）高聚物改性沥青防水卷材。高聚物改性沥青防水卷材是以合成高分子聚合物改性沥青为涂盖层，纤维织物或纤维毡为胎体，粉状、粒状、片状或薄膜材料为覆面材料制成的可卷曲片状防水材料。

高聚物改性沥青防水卷材克服了传统沥青防水卷材温度稳定性差、伸长率小的不足，具有高温不流淌、低温不脆裂、拉伸强度高、伸长率较大等优异性能，且价格适中，在我国属中高档防水卷材，常见的有弹性体改性沥青防水卷材、塑性体改性沥青防水卷材。

（3）合成高分子防水卷材。随着合成高分子材料的发展，出现了以合成橡胶、合成树脂为主的新型防水卷材——合成高分子防水卷材。合成高分子防水卷材是以合成橡胶、合成树脂或两者的共混体为基料，再加入硫化剂、软化剂、促进剂、补强剂和防老剂等助剂和填充料，经过密炼、拉片、过滤、挤出（或压延）成型、硫化、检验和分卷等工序而制成的可卷曲的片状防水卷材。合成高分子防水卷材可分为加筋增强型和非加筋增强型两种。

2.5.3.3 防水涂料的类别及应用

防水涂料是以高分子合成材料、沥青等为主体，在常温下呈黏稠状态的物质，涂布在基体表面，经溶剂或水分挥发或各组分的化学反应，形成具有一定弹性的连续薄膜，使基层表面与水隔绝，起到防水、防潮和保护基体的作用。

A 防水涂料的组成及分类

a 防水涂料的特点

防水涂料应具有以下特点：（1）防水涂料在常温下呈液态，固化后在材料表面形成完整的防水膜。（2）涂膜防水层自重轻，适宜于轻型、薄壳屋面的防水。（3）防水涂料施工属于冷施工，可刷涂也可喷涂，污染小，劳动强度低。（4）容易修补，发生渗漏可在原防水涂层的基础上修补。

b　防水涂料的组成

防水涂料通常由基料、填料、分散介质和助剂等组成，当将其直接涂刷在结构物的表面后，其主要成分经过一定的物理、化学变化便可形成防水膜，并能获得所期望的防水效果。

（1）基料。基料又称主要成膜物质，在固化过程中起成膜和黏结填料的作用，土木工程中常用防水涂料的基料有沥青、改性沥青、合成树脂或合成橡胶等。

（2）填料。填料主要起增加涂膜厚度、减少收缩和提高其稳定性等作用，而且还可降低成本。因此，也称为次要成膜物质，常用的填料有滑石粉和碳酸钙粉等。

（3）分散介质。分散介质主要起溶解或稀释基料的作用，因此也称为稀释剂，它可使涂料呈现流动性以便于施工。施工后，大部分分散介质蒸发或挥发，仅一小部分分散介质被基层吸收。

（4）助剂。助剂起改善涂料或涂膜性能的作用，通常有乳化剂、增塑剂、增稠剂和稳定剂等。

c　防水涂料的分类

防水涂料按液态类型分为溶剂型、水乳型和反应型三种。溶剂型涂料种类繁多，质量也好，但是成本高，安全性差，使用不是很普遍；水乳型涂料在工艺上很难将各种补强剂、填充剂、高分子弹性体均匀分散于胶体中，只能用研磨法加入少量配合剂，反应型聚氨酯为双组分，易变质，成本高；反应型涂料产品能抗紫外线，耐高温性好，但断裂延伸性略差。

按成膜物质的主要成分，防水涂料分为沥青类、沥青高聚物改性沥青类和高分子类。

B　沥青防水涂料

a　乳化沥青

乳化沥青是将通常高温使用的道路沥青，经过机械搅拌和化学稳定的方法（乳化），扩散到水中而液化成常温下黏度很低、流动性很好的一种道路建筑材料。它主要用于道路的升级与养护，如石屑封层，还有多种独特的、其他沥青材料不可替代的应用，如冷拌料、稀浆封层。乳化沥青亦可用于新建道路施工，如黏层油、透层油等。

b　沥青胶

沥青胶又称沥青玛脂，是由沥青掺入适量粉状或纤维状填充料拌制而成的混合物，主要用于黏结防水卷材、补漏及作为沥青防水涂层、沥青砂浆防水层的底层等。

沥青胶按溶剂及胶黏工艺不同，分为热熔沥青胶和冷沥青胶两种。

（1）热熔沥青胶。热熔沥青胶就是在沥青中掺入粉状或纤维状矿物填充料，需加热使用的胶黏剂。沥青应选软化点高的沥青，以保证高温天气不流淌；为提高其黏结力、大气稳定性和耐热性，一般情况下需加入 10% ~ 25% 的碱性矿粉，如滑石粉、石灰石粉、白云石粉等，而酸性介质中则选用石英粉、花岗石粉等酸性矿粉；为提高其抗裂性和柔韧性需掺入 5% ~ 10% 的纤维填充料，常用的为石棉绒或木棉纤维等。配制时先将沥青加热至 180 ~ 200 ℃，脱水后与加热干燥的粉料或纤维填充料热拌而成。

热熔沥青胶耐热度可分为 S-60、S-65、S-70、S-75、S-80、S-85 六个标号，热熔沥青胶标号的选择，取决于使用条件、屋面坡度和当地历年极端最高气温。

（2）冷沥青胶。冷沥青胶是由 40% ~ 50% 石油沥青熔化脱水后，缓慢加入 25% ~ 30% 的溶剂，再掺入 10% ~ 30% 的填料，混合拌匀而成。冷沥青胶比热熔沥青胶施工方便，涂层薄，节省沥青，减少环境污染，因此目前应用面已逐渐扩大。

沥青胶的技术性能主要有耐热度、柔韧性和黏结力，沥青胶的性能主要取决于沥青胶的原材料及其组成。所用沥青的软化点越高，沥青胶的耐热性越好，受热不流淌。若选用的沥青延伸度大，则沥青胶的柔韧性好，遇冷不易开裂。为满足使用要求，常需用两种以上牌号的沥青进行掺配。

c 冷底子油

冷底子油是用稀释剂（汽油、柴油、煤油、苯等）对沥青进行稀释的产物，它多在常温下用于防水工程的底层，故称冷底子油。冷底子油黏度小，具有良好的流动性。

冷底子油形成的涂膜较薄，一般不单独作防水材料使用，只作某些防水材料的配套材料。在铺贴防水油毡之前涂布于混凝土、砂浆、木材等基层上，能很快渗入基层孔隙中，待溶剂挥发后，便与基面牢固结合。冷底子油可封闭基层毛细孔隙，使基层形成防水能力；作用是处理基层界面，让沥青油毡便于铺贴，使基层表面变为憎水性，为黏结同类防水材料创造了有利条件。

C 高聚物改性沥青防水涂料

沥青防水涂料通过适当的高聚物改性，可以显著提高其柔韧性、弹性、流动性、气密性、耐化学腐蚀性、耐老化性和耐疲劳等性能。高聚物改性沥青防水涂料一般是用再生橡胶、合成橡胶或 SBS 等对沥青进行改性而制成的水乳型或溶剂型防水涂料。

a 氯丁橡胶沥青防水涂料

氯丁橡胶沥青防水涂料（氯丁胶乳沥青防水涂料）是新型的沥青防水涂料。氯丁橡胶沥青防水涂料改变了传统沥青低温脆裂、高温流淌的特性，经过改性后，不但具有氯丁橡胶的弹性好、黏结力强、耐老化、防水防腐的优点；同时，集合了沥青防水的性能，组合成强度高、成膜快、防水强、耐老化，有弹性抗基层变形能力强，冷作施工方便，不污染环境的一种优质防水涂料。

氯丁橡胶沥青防水涂料是以含有环氧树脂的氯丁橡胶乳液为改性剂，以优质的石油乳化沥青为基料，并加入表面活性剂、防霉剂等辅助材料精制而成。氯丁橡胶沥青防水涂料执行《水乳型沥青防水涂料》（JC/T 408—2005）技术指标，固含量≥45%；耐热80 ℃恒温5 h，涂膜无起泡、皱皮等现象；在0 ℃冷冻2 h，涂膜无裂纹、剥落等现象；黏结强度≥0.30 MPa；不透水性：0.1 MPa，恒温≥30 min不渗水；涂膜断裂伸长率>600%，涂膜厚0.3~0.4 mm，基面裂缝≤0.7 mm，不开裂；饱和氢氧化钙溶液浸泡15 d，涂层无起泡、皱皮、脱落。

氯丁橡胶沥青防水涂料被广泛应用于屋面防水，水池防渗，地下室防潮，沼气池防漏气，防空洞，隧道等建筑，以及80 ℃以下化工管道防腐蚀等。

b 水乳型再生橡胶防水涂料

水乳型再生橡胶防水涂料是以石油沥青为基料，以再生橡胶为改性剂复合而成的水性防水涂料。它是双组分（A液、B液）包装，其中，A液为乳化橡胶、B液为阴离子型乳化沥青。储运时分别包装，使用时现场配制使用。该涂料具有无毒、无味、不燃的优点，可在常温下冷施工作业。

涂膜具有橡胶弹性，温度稳定性好，耐老化性能及其他各项技术性能均比纯沥青和沥青玛脂好，其适用于屋面、墙体、地面、地下室、冷库的防水防潮，也可用于嵌缝及防腐工程等。

c SBS改性沥青防水涂料

SBS改性沥青防水涂料是以石油沥青为基料，以SBS为改性剂，以天然纳米材料为填料，并辅以高分子聚合物经科学配方生产而成的环保型防水涂料。该涂料无毒、无味、无环境污染，可在潮湿基层冷施工，橡胶聚合物在涂料体系中呈网络分布。涂膜干后有优良的耐酸、耐碱、耐候性。在防水基层形成无缝的整体防水层，施工简单快捷。

适用于工业及民用建筑屋面防水层；防腐蚀地坪的隔离层，金属管道的防腐处理；水池、地下室、冷库、地坪等的抗渗、防潮等。

D 合成高分子防水涂料

合成高分子防水涂料是以合成橡胶或树脂为主要成膜物质，加入其他辅料配制成的防水涂料。合成高分子防水涂料的品种很多，常见的有硅酮、氯丁橡胶、聚氯乙烯、丙烯酸酯、丁基橡胶等防水涂料。

a 聚氨酯防水涂料

聚氨酯防水涂料（又称聚氨酯涂膜防水材料）有双组分型和单组分型两类，通常使用的是双组分型防水涂料。

双组分型防水涂料中的甲组分含有异氰酸基，乙组分含有多羧基的固化剂与增塑剂、稀释剂等。甲、乙两组分混合后，经固化反应，形成均匀而富有弹性的防水涂膜。

聚氨酯涂膜防水材料的优点是富有弹性、耐高低温、耐老化和黏结性能好，抗撕裂强度高，对于基层伸缩和开裂有较强的适应能力，并兼有耐磨、装饰及阻燃等性能。由于其具有上述优点，且施工简便，故在中高级公用建筑的卫生间、水池等防水工程及地下室和有保护层的屋面防水工程中得到广泛应用。

b 丙烯酸酯防水涂料

丙烯酸酯防水涂料是以纯丙烯酸酯共聚物或纯丙酸酯乳液，加入适量优质填料、助剂配置而成，属于合成树脂类单组分防水涂料。其特点有：良好的耐候性、耐热性和耐紫外线性，在 $-30 \sim 80$ ℃范围内性能基本无变化，延伸性能好，能适应基面一定幅度的开裂变形；可根据需要调配各种色彩，防水层兼有装饰和隔热效果；绿色环保，无毒无味，不污染环境，对人身无伤害；施工简便，工期短，维修方便；可在潮湿基面施工，具有一定的透气性。适用于屋面、墙面、厕浴间、地下室等非长期浸水环境下的建筑防水、防渗工程，轻型薄壳结构的屋面防水工程，也可用作黏结剂或外墙装饰涂料。

c 聚氯乙烯防水涂料

聚氯乙烯防水涂料是以聚氯乙烯和煤焦油为基料，加入适量的防老化剂、增塑剂、乳化剂，以水为分散介质制成的水乳型防水涂料。施工时，一般要铺设玻纤布、聚酯无纺布等胎体进行增强处理。该类防水涂料弹塑性好，耐化学腐蚀、耐老化性和成品稳定性好，防水层的造价低，适用于地下室、厕浴间、储水池、屋面、桥涵、路基和金属管道的防水和防腐[18]。

2.5.4 防火材料

防火材料多用于建筑，形式各种各样，对现代防火起到绝对性的作用，常用的防火材料包括防火板、防火门、防火玻璃、防火涂料、防火包等。

（1）防火板。防火板是目前市场上最为常用的材质，常用的有两种：一种是高压装饰耐火板，其优点是防火、防潮、耐磨、耐油、易清洗，而且花色品种较多；一种是玻镁防火板，外层是装饰材料，内层是矿物玻镁防火材料，可抗1500 ℃高温，但装饰性不强。

（2）防火门。防火门分为木质防火门、钢质防火门和不锈钢防火门，通常防火门用于防火墙的开口、楼梯间出入口、疏散走道、管道井开口等部位，对防火分隔、减少火灾损失起着重要作用。

（3）防火木制窗框。防火木制窗框周围嵌有木制密封材料，遇热膨胀，能防止火焰从缝隙钻入，即使屋外火势猛烈，它也可以耐火 30 min。

（4）防火卷帘。在建筑物内不便设置防火墙的位置可设置防火卷帘，防火卷帘一般具有良好的防火、隔热、隔烟、抗压、抗老化、耐磨蚀等各项功能。

（5）防火防蛀木材。防火防蛀木材是先将普通木材放入含有钙、铝等阳离子的溶液中浸泡，然后再放入含有磷酸根和硅酸根等阴离子的溶液中浸泡。

2.5.5　保温隔热材料

2.5.5.1　保温隔热材料的性能

保温隔热材料有以下性能：

（1）导热系数。导热系数能说明材料本身热量传导能力大小，它受本身物质构成、孔隙率、材料所处的环境温度、湿度及热流方向的影响。

（2）温度稳定性。材料在受热作用下保持其原有性能不变的能力，称为绝热材料的温度稳定性，通常用其不致丧失绝热性能的极限温度来表示。

（3）吸湿性。绝热材料从潮湿环境中吸收水分的能力，称为吸湿性。一般其吸湿性越大，对绝热效果越不利。

绝热材料吸湿受潮后，其热导率增加，因为水的热导率为 $0.58\ W/(m \cdot K)$ 远大于密闭空气的热导率 $0.023\ W/(m \cdot K)$，当受潮的绝热材料受到冰冻时，其热导率会进一步增加，因为冰的热导率为 $2.33\ W/(m \cdot K)$ 比水的大。因此，绝热材料应特别注意防潮。

（4）强度。绝热材料的机械强度和其他建筑材料一样是用极限强度来表示的，通常采用抗压强度和抗折强度。由于绝热材料含有大量孔隙，故其强度一般均不大，因此不宜将绝热材料用于承受外界荷载部位。对于某些纤维材料，有时常用材料到达某一变形时的承载能力作为其强度代表值。

2.5.5.2　保温隔热材料的选用

选用保温隔热材料时，应考虑其主要性能达到的指标：导热系数不宜大于 $0.23\ W/(m \cdot K)$，表观密度或堆积密度在 $600\ kg/m^3$ 以下，块状材料的抗压强度不小于 $0.3\ MPa$，保温隔热材料的温度稳定性应高于实际使用温度。在实际应用中，由于保温隔热材料的抗压强度一般都很低，常将保温隔热材料与承重材料复合使用。另外，由于大多数保温隔热材料都具有一定的吸水、吸湿能力，故在实际使用时，需在其表层加防水层或隔气层。

在建筑中合理地采用保温隔热材料，能提高建筑物的使用效能，更好地满足要求，保证正常的生产、工作和生活。在采暖、空调、冷藏等建筑物中采用必要的保温隔热材料，能减少热损失，节约能源，降低成本。据统计，保温隔热良好的建筑，其能源消耗可节省 25%～50%。因此，在建筑工程中，合理地使用保温隔热材料具有重要意义。

常用的保温隔热材料按其成分可分为有机和无机两大类。无机保温隔热材料是用矿物质原料做成的呈松散状、纤维状或多孔状的材料，可加工成板、卷材或套管等形式的制品；有机保温材料是用有机原料（各种树脂、软木、木丝、刨花等）制成。有机保温隔热材料的密度一般小于无机保温隔热材料。常用保温隔热材料的技术性能及用途见表2-27[20]。

表2-27 常用保温隔热材料的技术性能及用途

材料名称	表观密度 /kg·m⁻³	强度 /MPa	热导率 /W·(m·K)⁻¹	使用温度 /℃	用 途
超细玻璃棉毡	30~60		0.035	300~400	墙体、屋面、冷藏等
沥青玻璃制品	100~150		0.041	250~300	
矿渣棉纤维	110~130		0.044	≤600	填充材料
岩棉纤维	80~150	>0.012	0.044	250~600	填充墙体、屋面、热力管道等
岩棉制品	80~160		0.04~0.052	≤600	
膨胀珍珠岩	40~300		常温 0.02~0.044 高温 0.06~0.17 低温 0.02~0.038	≤800 (−200)	高效能保温保冷填充材料
水泥膨胀珍珠岩制品	300~400	0.5~1.0	常温 0.05~0.081 低温 0.081~0.12	≤600	保温绝热
水玻璃膨胀珍珠岩制品	200~300	0.6~1.7	常温 0.056~0.093	≤650	保温绝热
沥青膨胀珍珠岩制品	400~500	0.2~1.2	0.093~0.12		用于常温及负温
膨胀蛭石	80~900		0.046~0.070	1000~1100	填充材料
水泥膨胀蛭石制品	300~500	0.2~1.0	0.076~0.105	≤600	保温绝热
微孔硅酸钙制品	250	>0.5 >0.3	0.041~0.056	≤650	围护结构及管道保温
轻质钙塑板	100~150	0.1~0.3 0.7~0.11	0.047	650	保温绝热兼防水性能，并具有装饰性能
泡沫玻璃	150~600	0.55~15	0.058~0.128	300~400	砌筑墙体及冷藏库绝热
泡沫混凝土	300~500	≥0.4	0.081~0.19		围护结构
加气混凝土	400~700	≥0.4	0.093~0.16		围护结构
木丝板	300~600	0.4~0.5	0.11~0.26		顶棚、隔墙板、护墙板
轻质纤维板	150~400		0.047~0.093		顶棚、隔墙板、护墙板表面较光洁
芦苇板	250~400		0.093~0.13		顶棚、隔墙板

续表 2-27

材料名称	表观密度 /kg·m⁻³	强度 /MPa	热导率 /W·(m·K)⁻¹	使用温度 /℃	用途
软木板	105~437	0.15~2.5	0.044~0.079	≤130	吸水率小、不霉腐、不燃烧,用于绝热结构
聚苯乙烯泡沫塑料	20~50	0.15	0.031~0.047		屋面,墙体保温绝热等
轻质聚氨酯泡沫塑料	30~40	≥0.2	0.037~0.055	≤130 (-60)	屋面,墙体保温、冷藏库绝热

思 考 题

2-1 构成岩石的主要造岩矿物有哪些?

2-2 为什么说基性岩和超基性岩最容易风化?

2-3 常见岩石的结构联结类型有哪几种?

2-4 何谓岩石中的微结构面,主要是指哪些,各有什么特点?

2-5 阐述工程岩体结构的唯一性。

2-6 按结构面成因,结构面通常分为几种类型?

2-7 结构面的级别及其特点有哪些?

2-8 在土的三相比例指标中,哪些指标是直接测定的,其余指标如何导出?

2-9 土的物理状态指标有几个,如何判定土的工程性质?

2-10 无黏性土最重要的物理状态指标是什么,用孔隙比、相对密实度和标准贯入试验锤击数 N 来划分密实度各有何优缺点?

2-11 普通混凝土的组成材料有哪几种,在混凝土凝固硬化前后各起什么作用?

2-12 何谓骨料级配,骨料级配良好的标准是什么,混凝土的骨料为什么要级配良好?

2-13 什么是混凝土拌合物的和易性,它包含哪些含义?

2-14 简述建筑钢材的分类。

2-15 评价钢材技术性质的主要指标有哪些?

2-16 化学成分对钢材的性能有何影响?

2-17 木材按树种分为哪几类,各有何特点和用途?

2-18 木材从宏观的构造观察由哪些部分组成?

2-19 试述石油沥青的主要组成及与其性质间的关系。

2-20 影响材料绝热性能的主要因素有哪些,使用时为何要特别注意防水防潮?

参 考 文 献

[1] 陶振宇. 水工建设中的岩石力学问题 [M]. 北京:水利电力出版社,1976.

[2] 孔宪立.工程地质学 [M].北京:中国建筑工业出版社,1997.

[3] 长春地质学院工程地质教研室.土质学 [M].北京:地质出版社,1965.

[4] 长春地质学院工程地质教研室.工程岩土学 [M].北京:地质出版社,1980.

[5] 谷德振.岩体工程地质力学基础 [M].北京:科学出版社,1979.

[6] 胡广韬,杨文远.工程地质学 [M].北京:地质出版社,1984.

[7] 孙广忠.岩体力学基础 [M].北京:科学出版社,1983.

[8] 郑永学.矿山岩体力学 [M].北京:冶金工业出版社,1988.

[9] 张咸恭.工程地质学(上册) [M].北京:地质出版社,1979.

[10] Goodman R E. Introduction to Rock Mechanics [M]. New York:John Willey and Sons, 1980.

[11] 孙玉科.边坡岩体稳定性分析 [M].北京:科学出版社,1988.

[12] 高磊.矿山岩石力学 [M].北京:机械工业出版社,1987.

[13] 蔡美峰.岩石力学与工程 [M].北京:科学出版社,2013.

[14] 金耀华.土力学与地基基础 [M].武汉:华中科技大学出版社,2013.

[15] 李文渊.土木工程施工 [M].武汉:华中科技大学出版社,2013.

[16] 赵明华.土力学与基础工程 [M].武汉:武汉理工大学出版社,2014.

[17] 王春旺.建筑材料 [M].北京:石油工业出版社,2013.

[18] 孙洪硕.建筑材料 [M].北京:人民邮电出版社,2015.

[19] 赵明华.土力学与基础工程 [M].武汉:武汉理工大学出版社,2014.

[20] 王春旺.建筑材料 [M].北京:石油工业出版社,2013.

3 土木工程勘测划分

土木工程勘测主要包含岩土工程勘察，土木工程监测和土木工程检测等。由于工程勘测旨在解决规划、设计建设运维过程中的具体工程问题，因此三者之间存在相互关联和依存的关系，例如岩土工程勘察中也有土木工程检测的工作，以方便对相关技术数据进行提取测量。三者关系如图 3-1 所示。

图 3-1　土木工程勘测
划分示意

3.1　岩土工程勘察

岩土工程勘察是整个岩土工程工作的重要组成部分之一，也是一项基础性的工作，它的成败将对后续环节的工作产生极为重要的影响。中华人民共和国国务院在 2000 年 9 月 25 日颁布的《建设工程勘察设计管理条例》的总则部分规定，从事建设工程勘察设计活动，应当坚持先勘察、后设计、再施工的原则。

岩土工程勘察是指根据建设工程的要求，查明、分析、评价场地的地质、环境特征和岩土工程条件，编制勘察文件的活动。与其他的勘察工作相比，岩土工程勘察具有明确的针对性，即其目的是为了满足工程建设的要求，因此所有的勘察工作都应围绕这一目的展开。岩土工程勘察的内容是要查明、分析、评价建设场地的地质、环境特征和岩土工程条件。其具体的技术手段有多种，如工程地质测绘和调查、勘探和取样、各种原位测试技术、室内土工试验和岩石试验、检验和现场监测、分析和计算、数据处理等。但不是每一项工程建设都要采用上述全部的勘察技术手段，可根据具体的工程情况合理地选用。岩土工程勘察的对象是建设场地（包括相关部分）的地质、环境特征和岩土工程条件，具体而言主要是指场地岩土的岩性或土层性质、空间分布和工程特征，地下水的补给、贮存、排泄特征和水位、水质的变化规律，以及场地及其周围地区存在的不良地质作用和地质灾害情况。岩土工程勘察工作的任务是查明情况，提供各种相关的技术数据，分析和评价场地的岩土工程条件并提出解决岩土工程问题的建议，以保证工程建设安全、高效进行，促进社会经济的可持续发展。

我国的岩土工程勘察体制形成于 20 世纪 80 年代，而在此之前一直采用的是建国初期形成的苏联模式的勘察体制，即工程地质勘察体制。工程地质勘察体制提出的勘察任务是查明场地或地区的工程地质条件，为规划、设计、施工提供地质资料。因此在实际工程地质勘察工作中，一般只提出勘察场地的工程地质条件和存在的地质问题，而不涉及解决问题的具体方法。对于所提供的资料，设计单位如何应用也很少了解和过问，使得勘察工作与设计、施工严重脱节，对工程建设产生了不利的影响。针对上述问题，自20世纪80年代以来，我国开始实施岩土工程勘察体制。与工程地质勘察相比，岩土工程勘察任务不仅要正确反映场地和地基的工程地质条件，还应结合工程设计、施工条件进行技术论证和分析评价，提出解决具体岩土工程问题的建议，并服务于工程建设的全过程，因此具有很强的工程针对性。经过30多年的努力，这一勘察体制已经较为完善，最近两次修订的中华人民共和国国家标准《岩土工程勘察规范》（分别为1994年和2001年修订）都严格遵循了这一重要的指导思想。

3.1.1 岩土工程勘察等级划分

根据《岩土工程勘察规范》（GB 50021—2001）：岩土工程勘察是指根据建设工程的要求，查明、分析、评价场地的地质、环境特征和岩土工程条件，编制勘察文件的活动。岩土工程勘察总的原则是为工程建设服务，因此具有明确的针对性和目的性。

例如，在地质条件复杂地区，对场地的地质构造、不良地质现象、地震烈度、特殊土类等必须查明其分布及其危害程度，因为这些因素是评价场地稳定性、地基承载力及地基变形的主要控制因素。再如，不同的建（构）筑物的重要性也不同，其破坏后产生的后果严重性也不同。

岩土工程勘察等级的划分主要考虑三个因素：岩土工程重要性，场地复杂程度，地基复杂程度。

（1）岩土工程重要性等级划分。根据工程的规模和特征以及工程破坏或影响正常使用所产生的后果，将工程分为三个重要性等级，见表3-1。

表3-1 岩土工程重要性等级划分表

岩土工程重要性等级	工 程 性 质	破坏后引起的后果
一级工程	重要工程	很严重
二级工程	一般工程	严重
三级工程	次要工程	不严重

注：住宅和一般公用建筑，30层以上可定为一级工程，7~30层可定为二级工程，6层及6层以下可定为三级工程。

（2）场地等级划分，见表3-2。

表 3-2　场地等级划分表

场地等级	特 征 条 件	条件满足方式
一级场地 （复杂场地）	对建筑抗震危险的地段	满足其中一条及以上者
	不良地质作用强烈发育	
	地质环境已经或可能受到强烈破坏	
	地形地貌复杂	
	有影响工程的多层地下水、岩溶裂隙水或其他复杂的水文地质条件，需专门研究的场地	
二级场地 （中等复杂场地）	对建筑抗震不利的地段	满足其中一条及以上者
	不良地质作用一般发育	
	地质环境已经或可能受到一般破坏	
	地形地貌较复杂	
	基础位于地下水位以下的场地	
三级场地 （简单场地）	抗震设防烈度等于或小于6°，或对建筑抗震有利的地段	满足全部条件
	不良地质作用不发育	
	地质环境基本未受破坏	
	地形地貌简单	
	地下水对工程无影响	

（3）地基复杂程度划分，见表 3-3。

表 3-3　地基复杂程度划分表

场地等级	特 征 条 件	条件满足方式
一级地基 （复杂地基）	岩土种类多，很不均匀，性质变化大，需特殊处理	满足其中一条及以上者
	多年冻土，严重湿陷、膨胀、盐渍、污染的特殊性岩土，以及其他情况复杂，需作专门处理的岩土	
二级地基 （中等复杂地基）	岩土种类较多，不均匀，性质变化较大	满足其中一条及以上者
	除一级地基中规定的其他特殊性岩土	
三级地基 （简单地基）	岩土种类单一，均匀，性质变化不大	满足全部条件
	无特殊性岩土	

注：关于场地、地基等级的划分应从第一级开始，向第二、第三级推定，以最新满足者为准。

根据以上三个方面可对岩土工程勘察等级进行划分，具体划分等级及标准见表 3-4。

表 3-4 岩土工程勘察等级划分表

岩土工程勘察等级	划 分 标 准
甲级	在工程重要性、场地复杂程度和地基复杂程度等级中，有一项或多项为一级
乙级	除勘察等级为甲级和丙级以外的勘察项目
丙级	工程重要性、场地复杂程度和地基复杂程度等级均为三级

注：建筑在岩质地基上的一级工程，当场地复杂程度及地基复杂程度均为三级时，岩土工程勘察等级可定为乙级。

3.1.2 工程地质测绘技术要求

中华人民共和国国家标准《岩土工程勘察规范》在总则中规定：各项工程建设在设计和施工之前，必须按基本建设程序进行岩土工程勘察。岩土工程勘察应按工程建设各阶段的要求，正确反映工程地质资料，查明不良地质作用和地质灾害，精心勘察、精心分析，提出资料完整、评价正确的勘察报告。

我国现行工程建设一般包括规划阶段、初步设计及技术设计、施工图设计、施工阶段，与国际通用体制相同。

（1）铁道部门：踏勘初测定测补充定测；

（2）公路部门：可行性研究初步勘察详细勘察；

（3）水利部门：规划阶段初步设计招标设计施工详图设计；

（4）工民建：可行性研究初步勘察详细勘察施工勘察。

针对工业与民用建筑工程设计的场址选择、初步设计和施工图设计三个阶段，岩土工程勘察一般可分为可行性研究勘察、初步勘察及详细勘察三个阶段。

（1）可行性研究勘察：选址或确定场地；

（2）初步勘察：初步设计或扩大初步设计；

（3）详细勘察：施工图设计。

房屋建筑与构筑物是指一般房屋建筑、高层建筑、大型公用建筑、工业厂房及烟囱、水塔、电视电信塔等高耸建筑物，此类工程的勘察应在收集建筑物上部荷载、功能特点、结构类型、基础形式、埋置深度及变形限制等有关方面资料的基础上进行。总体上，勘察工作内容应满足以下要求：

（1）查明场地及地基的稳定性、地层结构、持力层和下卧层的工程特性、土的应力历史和地下水条件以及不良地质作用等；

（2）提供满足设计、施工所需的岩土技术参数，确定地基承载力，预测地基变形性状；

（3）提出地基基础、基坑支护、工程降水、地基处理及施工方案设计的建议；

（4）提出对建筑物有影响不良地质作用的防治方案建议；

（5）对于抗震设防烈度等于或大于 6° 的场地，进行场地与地基的地震效应评价。

3.2 土木工程监测

土木工程都建造在岩土介质之上或之中，在施工过程中必须进行动态监测，实行信息化施工，提供反馈信息，从而指导施工和修改设计，以确保工程安全，重要工程在竣工后还需进行长期监测。土木工程监测指的是在工程勘察、施工以至运营期间，对工程有影响的不良地质现象、岩土体性状和地下水等进行监测，其目的是为了工程的正常施工和运营，确保安全。

3.2.1 工程建筑物变形监测

所谓工程建筑物变形监测，是用测量仪器或专用仪器测定建筑物及其地基在建筑物荷载和外力作用下随时间变形的工作。进行变形监测时，一般在建筑物特征部位埋设变形监测标志，在变形影响范围之外埋设测量基准点，定期测量监测标志相对于基准点的变形量。从历次监测结果的比较中了解变形随时间发展的情况；变形监测周期随单位时间内变形量的大小而定，变形量较大时监测周期宜短些；变形量减小建筑物趋向稳定时，监测周期宜相应放长。"变形"是个总体概念，既包括地基沉降、回弹，也包括建筑物的裂缝、倾斜、位移及扭曲等。

（1）变形按其时间长短分为以下三种。

1）长周期变形：由于建筑物自重引起的沉降和倾斜等。

2）短周期变形：由于温度的变化（如日照）所引起的建筑物变形等。

3）瞬时变形：由于风振动引起高大建筑物的变形等。

（2）变形按其类型可分为以下两种。

1）静态变形：目的是确定物体的局部位移。其监测结果只表示建筑物在某一期间内的变形值，如定期沉降监测值等。

2）动态变形：动态系统变形是受外力影响而产生的。其监测结果是表示建筑物在某瞬间的变形，如风振动引起的变形等。

（3）建筑物变形监测的项目有以下五个。

1）建筑物沉降监测：建筑物的沉降是地基、基础和上层结构共同作用的结果。此项监测资料的积累是研究解决地基沉降问题和改进地基设计的重要手段，同时通过监测来分析相对沉降是否有差异，以监视建筑物的安全。

2）建筑物水平位移监测：是指建筑物整体平面移动。其原因主要是基础受到水平应力的影响，如地基处滑坡地带或受地震影响。测定平面位置随时间变化的移动量，以监视建筑物的安全或采取加固措施。

3）建筑物倾斜监测：高大建筑物上部和基础的整体刚度较大，地基倾斜（差异沉降）即反映出上部主体的倾斜，监测目的是验证地基沉降的差异和监视建筑物的安全。

4）建筑物裂缝监测：当建筑物基础局部产生不均匀沉降时，其墙体往往出现裂缝。系统地进行裂缝变化监测，根据裂缝监测和沉降监测资料，来分析变形的特征和原因，采取措施保证建筑物的安全。

5）建筑物挠度监测：这是测定建筑物构件受力后的弯曲程度。对于平置的构件，在两端及中间设置沉降点进行沉降监测，根据测得某时间段内这三点的沉降量，计算其挠度；对于直立的构件，要设置上、中、下三个位移监测点，进行位移监测，利用三点的位移量可算出其挠度。

3.2.2 基坑工程施工监测

在深基坑开挖的施工过程中，基坑内外的土体将由原来的静止土压力状态向被动和主动土压力状态转变，应力状态的改变引起围护结构承受荷载并导致围护结构和土体的变形，围护结构的内力（围护桩和墙的内力、支撑轴力或土锚拉力等）和变形（深基坑坑内上体的隆起、基坑支护结构及其周围土体的沉降和侧向位移等）中的任一量值超过容许的范围，将造成基坑的失稳破坏或对周围环境造成不利影响，深基坑开挖工程往往在建筑密集的市中心，施工场地四周有建筑物和地下管线，基坑开挖引起的土体变形将在一定程度上改变这些建筑物和地下管线的正常状态，当土体变形过大时，会造成邻近结构和设施的失效或破坏。同时，基坑相邻的建筑物又相当于较重的集中荷载，基坑周围的管线常引起地表水的渗漏，这些因素又是导致土体变形加剧的原因。基坑工程设置于力学性质相当复杂的地层中，在基坑围护结构设计和变形预估时，一方面，基坑围护体系所承受的土压力等荷载存在着较大的不确定性；另一方面，对地层和围护结构一般都做了较多的简化和假定，与工程实际有一定的差异；加之，基坑开挖与围护结构施工过程中，存在着时间和空间上的延迟过程，以及降雨、地面堆载和挖机撞击等偶然因素的作用，使得现阶段在基坑工程设计时，对结构内力计算以及结构和土体变形的预估与工程实际情况有较大的差异，并在相当程度上仍依靠经验。因此，在深基坑施工过程中，只有对基坑支护结构、基坑周围的土体和相邻的构筑物进行全面、系统的监测，才能对基坑工程的安全性和对周围环境的影响程度有全面的了解，以确保工程的顺利进行，在出现异常情况时及时反馈，并采取必要的工程应急措施，甚至调整施工工艺或修改设计参数。

基坑监测的目的如下：

（1）检验设计所采取的各种假设和参数的正确性，指导基坑开挖和支护结构的施工。如上所述，基坑支护结构设计尚处于半理论半经验的状态，土压力计算大多采用经典的侧向土压力公式，与现场实测值相比有一定的差异，也还没有成熟的方法计算基坑周围土体的变形，因此在施工过程中需要知道现场实际的受力和变形情况。基坑施工总是从点到面、从上到下分工况局部实施，可以根据由局部和前一工况的开挖产生的应力和变形实测值与预估值的分析，验证原设计和施工方案正确性，同时可对基坑开挖到下一个施工工况时的受力和变形的数值和趋势进行预测，并根据受力和变形实测值和预测结果与设计时采用的预估值进行比较，必要时对设计方案和施工工艺进行修正。

（2）确保基坑支护结构和相邻建筑物的安全。在深基坑开挖与支护施工过程中，必须在满足支护结构及被支护土体的稳定性，避免破坏和极限状态发生的同时，不产生由于支护结构及被支护土体的过大变形而引起邻近建筑物的倾斜或开裂、邻近管线的渗漏等。从理论上说，如果基坑围护工程的设计是合理可靠的，那么表征土体和支护系统力学形态的一切物理量都随时间而渐趋稳定；反之，如果测得表征土体和支护系统力学形态特点的某几种或某一种物理量，其变化随时间而不渐趋稳定，则可以断定土体和支护系统不稳定，支护必须加强或修改设计参数。在工程实际中，基坑在破坏前，往往会在基坑侧向的不同部位出现较大的变形，或变形速率明显增大。在20世纪90年代初期，基坑失稳引起的工程事故比较常见，随着工程经验的积累，这种事故越来越少。但由于支护结构及被支护土体的过大变形而引起邻近建筑物和管线破坏则仍然时有发生，而事实上大部分基坑围护的目的也就是出于保护邻近建筑物和管线。因此基坑开挖过程中进行周密的监测，当建筑物和管线的变形在正常的范围内时可保证基坑的顺利施工，当建筑物和管线的变形接近警戒值时，有利于采取对建筑物和管线本体进行保护的技术应急措施，在很大程度上避免或减轻破坏的后果。

（3）积累工程经验，为提高基坑工程的设计和施工的整体水平提供依据。支护结构上所承受的土压力及其分布，受地质条件、支护方式、支护结构刚度、基坑平面几何形状、开挖深度、施工工艺等的影响，并直接与侧向位移有关，而基坑的侧向位移又与挖土的空间顺序、施工进度等时间和空间因素等有复杂的关系，现行设计分析理论尚未完全成熟。基坑围护的设计和施工，应该在充分借鉴现有成功经验和吸取失败教训的基础上，根据自身的特点，力求在技术方案中有所创新、更趋完善。对于某一基坑工程，在方案设计阶段需要参考同类工程的图纸和监测成果，在竣工完成后则为以后的基坑工程设计增添了一个工程实例。现场监测不仅确保了本基坑工程的安全，在某种意义上也是一次1∶1的实体试验，所取得的数据是结构和土层在工程施工过程中真实反映，是各种复杂因素影响和作用下基坑系统的综合体现，因而也为该领域的科学和技术发展积累了第一手资料。

3.2.3 地铁盾构隧道施工监测

在软土地层的盾构法隧道工程中，由于盾构穿越地层的地质条件千变万化，岩土介质的物理力学性质也异常复杂，而工程地质勘察总是局部的和有限的，因而对地质条件和岩土介质的物理力学性质的认识总存在诸多不确定性和不完善性。由于软土盾构隧道是在这样的前提条件下设计和施工的，所以设计和施工方案总存在着某些不足，需要在施工中进行检验和改进。为保证盾构隧道工程安全经济顺利地进行，并在施工过程中积极改进施工工艺和工艺参数，需对盾构推进的全过程进行监测。在设计阶段要根据周围环境、地质条件、施工工艺特点，做出施工监测设计和预算，在施工阶段要按监测结果及时反馈，以合理调整施工参数和采取技术措施，最大限度地减少地层移动，以确保工程安全并保护周围环境。施工监测的主要目的是：

（1）认识各种因素对地表和土体变形等的影响，以便有针对性地改进施工工艺和修改施工参数，减少地表和土体的变形；

（2）预测下一步的地表和土体变形，根据变形发展趋势和周围建筑物情况，决定是否需要采取保护措施，并为确定经济合理的保护措施提供依据；

（3）检查施工引起的地面沉降和隧道沉降是否控制在允许的范围内；

（4）控制地面沉降和水平位移及其对周围建筑物的影响，以减少工程保护费用；

（5）建立预警机制，保证工程安全，避免结构和环境安全事故造成工程总造价增加；

（6）为研究岩土性质、地下水条件、施工方法与地表沉降和土体变形的关系积累数据，为改进设计提供依据；

（7）为研究地表沉降和土体变形的分析计算方法等积累资料；

（8）发生工程环境责任事故时，为仲裁提供具有法律意义的数据。

3.2.4 边坡工程监测

在水利、能源、矿山、交通等各个建设领域中，通过边坡工程的监测，可以达到以下目的：

（1）评价边坡施工及其使用过程中边坡的稳定程度，并作出有关预报，为业主、施工方及监理提供预报数据，跟踪和控制施工进程，对原有的设计和施工组织的改进提供最直接的依据，对可能出现的险情及时提供报警值，合理采用和调整有关施工工艺和步骤，做到信息化施工和取得最佳经济效益；对于已经或正在滑动的滑坡体掌握其演变过程，及时捕捉崩滑灾害的特征信息，为崩塌、滑坡的正确分析评价、预测预报及治理工程等提供可靠的资料和科学依据。

（2）为防治滑坡及可能的滑动和蠕动变形提供技术依据，预测和预报今后边坡的位移、变形的发展趋势，通过监测可对岩土体的时效特性进行相关的研究。因而监测既是崩塌滑坡调查、研究和防治工程的重要组成部分，又是崩滑地质灾害预测预报信息获取的一种有效手段。通过监测可掌握崩塌、滑坡的变形特征及规律，预测预报崩滑体的边界条件、规模、滑动方向、失稳方式、发生时间及危害性，并及时采取防灾措施，尽量避免和减轻工程和人员的灾害损失。监测作为预报信息获取的一种有效手段，通过监测可为决策部门提供相应参数数据，为有关方面提供相关的信息，以制定相对应的防灾救灾对策。

（3）对已经发生滑动破坏的滑坡和加固处理后的滑坡，监测结果也是检验崩塌、滑坡分析评价及滑坡治理工程效果的尺度。因而，监测既是崩塌滑坡调查、研究和防治工程的重要组成部分，又是崩滑地质灾害预测预报信息获取的一种有效手段。通过监测可为决策部门提供相应参数数据，为有关方面提供相应的对策。

（4）为进行有关位移反分析及数值模拟计算提供参数，对于岩土体的特征参数，由于直接通过试验无法直接取得，通过监测工作对实际监测工作的数据（特别是位移值）建立相关的计算模型，进行有关反分析计算。在我国岩土工程界，这方面的工作已经全面开展和进行[1]。

3.3 土木工程检测

工程结构是由工程材料构成的不同类型的承重构件相互连接的各种组合体，它包括建筑结构、桥梁结构、地下结构、水工结构、隧道结构以及各种特种结构（如高耸结构及各种构筑物）等。为确保工程结构能在使用期限内和规定的条件下有效地承受外部及内部形成的各种作用，满足工程结构在功能及使用上的要求，需对已有工程结构各构件实际具备的承载力、安全储备以及刚度、抗裂性能的状况等做出评价，而土木工程检测是其重要的评价手段。

随着我国工程结构在规模上的日趋巨大，形式上的不断翻新，数量上的迅猛增长，以及旧有工程结构的改建、扩建和加固、补强的日益增多，土木工程检测的工作量超过了以往任何时期，越来越显示出它的突出地位和重要作用。

3.3.1 土木工程检测的任务和目的

土木工程检测的任务是通过检测或观测仪器及设备，依据有关的检测技术规程和标准，有计划地采用相应的手段，对工程结构或构件在某种荷载（如重力、机械挠力、地震力、风力等）或其他因素（如温度、变形沉降、火灾等）作用下的工作性能进行观测和测量，得出有关参数（如变形、挠度、位移、转角、应变、振幅、频率等），并对其进行处理和分析。

土木工程检测的目的就是依据实测结果和相关鉴定标准，对工程结构或构件的承载力、安全储备以及刚度、抗裂性能等做出正确的估计及评价；或者为检验一些工程结构的新材料、新体系、新工艺的各项性能及技术指标是否符合相关标准提供可靠的、科学的评定依据。

3.3.2 土木工程检测与结构理论及数值模拟的关系

理论的分析方法只能对于一些有限的，简单的问题做出精确解。而对于大量几何形状、边界条件、承载形式复杂的工程结构，仅靠理论解析方法求解是十分困难的。

随着计算机技术的飞速发展，数值计算（如有限元法）的广泛应用，已能对几乎所有工程结构在不同荷载挠力作用下的应力分析做出精确解。但其必须是建立在精确的数学或力学模型基础上的。

显然，检测结果是最直接和最接近于工程结构实际工作状况的，也是最为有效的方法，它克服了理论计算和数值模拟的不足。可以说，结构计算理论通过土木工程检测技术得以发展，而数值模拟同时也为土木工程检测提供了检测与检测数据处理的无限空间。

3.3.3 土木工程检测的分类

土木工程检测可按受荷类别和检测目的分为两大类。

（1）按受荷类别分类，有静载检测和动载检测。

1）静载检测：通过检测工程结构在静力荷载作用下的各种变形（如挠度、转角、应变、位移、局部破坏现象及特征等），判断工程结构的工作状态及性能。

2）动载检测：通过动荷载特性、工程结构自振特性、工程结构动力反应等项目的检测，了解工程结构的动态特性。

（2）按检测目的分类，有鉴定性检测和科研性检测。

1）鉴定性检测：是以生产为主要目的，以实际工程结构为主要对象的检测。如鉴定构件产品质量、现场施工质量、处理工程事故以及判断旧有工程结构的潜在能力等，为加固、扩建、改造工程等提供依据。

2）科研性检测：是以研究为主要目的，依据有关技术规范和标准，评定一些工程结构的新材料、新体系、新工艺的各项性能和技术指标是否符合相关标准，或评定旧材料、旧体系、旧工艺在各项性能指标上的改善程度等。

3.3.4 土木工程检测的现状

新中国成立之前，我国的土木工程检测几乎是一片空白。从20世纪50年代末到 60 年代中期开始起步, 20 世纪 70 年代末到 80 年代初开始活跃。到 20 世纪 80 年代, 我国大型结构试验机、模拟地震振动台、大型起振机、伪静力试验装置、高精度传感器、电液伺服控制加载系统、瞬态波形存储器、动态分析仪、信号数字采集仪与计算机联机以及大型试验台座、风洞实验室的相继建立和投入使用, 标志着我国在试验装备上提高到了一个新的水平。

试验装备的提升无疑也带动了检测装备的更新换代。尤其是近十几年来, 随着计算机技术的日新月异的发展, 使得检测仪器装备发生了质的飞跃。数字化控制加载, 数字化采集信号, 采用专业的计算机数字信号处理软件等已经开始普及, 三个小型化、自动化、计算机化、高精度的现代化检测装备已初步展现在人们面前。

然而, 目前我国土木工程检测与发达国家相比还存在一些差距。除在装备上的差距外, 土木工程检测技术和理论还需要进一步深化和提升, 一支具有一定数量且高素质的检测队伍有待培养和形成。随着我国科学技术的不断进步, 国家综合实力的不断增强, 以及人们在观念上的改变, 一支具有掌握较高检测技术, 拥有现代化装备的土木工程检测队伍必将不断壮大, 在促进工程结构向前发展的同时, 也必将进一步推动我国土木工程检测技术的不断发展和完善。

3.3.5 土木工程检测的一般过程

土木工程检测是一项需要十分认真、十分仔细、十分严谨的工作, 整个过程都必须考虑周详, 它不是单纯的经验操作, 而是需要有条理、有步骤、有依据地进行。

(1) 实地现场考察。首先应对检测对象做实地考察, 了解检测对象所处的地理环境、工作环境及检测对象的自身现状, 做到眼见为实。对检测中可能出现的问题要做到心中有数, 为确保检测顺利进行做好必要的准备。

(2) 制定检测方案。检测方案是进行检测的纲领性文件, 是检测顺利进行的基本保证。

在制定检测方案之前要熟悉有关的背景材料, 如被测工程结构的相关材料和有关检测的技术规程等。对于鉴定性的检测需要了解检测对象的基本现状及检测的原因和目的, 检测的主要内容, 检测的项目及参数; 对于科研性的检测应该了解该项目的科技状态、必要性及应用意义, 检测的有关参数, 检测要达到的目的, 必要时附上理论计算。除此之外, 检测方案还应包括: 现场的测点布置、加载装置、加载程序、仪器设备、安全措施、检测方法以及进度计划等。

(3) 检测准备阶段。检测准备工作需要的时间通常比检测过程需要的时间还要长。个体构件的检测要将其安装就位, 已有结构的检测要对其进行脚手架的搭建。随后对其测点进行处理、布置, 同时进行仪器的调试、设备的加载和设施的安装等。

（4）加载及观测阶段。对检测对象施加外荷载及观测是开展检测工作的中心环节，整个检测过程应严格按规程、按计划进行，不得因怕麻烦或时间所限等客观原因随意修改、取消某一检测过程。检测人员进入工作岗位后，应各尽其责，要随时注意跟踪关键测点的变化，发现异常要及时报告、及时查明原因、及时处理，其间应停止加载。检测过程中除做好记录外，要仔细观察被测对象的变形、开裂、破坏特征等重要指标，并随时记录。检测完毕后应对检测对象的破坏特征进行描述和拍照，作为资料保存好。

（5）检测数据处理、评定阶段。对检测数据进行数据处理时，一定要以科学的态度对待原始数据。对于由于某种干扰出现的不合理数据，必须在查明原因后才能予以剔除，不可随意修改实测数据，并按规程要求得出有关参数，对照有关技术标准做出评定[2]。

思 考 题

3-1 为什么要划分工程勘察阶段，可分哪几个阶段？

3-2 工程勘察的基本方法有哪些？

3-3 工程勘察手段使用的先后次序是什么？

3-4 土木工程监测包括的内容有哪些？

3-5 建筑物变形监测的项目有哪些？

3-6 结构试验手段比过去更广泛、更普遍地应用于土木工程结构各个环节和领域，其主要原因是什么？

3-7 土木工程检测的一般过程包括哪几个方面？

参 考 文 献

[1] 夏才初. 土木工程监测技术 [M]. 北京：中国建筑工业出版社，2001.

[2] 周祥. 工程结构检测 [M]. 北京：北京大学出版社，2007.

4 岩土工程勘察

4.1 岩土工程勘察概述

4.1.1 岩土工程勘察的目的和任务

岩土工程勘察是指运用工程地质理论和各种勘察、测试技术手段和方法，为解决工程建设中的地质问题而进行的调查研究工作，其成果资料是工程规划、设计、施工的重要依据。岩土工程勘察的目的和任务就是根据工程的规划、设计、施工和运营管理的技术要求，查明、分析、评价场地的岩土性质和工程地质条件，提供场地与周围相关地区内的（岩土工程）工程地质资料和设计参数，预测或查明有关的（岩土工程）工程地质问题，以便使工程建设与工程地质环境相互适应。这样既保证建设工程的安全稳定、经济合理、运行正常，又尽可能地避免因兴建工程而恶化工程地质环境、引起地质灾害，达到合理利用和保护工程地质环境的目的。

岩土工程勘察的任务可归纳为如下几个方面：

（1）研究建设场地与相关地区的工程地质条件，指出有利因素和不利因素，阐明工程地质条件特征及其变化规律。

（2）分析存在的（岩土工程）工程地质问题，做出定性分析，并在此基础上进行定量分析，为建筑物的设计和施工提供可靠的依据。

（3）正确选定建设地点，是工程规划设计中的一项战略性的工作，也是一项最根本的工作。地点选择合适可以取得最大的效益，如能做到一项工程包括的各项建筑物配置得当、场地适宜、不需要复杂的地基处理即能保证安全使用，就是勘察工作追求的目标，因此岩土工程勘察的重要性在场地选择方面表现得最为明显。

（4）对选定的场地进一步勘察后，根据上述分析研究，做出建设场地的工程地质评价。按照场地条件和建筑适宜性对场地进行分区，提出各区段适合的建筑物类型、结构、规模及施工方法的合理建议，以及保证建筑物安全和正常使用应注意的技术要求，以供设计、施工和管理人员使用。

（5）预测工程兴建后对工程地质环境造成的影响，可能引起的地质灾害的类型和严重性，许多行业勘察规范已列入研究论证环境工程地质问题的内容和要求。

（6）改善工程地质条件，进行工程治理。针对不良条件的性质、（岩土工程）工程地质问题的严重程度以及环境工程地质问题的特征等，采取措施，加以防治。这是工程地质由岩土工程勘察向岩土工程治理、勘察以及设计、监测的延伸，也是工程地质学科领域的扩展，并由此演化出土木工程学科一个新的分支——岩土工程。

以上六项任务是相辅相成、互相联系，密不可分的。其中，（岩土工程）工程地质条件的调查研究是最基本的工作，明确工程地质条件能否满足建筑物的需要、存在哪些欠缺、预测对工程地质环境的相互作用与影响、可能引起的环境工程地质问题等。

4.1.2 岩土工程勘察的阶段划分

人类认识自然是一个逐步发展、不断深化的过程。岩土工程勘察既是认识自然，又是利用自然和改造自然的过程，因而对上述任务的完成需要经过多次的反复。一项工程的建设也不是一次就能完成的，需要反复研究，多次考虑，才能由概略到具体，逐步完成规划、设计和施工的全过程。为此，设计工作与勘察工作必须紧密配合，互相协作，主客观一致地解决建筑物的地点、结构形式和规模大小，以及施工方法等问题，从而达到保证工程安全可靠、经济合理的目的。这就是说设计和勘察要分阶段地进行，有一定的程序要求。勘察阶段应与设计阶段相一致，以适应相应设计阶段的深度要求。各设计阶段的任务不同，要求岩土工程勘察提供的地质资料和回答的问题在深度和广度上是不一样的。因此，为不同设计阶段所进行的岩土工程勘察涉及的地区范围、使用的勘察手段和工作量的多少，以及所取得资料的详细程度和准确程度自然有所不同。

国家标准《岩土工程勘察规范》（GB 50021—2001）对工业与民用建筑和构筑物的勘察阶段分为可行性研究勘察、初步勘察和详细勘察。所以，在进行一项岩土工程勘察之前，首先应了解工程的属性和相应的设计阶段，对照不同的规范要求，进行勘察和（岩土工程）工程地质评价。虽然各种规范对勘察阶段的划分不完全一致，但勘察的任务、内容、方法和要求是相近的，现对此做简要概述。

（1）规划勘察。勘察的任务主要是了解区域工程地质条件，对区域稳定性问题进行论证，对控制性工程地段和可能的建筑区做出定性的工程地质评价，可以提出几个比较方案。主要勘察方法就是广泛搜集已有的地质资料和其他有关资料，进行分析整理，对全区工程地质条件有一概略了解。往往还需要进行路线踏勘和中、小比例尺工程地质测绘，对区域稳定性进行初步论证，对主要建筑区的工程地质问题做出概括性分析。实际的勘探工作量不大，一般只在控制性工程地段和有可能作为第一期开发地区布置少量简单的勘探工程，取得有代表性的勘探剖面。物探常用来指导和配合测绘及勘探工程。试验工作主要是结合勘探取少量有代表性的试样，在室内作基本物理力学性质试验。

（2）可行性研究勘察。可行性研究阶段的勘察任务就是为满足选定建筑场地的位置、拟定建筑群的布置方式及单个建筑物的形式、规模等要求而进行的。在选址中应对几个比较方案作程度相近的了解，比较详尽地调查各方案的工程地质条件，对主要工程地质问题做出正确的定性分析和适当的定量分析，以说明各方案的优劣，从中选出最优方案，并为初拟建筑类型和规模提供资料。主要勘察方法为大、中比例尺工程地质测绘和工程地质勘探。室内试验工作量较大，并根据情况适当进行现场试验。物探工作仍起很大作用，重要的长期观测工作应开始布置，以取得较长时间序列的资料。

（3）初步设计勘察。初步设计勘察工作要确定主要建筑物的具体位置、结构形式和具体规模，以及它与各相关建筑物的布置方式等。勘察工作必须为此提供（岩土工程）工程地质资料，所以各种勘察手段都要使用。由于前两个阶段已将场址选定，勘察工作的范围就大大缩小了，一般仅限于工程所辖地段，因而勘察工作比较集中，以便全面详尽地了解场地（岩土工程）工程地质条件，深入地分析各种（岩土工程）工程地质问题。勘察方法以勘探和试验为主，测绘工作只在地质较复杂、工程较重要的地段进行，比例尺较大，精度要求较高。勘探工作量是主要的，能供直接观察的勘探工程可为主要手段之一，以便取得详尽的岩土资料。岩土力学及水文地质试验工作量也较大，常进行原位试验及大型现场试验，以取得较为准确可靠的计算参数。物探工作常用于测井和获得岩土物理力学参数，探测地层结构、地下溶洞等，随着新技术新方法的涌现，物探工作使用范围越来越广泛。天然建筑材料在可行性研究勘察就已进行普查，本阶段则应进行详查，对其质量和数量做出详细评价，同时还应开展地下水动态观测和岩土体位移监测。

（4）施工设计勘察（详细勘察）。勘察任务主要是对某些专门性（岩土工程）工程地质问题进行补充性的分析，提出治理意见，进行施工地质工作，布置工程监测工作等。勘察内容视需要而定，进行补充性的工作，以勘探和试验为主。结合地基处理可进行各种成桩试验、灌浆试验，结合基坑排水进行水文地质试验等。

施工地质工作主要是解决施工过程中新揭露的（岩土工程）工程地质问题，观察开挖过程中的地质现象和问题，检验前期勘察资料的准确性，总结经验。现场开挖面展示了清楚的地质现象，应及时进行观察、编录、照相，根据地质现象的变化提出施工地质预报，进行地基开挖工程的验收工作等。

勘察阶段的划分使勘察工作井然有序，经济有效，步步深入。研究的场地范围由大到小，认识的程度由粗略到精细，由地表渐及地下，由定性评价渐至定量评价。大范围的概略了解有利于选择较好的建筑地段，认识建筑场地的地质背景。场地选定后，勘察范围大大缩小，便于集中投入适量的勘探试验工作，深入地了解工程地质条件，取得详细的（岩土工程）工程地质资料和可靠的计算参数。这一勘察程序，符合认识规律，有助于提高勘察质量，应当遵循。当然工程较小、区域已有资料很多、对场地相关地区的（岩土工程）工程地质情况较熟悉时，勘察阶段可以简化[1]。

4.2　工程地质测绘与调查

工程地质测绘是岩土工程勘察的基础工作，一般在勘察的初期阶段进行。这一方法的本质是运用地质、工程地质理论，对地面的地质现象进行观察和描述，分析其性质和规律，并藉以推断地下地质情况，为勘探、测试工作等其他勘察方法提供依据。在地形地貌和地质条件较复杂的场地，必须进行工程地质测绘；但对地形平坦、地质条件简单且较狭小的场地，则可采用调查代替工程地质测绘。工程地质测绘是认识场地工程地质条件最经济、最有效的方法，高质量的测绘工作能相当准确地推断地下地质情况，起到有效地指导其他勘察方法的作用。

工程地质测绘和调查一般在岩土工程勘察的早期阶段（可行性研究或初步勘察阶段）进行，也可用于详细勘察阶段对某些专门地质问题进行补充调查。工程地质测绘和调查能在较短时间内查明较大范围内的主要工程地质条件，不需要复杂设备和大量资金、材料，而且效果显著。在测绘和调查工作对地面地质情况了解的基础上，常常可以对地质情况做出迅速准确的分析和判断，为进一步勘探及试验工作奠定良好的基础，另外，工程地质测绘和调查也可以大大减少勘探和试验的工作量，从而为合理布置整个勘察工作，节约勘察费用提供有利条件，尤其是在山区和河谷等地层出露条件较好的地区，工程地质测绘和调查往往成为最主要的岩土工程勘察方法。

工程地质测绘和调查的主要任务是在地形地质图上填绘出测区的工程地质条件，其内容应包括测区的所有工程地质要素，即查明拟建场地的地层岩性、地质构造、地形地貌、水文地质条件、工程动力地质现象、已有建筑物的变形和破坏情况及以往建筑经验、可利用的天然建筑材料的质量及其分布等多方面，因此它属于多项内容的地表地质测绘和调查工作。如果测区已经进行过地质、地貌、水文地质等方面的测绘调查，则工程地质测绘和调查可在此基础上进行工程地质条件的综合，如发现尚缺少某些内容，则需进行针对性的补充测绘和调查。

4.2.1 工程地质测绘技术要求

4.2.1.1 比例尺选定的要求

比例尺的选定遵循以下四点要求：

(1) 应和使用部门的要求提供图件的比例尺一致或相当；

(2) 与勘测设计阶段有关；

(3) 在同一设计阶段内，取决于工程地质条件的复杂程度、建筑物类型、规模及重要性；

(4) 在满足工程建设要求的前提下，尽量节省测绘工作量。

工程地质测绘的比例尺一般分为以下三种：

(1) 小比例尺 1：50000～1：5000，一般用于可行性研究勘察阶段，目的是了解区域性的工程地质条件和为更详细的工程地质勘测工作制定工作方向；

(2) 中比例尺 1：10000～1：2000，一般用于初步勘察阶段，主要用于新兴城市的总体规划、大型工矿企业的布置、水工建筑物选址、铁路及公路工程的选线阶段；

(3) 大比例尺 1：2000～1：500，一般用于详细勘察阶段，目的在于为最后确定建筑物结构或基础的形式以及选择合理的施工方式服务。

需要说明的是，上述比例尺的规定不是一成不变的，在具体确定测绘比例尺时，一般应综合考虑三个方面的因素：工程地质勘察的阶段、建筑物的地模及类型、工程地质条件的复杂程度和区域研究程度。对勘察阶段高、建筑规模大、工程地质条件复杂的地区或测区内存在对拟建工程有重要影响的地质单元（如滑坡、断层、软弱夹层、洞穴等）时，应适当加大测绘比例尺；反之则可以适当减小测绘比例。为了达到精度要求，实际操作中通常要求在测绘填图时采用比提交成图比例尺大一级的地形图作为填图的底图。如进行 1：10000 比例尺测绘时，常采用 1：5000 的地形图作为野外作业填图的底图，在野外作业填图完成后再缩小成 1：10000 比例尺的成图。

4.2.1.2 测绘精度的要求

A 精度

(1) 对野外各种地质现象观察描述的详细程度；

(2) 各种地质现象在工程地质图上表示的详细程度和准确程度。

为了确保工程地质测绘的质量，这个精度要求必须与测绘比例尺相适应。野外地质现象能够在图上表示出来的详细程度和准确度。

B 详细程度

地质现象反映的详细程度，比例尺越大，反映的地质现象尺寸界限越小。一般规定，按同比例尺原则，图上投影宽度大于等于 2 mm 的地层或地质单元体，均应按比例尺反映出来；投影宽度小于 2 mm 的重要地质单元，应使用超比例符号表示，如软弱层、标志层、断层、泉等。观测点的要求，与测绘比例尺相同的地形底图上每 1 cm² 方格内，平均有一个观测点；复杂地段多布置，简单地段少布置；计算总点数 1 km²。

例如，测绘比例尺 1:10000，地形图 1:10000，1 cm 相当于 100m，1 cm² 相当于 10000 m²，控制标准为 100 点/km²。

C 准确度

准确度是指图上各种界限的准确程度，即与实际位置的允许误差，界限误差小于等于 0.5 mm。表 4-1 为允许误差。

表 4-1 允许误差表

比 例 尺	1:100000	1:50000	1:10000	1:1000
误差/m	50	25	5	0.5

一般对地质界限要求严格，大比例尺测绘采用仪器定点。对工程有重要影响的地质单元体，如滑坡、软弱夹层、溶洞、泉、井等，必要时在图上可采用扩大比例尺表示。

4.2.2 工程地质测绘范围

关于测绘范围的大小目前还没有统一的规定，一般要求工程地质测绘和调查的范围应以能解决工程实际问题为前提，一般应包括场地及附近地段。对于大、中比例尺的工程地质测绘，多以建筑物为中心，其区域往往为方形或矩形。如果是线形建筑（如公路、铁路路基和坝基等），则其范围应为带状，其宽度应包含建筑物的所有影响范围。对于确定测绘范围来说，最为重要的还要看划定的测区范围是否能够满足查清测区内对工程可能产生重要影响的地质结构条件的要求。如某一工程正处于山区山洪泥石流的堆积区，此时如仅以建筑物为核心划定测绘调查范围则很有可能搞不清山洪泥石流的发育规律。因此，在这种条件下，即使补充区再远也要将其纳入测绘范围。此外，为了弄清测区的地质构造条件，在布置测区的测绘范围时，必须充分考虑测区主要构造线的影响，如对于隧道工程，其测绘和调查范围应当随地质构造线（如断层、破碎带、软弱岩层界面等）的不同而采取不同的布置，在包括隧道建筑区的前提下，测区应保证沿构造线有一定范围的延伸，如果不这样做，就可能对测区内许多重要地质问题了解不清，从而给工程安全带来隐患。

区域测绘按图幅范围进行，一般要求如下：

（1）专门工程地质测绘按有关工程地质问题的研究需要圈定，测绘范围应包括场地及其邻近的地段。

（2）确定的原则与拟建建筑物的类型、规模、设计阶段，以及区域地质条件的复杂程度和研究程度相关。

（3）建筑物的类型、规模不同，与自然地质环境相互作用的广度和强度也就不同。

例如，大型水利枢纽工程的兴建，由于水文和水文地质条件急剧改变，往往引起大范围自然地理和地质条件的变化，这一变化甚至会导致生态环境的破坏和影响水利工程本身的效益及稳定性。此类建筑物的测绘范围必然很大，应包括水库上、下游的一定范围，甚至上游的分水岭地段和下游的河口地段都需要进行调查。

房屋建筑和构筑物一般仅在小范围内与自然地质环境发生作用，通常不需要进行大面积工程地质测绘。

当初期设计阶段时，为了选择建筑场地一般都有若干个比较方案，它们相互之间有一定的距离；为了进行技术经济论证和方案比较，应把这些方案场地包括在同一测绘范围内，测绘范围显然是比较大的。

建筑场地选定之后，尤其是在设计的后期阶段，各建筑物的具体位置和尺寸均已确定，就只需在建筑地段的较小范围内进行大比例尺的工程地质测绘，工程地质测绘范围是随着建筑物设计阶段（即岩土工程勘察阶段）的提高而缩小的。

工程地质条件越复杂，研究程度越差，测绘范围就越大。工程地质条件复杂程度包含两种情况：

（1）场地内工程地质条件非常复杂。例如，构造变动强烈，有活动断裂分布；不良地质现象强烈发育；地质环境遭到严重破坏；地形地貌条件十分复杂。

（2）场地内工程地质条件比较简单，但场地附近有危及建筑物安全的不良地质现象存在。例如，山区的城镇和厂矿企业往往兴建于地形比较平坦开阔的洪积扇上，对场地本身来说工程地质条件并不复杂，但一旦泥石流暴发则有可能摧毁建筑物，此时测绘范围应将泥石流形成区包括在内；又如位于河流、湖泊，水库岸边的房屋建筑，场地附近若有大型滑坡存在，当其突然失稳滑落所激起的涌浪可能会导致灭顶之灾。

4.2.3 工程地质测绘观测点布置

地质观测点布置是否合理，是否具有代表性，对于成图的质量及岩土工程评价具有至关重要的影响。因此，地质观测点布置必须满足下列要求：

（1）在地质构造线、地层接触线、岩性分界线、标准层位和每个地质单元体均应有地质观测点；

（2）地质观测点的密度应根据场地的地貌、地质条件、成图比例尺及工程特点确定，并应具有代表性；

（3）地质观测点应充分利用天然或人工露头，当露头少时，应根据具体情况布置一定数量的勘探工作；

（4）地质观测点的定位应根据精度要求和地质条件的复杂程度选用目测法、半仪器法和仪器法，地质构造线、地层接触线、岩性分界线、软弱夹层、地下水露头、有重要影响的不良地质现象等特殊的地质观测点宜用仪器法定位。

上述规定强调了观测点要具有代表性并能反映测区内所有地质单元的情况，就是要使得根据观测点的观测结果，能全面反映测区的工程地质情况。此外，充分利用天然露头（各种地层、地质单元在地表的天然出露）和人工露头（如采石场、路堑、水井等）不仅可以更加准确了解测区的地质情况，而且可以降低勘察工作的成本。

此外，地质观测点的定位采用的标测方法，对成图的质量影响重大，所以应当根据不同比例尺的精度要求和地质条件的复杂程度而采用不同的方法。一般情况下，目测法适合于小比例尺的工程地质测绘，通常在可行性研究勘察阶段采用，该法系根据地形、地物以目估或步测距离标测；半仪器法适合于中等比例尺的工程地质测绘，因此多在初步勘察阶段采用，它是借助于罗盘仪、气压计等简单的仪器测定方位和高度，使用徒步或测绳量测距离；仪器法则适合于大比例尺的工程地质测绘，常用于详细勘察阶段，它是借助于经纬仪、水准仪等较精密的仪器测定地质观测点的位置和高程。另外，对于有特殊意义的地质观测点，如地质构造线、软弱夹层、地下水露头以及对工程有重要影响的不良地质现象或为了解决某一特殊的岩土工程问题时，也宜采用仪器法测定其位置和高程。

在山区或丘陵地区进行大、中比例尺测绘时，其重要内容是对岩性和地质构造方面进行研究。岩石的分层可以按地质年代划分为标准，但由于测区面积常常较小，在测区范围内往往只出露一个"统"或一个"组"的地层，单纯按地质年代来分层就可能满足不了工程勘察的要求，这时就需要按岩性及工程地质岩组来划分。测绘时应重点对岩体不同结构面及其组合关系进行研究，特别要注意连续性强、延伸范围较大、力学性质软弱的结构面，因为这是评价基岩岩体稳定的关键。不同岩类分布区应有其重点研究的问题：

（1）侵入岩及深变质岩分布区。这类地区岩石以花岗岩、闪长岩、片麻岩、石英岩为代表，在这些区域应着重研究的内容有：1）侵入岩的形态、产状及其与围岩的接触关系，特别应注意接触带的情况，因为接触带常常是软弱的结构面；2）侵入岩体的流线、捕房体、原生节理面等原生构造情况；3）岩体的各向异性特征；4）岩脉与构造断裂及层面的交切关系；5）古风化壳及现代风化壳的厚度、成分及分布规律。

（2）喷出岩分布区。这类地区岩石以玄武岩、安山岩、流纹岩、凝灰岩为主，在这些区域应着重研究的内容有：1）喷出时代、喷出旋回、喷出间隙的风化情况和沉积物性质，特别应注意易胀缩的岩石（如凝灰岩等）的分布；2）岩石的孔隙性、洞穴和气孔的分布情况，气孔充填物的性质及其化学稳定性；3）原生节理的方向、密度及延伸情况；4）喷出岩与上下围岩的接触关系和接触带情况；5）构造破裂性状。

（3）沉积岩及浅变质岩分布区。这类地区岩石以砾岩、砂岩、泥岩、页岩、板岩、千枚岩为主，在这些区域应着重研究的内容有：1）岩性及岩石的各向异性特征、颗粒组成、胶结物的成分和性质，特别应注意软弱夹层、泥化夹层和可溶盐（盐岩、石膏、大理岩）的分布情况；2）岩层厚度、产状、层位关系、构造变动和层间错动情况以及层理层面裂隙发育情况；3）泥质、石膏或钙质胶结的半坚硬岩石的强度及风化、溶蚀程度；4）含水层的划分及顶、底板的强度和透水性能。

（4）岩溶发育地区。这类地区岩石以石灰岩为主，在这些区域除应研究上述沉积岩所需要研究的各项内容外，还应着重研究：1）岩石成分和化学性质，可溶成分的溶解速度，相对隔水层的可靠性；2）岩溶发育程度及分布特征、溶洞充填物的性质，特别要注意地下暗河的发育情况；3）岩溶发育与地貌、地质构造的关系。

（5）在平原地区、山前地带以及有松散沉积物覆盖的丘陵地区进行工程地质测绘和调查时，其重点应放在以下四个方面：

1）阶地地貌及微地貌研究，这是工程地质调查的一项重要内容。

2）第四纪沉积物的成因类型及可能的年代。根据现代工程地质学的基本观点，松软沉积物的成因类型是影响其工程地质性质的主要决定因素之一。沉积物的形成时代及历史反映了它的固结作用和成岩作用的发育程度，这将在很大程度上影响松散沉积物（土）的强度。因此，在测绘、调查过程中，必须充分运用地貌学、第四纪地质学的基本理论，研究确定测区内第四纪沉积物的成因和年代。在进行大比例尺的测绘时，除应确定松散沉积物的成因外，还要注意土质和沉积相的影响。例如，对冲积成因的土，还必须划分出河床相、河漫滩相及牛轭湖相等，因为同是冲积成因的土，不同的沉积相，其工程地质性质可能有很大的差异。

3）应对具有特殊成分、特殊状态和特殊性质的松散沉积物进行重点测绘和调查。例如，对软土（淤泥及淤泥质土）、湿陷性黄土、膨胀土、红土、人工填土等具有与一般土类不同的工程特点，不了解它们的特点，就容易忽视其对工程的不利影响。

4）注意强烈透水层、隔水层和承压水层的分布和性质。对于需要进行基坑开挖的工程应当特别加以注意，因为地下水常常成为影响基坑工程安全的决定性因素。

此外，构造条件是重要工程地质条件之一，也是各类工程建筑选址的重要依据之一。因此在进行工程地质测绘和调查时，必须重点查清测区内的地质构造条件。研究区域构造条件的目的是判明测绘区的构造体系、构造的发育历史及测区所处的构造部位，从而对区域稳定性和地基的稳定性做出初步评价，对施工或将来工程运行中可能出现的问题进行预测。

小比例尺的工程地质测绘多用于解决大范围的构造条件，此时应注意查明测区内主要构造线的分布、延伸情况，构造发育史和构造应力场的活动情况，构造的继承关系等。调查的方法主要是根据收集的地质资料，充分利用构造地质学、地质力学、地层学等原理，分析编制区域地质图，在此基础上，再辅以必要的野外现场工作，最后弄清区域地质的全貌。

大比例尺的工程地质测绘，主要是在了解区域构造特征的基础上，分析研究工作区的地质构造条件，如褶皱变形、断裂变位和节理裂隙等对工程建筑的影响。这种小构造的具体分析，对工程具有重要的意义，因为它是决定岩体完整程度、强度、透水性的主要因素。例如，当构造软弱面或破碎带的强度较低时，有可能出现滑坡、崩塌及其他地基失稳的现象，从而影响到建筑物的稳定性。构造破碎带还可能成为地下水的良好通道，从而引起渗漏、潜蚀、管涌等不利于工程稳定的现象发生。下面将主要构造对工程建筑的不利影响概括为：

（1）褶皱，包括：1）倒转褶皱常常对抗滑稳定不利；2）背斜轴部岩层破碎、风化剧烈、强度较低，对地基强度不利；3）褶皱构造中如有软弱层，则容易产生层间错动和顺层断层，形成不利于抗滑稳定的主要软弱面；4）褶皱构造中存在刚性与塑性岩层互层时，刚性岩层往往裂隙比较发育而成为较好的裂隙承压含水层，而上、下顶板的塑性岩层会产生泥化现象，使岩体的整体稳定性下降；5）较薄的塑性隔水层在倒转褶皱区易形成不连续的扁豆体，从而破坏了原隔水层的连续性，并使其力学强度不均一。

由此可见，褶皱单元的空间分布对建筑物和其他工程选址会有很大的影响。这一问题在水工建筑物和隧道建筑中最为明显，如选择褶皱轴部为隧道施工位置，则轴部破碎的岩层将对施工过程以及日后隧道运行的安全带来很大影响。同样破碎的岩层将会成为良好的渗漏通道，对于蓄水建筑（如水库）的建设也会带来不小的麻烦。

（2）断层，包括：1）逆掩断层倾角平缓，上盘尤为破碎，其工程地质条件较差；2）断层通过软弱岩层处，特别是多条断层接近或交接处，破碎带的宽度往往很大，岩层破碎程度加剧、风化程度较高，对岩基稳定性不利；3）同一区域多条断层在其倾向相反或倾角不一致的情况下，特别是当倾角较缓时，往往会形成弧形软弱面或楔形体而影响岩体稳定，例如，水库大坝下游有倾向上游的缓倾角断层，而坝基又存在倾向下游的缓倾角断层时，此时就可能引起坝基的整体滑动；4）断层带与相对完整的围岩之间弹性模量差别较大，可能导致不均匀沉降；5）断层破碎带中的糜棱岩和断层泥的透水性一般较小，但断层带往往会成为集中渗漏带或岩溶发育带，在强弱透水带的交界处往往会出现管涌或潜蚀现象，而对工程产生不利影响；6）断层带易形成河谷深槽，其两侧往往会成为地下水的排泄区，其岩层的风化程度也常常较高，应注意其对工程建筑的不利影响。

由此可见，断层单元的空间分布对建筑物和其他工程也会有很大的影响。测绘中应着重研究断层的新老关系、断裂带的性质（尤其是未胶结的破碎带），要精确测量断层带的产状，调查其延伸情况，分析断层性质、构造岩性、充填物性质、胶结物性质，并对断裂的新老关系和其再活动性做出评价。

（3）裂隙，包括：1）裂隙破坏了岩体的完整性，对岩体的整体稳定不利；2）裂隙加剧了岩石风化的速度，使其强度降低；3）连通的裂隙是地下水的良好通道，对于水工建筑物和其他需要防水的建筑物会产生不利影响；4）层面裂隙，特别是岩层倾角较缓时，易于形成浅层滑动面。

工程地质测绘和调查时，应注意研究：1）裂隙的产状、宽度、填充物性质和胶结程度，裂隙的规模以及与某些动力地质作用的关系；2）裂隙的数量统计；3）裂隙成因分析。

4.2.4 工程地质测绘准备工作

在正式开始工程地质测绘之前，还应当做好收集资料、踏勘和编制测绘纲要等准备工作，以保证测绘工作的正常有序进行。

4.2.4.1 资料收集和研究

应收集的资料包括如下几个方面。

（1）区域地质资料：如区域地质图、地貌图、地质构造图、地质剖面图；

（2）遥感资料：地面摄影和航空（卫星）摄影相片；

（3）气象资料：区域内各主要气象要素，如年平均气温、降水量、蒸发量，对冻土分布地区，还要了解冻结深度；

（4）水文资料：测区内水系分布图、水位、流量等资料；

（5）地震资料：测区及附近地区地震发生的次数、时间、震级和造成破坏的情况；

（6）水文及工程地质资料：地下水的主要类型、赋存条件和补给条件、地下水位及变化情况、岩土透水性及水质分析资料、岩土的工程性质和特征等；

（7）建筑经验：已有建筑物的结构、基础类型及埋深、采用的地基承载力，建筑物的变形及沉降观测资料。

4.2.4.2 踏勘

现场踏勘是在收集研究资料的基础上进行的，目的在于了解测区的地形地貌及其他地质情况和问题，以便于合理布置观测点和观测路线，正确选择实测地质剖面位置，拟订野外工作方法。

踏勘的内容和要求如下：

（1）根据地形图，在测区范围内按固定路线进行踏勘，一般采用"之"字形、曲折迂回而不重复的路线，穿越地形、地貌、地层、构造、不良地质作用有代表性的地段；

（2）踏勘时，应选择露头良好、岩层完整有代表性的地段做出野外地质剖面，以便熟悉和掌握测区岩层的分布特征；

（3）寻找地形控制点的位置，并抄录坐标、标高等资料；

（4）访问和收集洪水及其淹没范围等情况；

（5）了解测区的供应、经济、气候、住宿、交通运输等条件。

4.2.4.3 编制测绘纲要

测绘纲要是进行测绘的依据，其内容应尽量符合实际情况。测绘纲要一般包含在勘察纲要内，在特殊情况下可单独编制。测绘纲要应包括：

（1）工作任务情况，包括目的、要求、测绘面积、比例尺等；

（2）测区自然地理条件，包括位置、交通、水文、气象、地形地貌特征等；

（3）测区地质概况，包括地层、岩性、地下水、不良地质现象；

（4）工作量、工作方法及精度要求，其中工作量包括观测点、勘探点的布置、室内及野外测试工作；

（5）人员组织及经费预算；

（6）材料物资器材及机具的准备和调度计划；

（7）工作计划及工作步骤；

（8）拟提供的各种成果资料、图件。

4.2.5 工程地质测绘常用方法

工程地质测绘方法有两种，一种是相片成图法，另一种是实地测绘法。

相片成图法是利用地面摄影或航空（卫星）摄影相片，在室内根据判读标志，结合掌握的区域地质资料，将判明的地层岩性、地质构造、地貌、水系和不良地质现象，调绘在单张相片上，并在相片上选择若干地点和路线，去实地进行校对和修正，绘成底图，最后再转绘成图。由于航片、卫片能在大范围内反映地形地貌、地层岩性及地质构造等物理地质现象，可以迅速给人对测区的一个较全面整体的认识，因此与实地测绘工作相结合，能起到减少工作量、提高精度和速度的作用。特别是在人烟稀少、交通不便的偏远山区，充分利用航片及卫星照片更具有特殊重要的意义。这一方法在大型工程的初级勘察阶段（选址勘察和初步勘察）效果较为显著，尤其是对铁路、高速公路的选线，大型水利工程的规划选址阶段，其作用更为明显。

实地测绘法是工程地质测绘的野外工作方法，它又细分为如下三种方法：

（1）路线法。沿着一定的路线（应尽量使路线与岩层走向、构造线方向及地貌单元相垂直，并应尽量使路线的起点具有较明显的地形、地物标志；此外，应尽量使路线穿越露头较多、覆盖层较薄的地段），穿越测绘场地，把走过的路线正确地填绘在地形图上，并沿途详细观察和记录各种地质现象和标志，如地层界线、构造线、岩层产状、地下水露头、各种不良地质现象，将它们绘制在地形图上。路线法一般适合于中、小比例尺测绘。

（2）布点法。布点法是工程地质测绘的基本方法，也就是根据不同比例尺预先在地形图上布置一定数量的观测路线和观测点。观测点一般布置在观测路线上，但观测点的布置必须有具体的目的，如为了研究地质构造线、不良地质现象、地下水露头等。观测线的长度必须能满足具体观测目的的需要。布点法适合于大、中比例尺的测绘工作。

（3）追索法。追索法是沿着地层走向、地质构造线的延伸方向或不良地质现象的边界线进行布点追索，其主要目的是查明某一局部的工程地质问题。追索法是在路线法和布点法的基础上进行的，它属于一种辅助测绘方法。

4.3 工程地质勘探与取样

勘探工作包括物探、钻探和坑探等各种方法。它是被用来调查地下地质情况的，并且可利用勘探工程取样进行原位测试和监测，应根据勘察目的及岩土的特性选用上述各种勘探方法。

物探是一种间接的勘探手段，它的优点是较钻探和坑探轻便、经济而迅速，能够及时解决工程地质测绘中难以推断而又急待了解的地下地质情况，所以常常与测绘工作配合使用。它又可作为钻探和坑探的先行或辅助手段。但是，物探成果判断往往具有多解性，方法的使用又受地形条件等的限制，其成果需用勘探工程来验证。

钻探和坑探也称勘探工程，均是直接勘探手段，能可靠地了解地下地质情况，在岩土工程勘察中是必不可少的。其中，钻探工作使用最为广泛，可根据地层类别和勘察要求选用不同的钻探方法。当钻探方法难以查明地下地质情况时，可采用坑探方法。坑探工程的类型较多，应根据勘察要求选用。勘探工程一般都需要动用机械和动力设备，耗费人力、物力较多，有些勘探工程施工周期又较长，而且受到许多条件的限制。因此使用这种方法时应具有经济观点，布置勘探工程需要以工程地质测绘和物探成果为依据，切忌盲目性和随意性。

在初勘阶段，勘探点的位置与数量，应在工程可行性研究阶段的勘探基础上，视地质条件的复杂程度及实际需要而定。在详勘阶段，勘探点的数量，应满足各类工程施工图设计对工程地质资料的需要，具体要求可查阅有关规程、手册等。

工程地质勘探的方法有坑探、钻探、地球物理勘探等，下面介绍几种常用的方法。

4.3.1 勘探的任务

勘探的任务有：

（1）配合工程地质测绘，了解露头不良地段的地质结构及岩土性质。

（2）研究建筑地区地下岩层的种类、厚度及纵横变化规律。

（3）研究地质构造破碎带及裂隙的发育程度及其随深度的变化、软弱夹层的分布。

（4）查明地下水条件，包括地下水位、含水层数目和性质，进行水文地质试验及地下水长期观测；必要时，查明水温的特征和变化规律。

（5）研究某些不良地质现象（如滑坡、岩溶等）的发育规律。

（6）进行岩土力学性质测试及岩土体改良措施的现场实验，如钻孔波速及灌浆试验等。

（7）研究评价天然建筑材料的质量和数量。

（8）采取岩土试样进行室内分析等。

4.3.2 勘探工程布置的一般原则

钻孔、平硐（包括竖井）成本高，勘探费用大，要求每一个钻孔、平硐都能布置在关键地点，勘探工作量的大小，受地形、地质条件复杂程度、工程规模、枢纽布置方案的简繁和工程地质人员的技术水平与经验等因素的影响。勘探工作要着眼于面上的了解与控制，不宜把勘探点过分集中于某一剖面，或没有对面上进行一定的了解就局限地在设计提供的方案上进行布置。由于各个阶段地质工作的重点不同，勘探工作的布置原则也不一样。

勘探工程间距和深度在不同的行业、勘探的不同阶段是不同的，均有相应规范要求。

4.3.3 坑探工程

4.3.3.1 坑探工程的类型及其适用条件

与钻探工程相比，特点是：人员能直接进入其中观察地质结构的细节，可不受限制地从中采取原状结构试样或进行现场试验，较确切地研究软弱夹层和破碎带等复杂地质体的空间展布及其工程性质，以及治理效果检查和某些地质现象的监测等。但是，坑探工程成本高、周期长，所以在勘探中的比重较钻探工程要低得多，尤其是不轻易使用重型坑探工程。勘探中常用的坑探工程有：探槽、探坑、浅井、竖井和平硐，见表4-2。

表 4-2　工程地质勘探中坑探工程的类型

类　型	特　　点	适　用　条　件
探槽	在地表垂直岩层或构造线布置，深度小于3m的长条形槽子	剥除地表覆土，揭露基岩，划分地层岩性；探查残坡积层；研究断层破碎带；了解坝接头处的地质情况
探坑	从地表向下，铅直的、深度小于3m的圆形或方形小坑	局部剥除地表覆土，揭露基岩，确定地层岩性；做载荷试验，渗水试验，取原状土试样
浅井	从地表向下，铅直的、深度5~15m的圆形或方形井	确定覆盖层及风化层的岩性及厚度；做载荷试验；取原状土试样
竖井（斜井）	形状与浅井相同，但深度大于布置15m，有时需支护	在平缓山坡、河漫滩、阶地等岩层较平缓的地方布置，用以了解覆盖层的厚度及性质、风化度及岩性、软弱夹层的分布、断层破碎带及岩溶发育情况、滑坡体结构及滑动面等
平硐	在地面有出口的水平坑道，深度较大	布置在地形较陡的基岩坡，用以调查斜坡地质结构，对查明河谷地段的地层岩性、软弱夹层、破碎带、风化岩层等效果较好，还可取样和进行原位岩体力学试验及地应力量测

表4-2中前三种为轻型坑探工程，后两种为重型坑探工程。轻型坑探工程往往是配合工程地质测绘而布置的，剥除地表覆土以揭露基岩地质结构，也经常用来作载荷试验和采取原状土试样。重型坑探工程在水利水电工程中用得较多，一般都是在可行性研究勘察和初步设计勘察阶段在枢纽地段为某一专门目的而布置的。重型坑探工程中最广泛使用的是平硐。一般规定在坝址高陡岸坡地段，两岸应各布置1~3层勘探平硐，尤其是拱坝坝肩部位，每隔30~50m高程必须有平硐控制，用于勘察对坝址比较和坝基（肩）稳定性分析有重大影响的工程地质问题，还经常利用平硐作原位岩体力学性质试验及地应力量测。当坝基河床内地质条件特别复杂时（例如，顺河向构造破碎带、贯通性泥化夹层），尚应布置河底平硐。

4.3.3.2　坑探工程的编录

为了准确、全面地反映坑探工程的第一手地质资料，每一项坑探工程都要及时做好观测编录工作。坑探工程的编录工作主要是绘制展视图，将沿坑探工程的各壁面和顶、底面所绘制的地质断面图，按一定的制图方法将三维空间的图形展开表示于平面上，其比例尺一般为1:25~1:100。

4.3.4 钻探

在工程勘察中，钻探是被最广泛采用的一种勘探手段。由于它较其他勘探手段有突出的优点，因此不同类型和结构的建筑物，不同的勘察阶段，不同环境和工程地质条件下，凡是布置勘探工作的地段，一般均需采用此种勘察技术。

钻探与一般矿产资源钻探相比，其特点是：（1）钻探工作的布置，不仅要考虑自然地质条件，还需结合工程类型及其结构特点；（2）除了深埋隧道、大型水利工程以及为了解专门工程地质问题而进行的钻探外，孔深一般不大；（3）钻孔多具有综合目的，除了查明地质条件外，还要取试样、试验、做长期观测（监测）以及加固处理等；（4）在钻进方法、钻孔结构、钻进过程中的观测编录等方面，均有特殊的要求，如岩芯采取率要求、分层止水、地下水观测、采取原状土试样和软弱夹层、破碎带样品等。

4.3.4.1 钻孔任务书

钻孔任务书主要包括钻孔目的及钻进中应注意的问题；钻孔类型（直孔、斜孔）及孔深；地质要求，如岩芯采取率、取试样、水文地质试验等；钻孔结束后的处理，如封孔还是长期观测。

钻孔前应根据已有资料作假想钻孔地质剖面，其中对软弱夹层、层间错动带、断层破碎带的位置和厚度的推测应力求准确，以便机组加强这些部位取芯的措施。机组根据地质要求和预测的地层岩性特点编制作业计划，确定钻孔结构、钻进工艺等。编制好钻孔任务书，对保证钻孔质量，满足地质要求起着极其重要的作用。

4.3.4.2 钻孔地质编录

钻探中的编录是勘察工作中的一项极其重要的工作，它包括钻探过程中的记录分析、岩芯编录和试验工作。因此，钻孔编录资料是说明工程地质条件和定量评价工程地质问题的主要依据。

A 岩芯整理与统计

在编录之前，先要根据钻探班报表，对岩芯顺序、深度位置、岩芯长度等进行整理，核对岩芯采取率、计算岩芯获得率。

岩芯采取率是指以本回次所取岩芯总长度和本回次进尺的百分数。取芯总长度包括能够合拢在一起的岩芯长度加上碎块、碎屑一起装入同规格岩芯管里量得的长度。

岩芯获得率是指在本回次取出的岩芯中选取柱状的、能够合成柱状的、圆形片状的三者总长度与本回次进尺的百分数。

B 钻孔编录和描述

钻孔描述主要是通过岩芯柱的观察、判断、描述分析，研究施钻地段纵向地质特征及其变化规律。编录内容主要有以下几个方面。

（1）钻孔施工概况。孔口高程、钻孔方法与深度、孔斜、冲洗液类型、回水颜色、初见和稳定水位，测试下套管情况，单位时间内钻速变化和卡钻、掉钻、塌孔部位等，并附有钻进过程各项参数曲线。

（2）地层岩性与地质构造。对于第四纪松散层，应将分层界线划清，取出代表性试样，岩性鉴定准确，其中砂卵石应保证颗粒级配正确；对土层、砂层最好有标准贯入试验资料；对坚硬岩石，描述其矿物、颗粒成分、结构和构造，进行岩石定名。了解岩性变化特征和地层组合、分层位置、深度，确定层位的层序，这对于钻孔之间及河床地层相互连接、分析及确定河床部位构造是极为重要的。

可（易）溶岩石地区岩芯编录要根据岩层和岩层组合的化学成分、颗粒结构、完整程度和岩溶的位置、高程、规模、形态、充填程度、遇洞率等进行统计分析。

对断层、挤压破碎带、层间错动，描述其位置、规模、产状、构造岩的特征与空间展布。

对于裂隙，应描述其类型、倾角、裂隙面特征（风化、强度）、充填物特性（石英脉、方解石脉、风化夹泥、次生塑性夹泥）、间距等，并进行线裂隙间距的统计。

（3）岩体工程技术性质。根据岩芯特征，结合测试进行风化带、透水带的划分。

（4）岩芯质量评价常用岩芯采取率、岩芯获得率和岩石质量指标（RQD）等指标。岩石质量指标和岩芯获得率有相近之处，只是标准更高了，它的定义是：7.5 mm 金刚石双管钻具钻进取得的岩芯，以回次进尺中长度大于 10 cm 岩芯柱的总长度与回次进尺长度之比的百分数表示。

$$RQD = \frac{l}{L} \times 100\% \tag{4-1}$$

4.3.4.3　钻孔中原状土试样的采取

钻探的主要任务是在岩土层中采取岩芯或原状土试样。在采取试样过程中应该保持试样的天然结构，如果试样的天然结构已受到破坏，则此试样已受到扰动，这种试样称为扰动样。除非有明确说明另有所用，否则此扰动样作废。工程勘察中所取的试样必须是保留天然结构的原状试样。原状试样有岩芯试样和土试样。岩芯试样由于其坚硬性，其天然结构难以破坏，而土试样则不同，它很容易被扰动。因此，采取原状土试样是工程勘察中的一项重要技术。但是在实际钻探过程中，要取得完全不扰动的原状土试样是不可能的。造成土试样扰动的原因有三个：一是外界条件引起土试样的扰动，如钻进工艺、钻具选用、钻压、钻速、取土方法选择等。若选用不合理，就可能造成其土质的天然结构被破坏。二是采样过程造成的土体中应力条件发生了变化，引起土试样内的质点间相对位置的位移和组织结构的变化，甚至出现质点间的原有黏聚力的破坏。三是采取土试样时，需用取土器采取。但不论采用何种取土器，它都有一定的壁厚、长度和面积。当切入土层时，会使土试样产生一定的压缩变形。壁厚越厚所排开的土体越多，其变形量越大，这就造成土试样更大的扰动。从上述可见，所谓的原状土试样实际上都不可避免地遭到了不同程度的扰动。为此，在采取土试样过程中，应力求使试样的被扰动量缩小，要尽力排除各种可能增大扰动量的因素。

按照取试样方法和试验目的，《岩土工程勘察规范》（GB 50021—2001）对土试样的扰动程度分成如下质量等级。

Ⅰ级：不扰动，可进行试验项目有土类定名、含水量、密度、强度参数、变形参数、固结压密参数；

Ⅱ级：轻微扰动，可进行试验项目有土类定名、含水量、密度；

Ⅲ级：显著扰动，可进行试验项目有土类定名、含水量；

Ⅳ级：完全扰动，可进行试验项目有土类定名。

在钻孔取试样时，用薄壁取土器所采得的土试样定为Ⅰ-Ⅱ级；对于采用中厚壁或厚壁取土器所采得的土试样定为Ⅱ-Ⅲ级；对于采用标准贯入器、螺纹钻头或岩芯钻头所采得的黏性土、粉土、砂土和软岩的试样皆定为Ⅲ-Ⅳ级。取出的土试样应及时用蜡密封，并注明上下，贴上标签，做好记录，应防冻、防晒、防振。

4.3.5 地球物理勘探

地球物理勘探简称物探。凡是以各种岩、土物理性质的差别为基础，采用专门的仪器，观测天然或人工的物理场变化，来判断地下地质情况的方法，统称为物探。

物探的优点是效率高、成本低，仪器和工具比较轻便。物探方法是在自然状态下，地层的各种物理力学指标均未受到破坏的情况下进行的一种较好的原位测试方法。但是，由于不同岩、土可能具有某些相同的物理性质，或同一种岩、土可能存在某些物理性质差异，有时较难得出肯定的结论，必须使用钻孔加以校核、验证，所以物探有一定的适用条件。工程地质勘探中已广泛使用物探。当与调查测绘、挖探、钻探密切配合时，物探在指导地质判断、合理布置钻孔、减少钻探工作量等方面都能取得良好的效果。恰当地运用多种物探方法，互相配合，进行综合物探，也能取得较好的效果。

按工作条件的不同，物探可分为地面物探、井下物探与航空物探、航天物探。按所利用的岩、土物理性质的不同，物探又可分为电法勘探、电磁法勘探、地震勘探、声波勘探、重力勘探、磁力勘探与放射性勘探等。在公路工程地质工作中，较常用的有电法勘探、地震勘探、地质雷达勘探和声波勘探等，下面对地质雷达勘探和地震勘探作概略的介绍。

（1）地质雷达勘探。地质雷达（属于电磁法勘探）是利用高频电磁脉冲波的反射，探测地层构造和地下埋藏物体的电磁装置，故又称探地雷达。它通过发射天线向地下辐射宽带的脉冲波，在地下传播中遇到不同介质的介电常数和导电率存在差异时，将在其分界面上发生反射，返回地表的电磁波被接收天线接收，根据接收到的回波来判断目标的存在，并计算其距离和位置，可用于空中、地面与井中探测，但主要用于地面探测。

地质雷达勘探技术目前广泛应用于隧道等地下工程的超前地质预报，另外，该技术还被广泛应用于隧道衬砌质量检测、道路病害检测、城市地下管线探测等众多方面。

（2）地震勘探。地震勘探是根据岩、土弹性性质的差异，通过人工激发的弹性波的传播，来探测地下地质情况的一种物探方法。由敲击或爆炸引起的弹性波，在不同地层的分界面上发生反射和折射，产生可以返回地面的反射波和折射波，利用地震仪记录它们传播到地面各接收点的时间，并研究振动波的特性，就可以确定引起反射或折射的地质界面的埋藏深度、产状及岩石性质等。

地震勘探直接利用岩石的固有性质（密度与弹性），较其他物探方法准确，且能探测很大深度，因此在石油地质勘探等部门得到广泛的应用。地震勘探在工程地质勘探中也日益得到推广使用，主要用于探测覆盖层的厚度、岩层的埋藏深度及厚度、断层破碎带的位置及产状等，研究岩石的弹性，测定岩石的弹性系数等。在公路工程地质勘探中，地震勘探目前主要应用于隧道的勘探。

按照观测返回地面的波的种类不同，地震勘探分为反射波法与折射波法两种。在工程地质勘探中，由于探测深度不大，要求精度较高，采用折射波法比较适宜。

4.4 岩土工程原位测试

原位测试的主要目的是，为土木工程问题分析评价提供所需的技术参数，包括物理指标、强度参数、固结变形特性参数、渗透性参数和应力、应变时间关系的参数等。原位测试一般属于土木工程检测但主要用于岩土工程勘探，是一种常用的勘测方法。

原位测试的优点是：

（1）可在拟建工程场地进行测试，不用取试样。众所周知，钻探取试样，特别是取原状土试样，不可避免地会使土试样产生不同程度的扰动。因此，室内试验所测"原状土"的物理力学性质指标往往不能代表土层的原始状态指标，大大降低了所测指标的工程应用价值；再加上淤泥、砂层等的原状试样更难取等致命弱点，就更显原位测试的重要。

（2）原位测试涉及的土体积比室内试验样品要大得多，因而更能反映土的宏观结构（如裂隙、夹层等）对土的性质的影响。

（3）很多土的原位测试技术方法可连续进行，因而可以得到完整的土层剖面及其物理力学性质指标，因而它是一门自成体系的实验科学。

（4）土的原位测试，一般具有快速、经济的优点。原位测试包括载荷试验、静力触探试验、圆锥动力触探试验、标准贯入试验、十字板剪切试验、旁压试验、现场剪切试验、波速测试、岩体原位应力测试及块体基础振动测试等多种测试，本节介绍几种常用的原位测试方法。

4.4.1 载荷试验

载荷试验也称为平板载荷试验，它是利用一定面积的承压板，并在承压板上分级加荷以后，测得不同荷载下的位移和沉降量，再根据荷载与沉降量的关系曲线，确定地基承载力等参数的试验方法。

载荷试验的装置由承压板、加荷装置及沉降观测装置等部分组成，如图 4-1 所示。其中，承压板一般为方形或圆形板；加荷装置包括压力源、载荷台架或反力架，加荷方式可采用重物加荷和油压千斤顶反压加荷两种方式；沉降观测装置有百分表、沉降传感器和水准仪等。承压板面积应为 2500 cm^2 或 5000 cm^2，目前工程上常用的是 70.7 cm×70.7 cm 和 50 cm×50 cm。

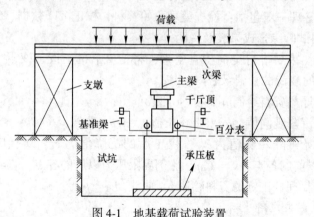

图 4-1 地基载荷试验装置

4.4.1.1 试验要点

试验要点如下：

（1）考虑到评价承载力时要采用半无限弹性理论，因此要求基坑宽度应大于承压板宽度的 3 倍。

（2）试验前，预留 10~20 cm 的保护层，待试验时再挖掉。

（3）为了保持水平并保证受力均匀，在试验板下垫 1 cm 厚的中、粗砂。

（4）若试坑有地下水时，应降水后再安装承压板等设备，并等水位恢复后再开始试验。

（5）对不同土，加荷等级有所不同，一般加 8~10 级。

（6）稳定标准，每一级荷载加载后，按间隔 5 min、5 min、10 min、10 min、15 min、15 min，以后每隔 30 min 测读一次沉降，当连续 2 h 内，每小时的沉降量小于 0.1 mm 时，则认为已趋稳定标准，可加下一级荷载。

（7）极限压力状态的现象：1）承压板周围的土出现明显的侧向挤出，周边岩土出现明显隆起或径向裂缝持续发展；2）本级荷载的沉降量大于前级荷载沉降量的 5 倍，荷载与沉降曲线出现明显陡降段；3）某级荷载下 24 h 内沉降速率不能达到稳定标准；4）$s/b \geqslant 0.06$（s 为总沉降量，b 为承压板宽度或直径）。

（8）回弹观测：分级卸载，观测回弹值；分级卸载量级为加荷增量的 2 倍，15 min 观测一次，1 h 再卸下一次荷载；完全卸载后，应继续观测 3 h。

4.4.1.2 试验资料整理

在试验中，由于一些因素的干扰，使试验变形值与真实变形值之间存在一定误差。诸如因安装设备等未测到变形，使观测值偏小；或者试验时土面未平整，或开挖基坑回弹变形等又使观测值偏大；还有不易估计到的偶然性因素，使试验变形值偏小或偏大。在 $p\text{-}s$ 曲线图上误差表现为试验曲线不通过原点（O 点），所以在应用资料前，须对原始资料进行整理。

试验资料整理一般包括：检查整理原始资料，校正沉降数据、绘制校正后的 $p\text{-}s$ 曲线，编制试验综合成果表及说明等。

（1）试验结束后进行全面检查整理，将检查后的时间、变形、压力等有效数据写于规定的载荷试验记录表内；

（2）根据原始资料绘制 $p\text{-}s$ 和 $s\text{-}t$ 曲线草图；

（3）修正沉降观测值，先求出校正值 s_0 和 $p\text{-}s$ 曲线斜率 C_0；

（4）设原始沉降观测值为 s_i'，校正后的沉降值为 s_i，则有比例界限压力（临塑压力）以前的各点：$s_i = C_0 p_i$；比例界限压力以后的各点：$s_i = s_i' - s_0$；

（5）利用整理校正好的资料绘制 $p\text{-}s$ 曲线。

4.4.1.3 成果应用

A 确定地基土承载力

根据试验得到的 $p\text{-}s$ 曲线，可以按强度控制法、相对沉降控制法或极限荷载法来确定地基的承载力。

a 强度控制法

以 $p\text{-}s$ 关系曲线对应的比例界限压力（临塑压力）作为地基上极限承载力的基本值。

当 p-s 关系曲线上有明显的直线段时，一般使用该直线段的终点所对应的压力为比例界限压力（临塑压力）p_0，如图 4-2 所示。

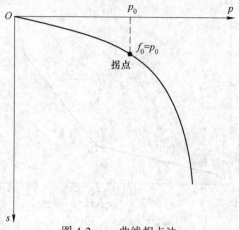

图 4-2　p-s 曲线拐点法

当 p-s 关系曲线上没有明显的直线段时，$\lg p$-$\lg s$ 曲线或 p-$\Delta s/\Delta p$ 曲线上的转折点所对应的压力即为比例界限压力（临塑压力）p_0，如图 4-3 和图 4-4 所示。

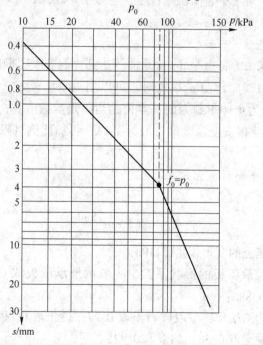

图 4-3　$\lg p$-$\lg s$ 曲线

b　相对沉降控制法

由沉降量（s）与承压板宽度或直径（b）的比值确定。若承压板为 0.25 ~

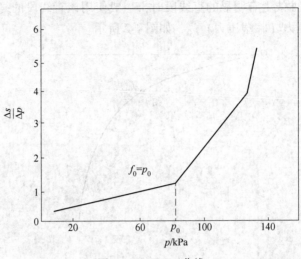

图 4-4 p-$\Delta s/\Delta p$ 曲线

0.50 m², 对于低压缩性土及砂土, 可以 $s/b = 0.01 \sim 0.015$ 对应的荷载值作为地基承载力基本值; 对于中、高压缩性土, 可以 $s/b = 0.02$ 所对应的荷载值作为地基承载力基本值。

c   极限荷载法

应用极限荷载法的特点是 p-s 关系曲线达到比例极限后很快发展到极限破坏。

当极限承载力 (p_u) 与 p_0 接近时, 可以用极限承载力 (p_u) 除以安全系数 (一般为 $2 \sim 3$) 作为土体承载力的基本值; 当极限承载力 (p_u) 与 p_0 不接近时, 可以用 ($p_u - p_0$) 除以安全系数 (一般为 $2 \sim 3$) 再加比例极限压力作为土体承载力的基本值。

B   计算地基土变形模量

土的变形模量为:

$$E_0 = I_0(1 - \mu^2)\frac{pb}{s} \tag{4-2}$$

式中 E_0——地基土的变形模量, MPa;

　　　I_0——刚性承压板的形状系数, 一般圆形承压板取 0.785、方形承压板取 0.886;

　　　μ——土的泊松比, 一般碎石土取 0.27、砂土取 0.30、粉土取 0.35、粉质黏土取 0.38、黏土取 0.42;

　　　b——承压板的宽度或直径, m;

　　　p——p-s 曲线直线段的压力, kPa;

　　　s——与 p 相对应的沉降量, mm。

C 判断黄土的湿陷性

在黄土地区可以应用载荷试验判断黄土的湿陷性。按前述载荷试验方法和步骤加荷至预定荷载（常按设计荷载考虑），待沉降稳定后向试坑注水，保持水头20~30 cm。为了便于渗水和防止坑底冲刷，注水前应在坑底承压板四周铺上 5~10 cm 厚的粗砂或砾石。浸水后沉降稳定（标准同前），浸水增加的沉降值即为黄土湿陷引起的湿陷量。此值可以和规定值进行对比，判断是否属于湿陷性黄土地基。

4.4.2 静力触探试验

静力触探的基本原理是用准静力将一个内部装有传感器的触探头以均速压入土中，由于地层中各种土的软硬不同，探头所受的阻力也不同，传感器将这种大小不同的贯入阻力通过电信号输入到记录仪表记录下来，再通过贯入阻力与土的工程地质特征之间的定性关系和统计关系，实现换算获得土层剖面、提供地基承载力、选择桩间持力层和预估单桩承载力等工程勘察目的。

4.4.2.1 静力触探的设备

静力触探设备主要由触探主机和反力装置两大部分组成，静力触探仪由探头、量测记录仪表、贯入装置三个主要部分构成。

常用的静力触探探头分为单桥探头和双桥探头。根据实际工程所需测定的地基土层参数选用单桥探头或双桥探头，探头圆锥截面积以 10 cm^2 为宜，也可使用15 cm^2。

4.4.2.2 静力触探试验成果的应用

静力触探试验的主要成果有贯入阻力-深度（p_s-h）关系曲线，锥尖阻力-深度（q_c-h）关系曲线，侧壁摩阻力-深度（f_s-h）关系曲线和摩阻比-深度（R_f-h）关系曲线。摩阻比的定义为：

$$R_f = \frac{f_s}{q_c} \times 100\% \tag{4-3}$$

式中 R_f——摩阻比；

f_s——单位侧壁摩阻力，即侧壁摩阻力和摩擦筒表面积之比；

q_c——单位锥尖阻力，即锥尖总阻力和锥底截面积之比。

根据目前的研究与经验，静力触探试验成果的应用主要有以下几个方面。

A 划分土层界线

在建筑物的基础设计中，结合地质成因，对地基土按土的类型及其物理力学性质进行分层是很重要的，特别是在桩基设计中，桩尖持力层的标高及其起伏程度和厚度变化，是确定桩长的重要设计依据。

根据静力触探曲线（见图 4-5）对地基土进行力学分层，或参照钻孔分层结

合静力触探 p_s 或 q_c 及 f_s 值的大小和曲线形态特征进行地基土的力学分层，并确定分层界线。

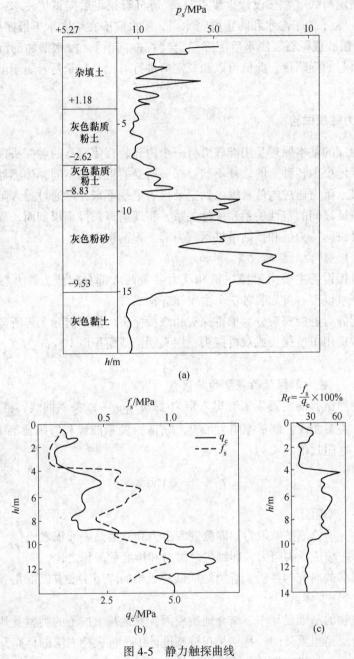

图 4-5 静力触探曲线

（a）静力触探 p_s-h 曲线；（b）静力触探 q_c-h 和 f_s-h 曲线；（c）静力触探 R_f-h 曲线

用静力触探曲线划分土层界线的方法如下：

（1）上下层贯入阻力相差不大时，取超前深度和滞后深度的中心，或中点偏向小阻力土层 5~10 cm 处作为分层界线。

（2）上下层贯入阻力相差一倍以上时，当由软层进入硬层或由硬层进入软层时，取软层最后一个（或第一个）贯入阻力小值偏向硬层 10 cm 处作为分层界线。

（3）上下层贯入阻力无甚变化时，可结合 f_s 或 R_f 的变化确定分层界线。

B 评定地基承载力

关于用静力触探的比贯入阻力确定地基承载力基本值 f_0 的方法，我国已有大量的研究工作，取得了一批可靠、合理的成果，建立了很多地区性的地基承载力的经验公式。但是，由于土的区域性分布特点，不可能形成一个统一的公式来确定各地区的地基承载力，实际工作中可根据所在地区不同查阅相关经验公式。

C 评定地基土的强度参数

由于静力触探试验的贯入速率较快，因此对量测黏性土的不排水抗剪强度是一种可行的方法。经过大量的试验和研究，探头锥尖阻力基本上与黏性土的不排水抗剪强度成某种确定的函数关系，而且将大量的测试数据经数理统计分析，其相关性都很理想。其典型的实用关系式见表 4-3。

表 4-3　用静力触探估算黏性土的不排水抗剪强度　　（kPa）

实用关系式	适用条件	来源
$C_u = 0.071 q_c + 1.28$	$q_c < 700$ kPa 的滨海相软土	同济大学
$C_u = 0.039 q_c + 2.7$	$q_c < 800$ kPa	原铁道部
$C_u = 0.0308 q_c + 4.0$	$p_s = 100 \sim 1500$ kPa 新港软黏土	交通部一航局设计院
$C_u = 0.0696 q_c - 1.28$	$p_s = 300 \sim 1200$ kPa 饱和软黏土	武汉静探联合组
$C_u = 0.1 q_c$	$\varphi = 0$ 纯黏土	日本
$C_u = 0.105 q_c$		Meyerhof

砂土的重要力学参数是内摩擦角 φ，我国《静力触探技术规则》提出按表 4-4 估算砂土的内摩擦角。

表 4-4　用静力触探比贯入阻力 p_s 估算砂土的内摩擦角 φ

p_s/MPa	1.0	2.0	3.0	4.0	6.0	11	15	30
$\varphi/(\degree)$	29	31	32	33	34	36	37	39

除上述三个方面的应用外，静力触探试验成果还可应用于评定土的变性指标和估算单桩承载力等。

4.4.3　圆锥动力触探试验

用一定重量的落锤，以一定落距自由落下，将一定形状、尺寸的圆锥探头贯入土层中，记录贯入一定厚度土层所需锤击数的一种原位测试方法，称为圆锥动力触探。

4.4.3.1　常用圆锥动力触探设备类型

表 4-5 列出的是国内常用的圆锥动力触探设备类型。

表 4-5　国内常用的圆锥动力触探设备类型

类型	锤重/kg	落距/cm	探头规格	贯入指标	触探杆外径/mm
轻型	10±0.2	50±2	圆锥探头、锥角 60°，锥底直径 4 cm，面积 12.6 cm²	贯入 30 cm 的锤击数 N_{10}	25
重型	63.5±0.5	76±2	圆锥探头、锥角 60°，锥底直径 7.4 cm，面积 43 cm²	贯入 10 cm 的锤击数 $N_{63.5}$	42
特重型	120±1.0	100	同"重型"	贯入 10 cm 的锤击数 N_{120}	50~60

4.4.3.2　圆锥动力触探试验简介

A　轻型动力触探

轻型动力触探主要由锥形探头、触探杆和落锤三部分组成，一般用于一、二层建筑物地基勘察和施工验槽；连续贯入，贯入深度可达 4m 左右，可以确定地基承载力基本值。

适用范围：浅部的素填土、砂土、黏性土、粉土。

根据已有资料确定一般黏性土、粉土素填土和新近堆积黄土的承载力基本值 f_0 分别见表 4-6~表 4-8。

表 4-6　一般黏性土的承载力基本值

N_{10}/击	15	20	25	30
f_0/kPa	1	1.4	1.8	2.2

表 4-7　粉土素填土的承载力基本值

N_{10}/击	10	20	30	40
f_0/kPa	0.8	1.1	1.3	1.5

表 4-8　新近堆积黄土的承载力基本值

N_{10}/击	7	11	15	19	23	27
f_0/kPa	0.8	0.9	1.0	1.1	1.2	1.3

B 重型动力触探

重型动力触探可以自地表向下连续贯入或分段贯入，锤击速率以每分钟 15~30 击为佳，一般以 5 击为一阵击。贯入深度在 16~20 m 以内，主要用于砂类、卵砾类土的勘察，以及划分土层、确定滑动面位置和确定承载力。当触探杆长度大于等于 2 m 时，需进行触探杆长度修正，见表 4-9。

表 4-9　触探杆长度修正系数 a

触探杆长度/m	≤1	2	3	4	5	6	8	10	12	15
a	1.00	0.96	0.90	0.85	0.83	0.81	0.78	0.76	0.75	0.74

地下水位以下的中、粗、砾砂、圆砾和卵石，需要对原始锤击数（$N_{63.5}$）进行修正：

$$N_{63.5} = 1.1 N'_{63.5} + 1.0 \tag{4-4}$$

适用范围：中密以下的砂土、碎石土、极软岩。

根据校正后的 $N_{63.5}$，按有关资料提出的表 4-10 和表 4-11，确定承载力的基本值 f_0。

表 4-10　中、粗、砾砂的承载力基本值

$N_{63.5}$/击	3	4	5	6	8	10
f_0/kPa	12	15	20	24	32	40

表 4-11　碎石土的承载力基本值

$N_{63.5}$/击	3	4	5	6	8	10	12
f_0/kPa	14	17	20	24	32	40	48

C 超重型动力触探

超重型动力触探需配有自动落锤装置，采用连续贯入，并控制每分钟 15~25 击。贯入深度小于 20 m，可以确定承载力基本值。

适用范围：密实碎石土、软岩、极软岩。

N_{120} 的修正要考虑触探杆长度和侧壁摩擦：

$$N_{120} = a F_n N'_{120} \tag{4-5}$$

式中　a——触探杆长度修正系数，见表 4-12；

　　　F_n——侧壁摩擦修正系数，见表 4-13。

表 4-12　触探杆长度修正系数 a

触探杆长度/m	1	2	4	6	8	10	12	14	16	18
a	1.00	0.93	0.87	0.70	0.65	0.59	0.54	0.50	0.47	0.44

表 4-13　侧壁摩擦修正系数 F_n

N_{120}/击	1	2	3	4	6	8~9	10~12	13~17	18~24	25~31
F_n	0.92	0.85	0.82	0.80	0.78	0.76	0.75	0.74	0.73	0.72

中建西南综合勘察设计院经大量对比试验（如载荷和重型触探试验等）和数理统计给出用 N_{120} 确定卵石、碎石地基的基本承载力，见表 4-14。

表 4-14 卵石、碎石地基的承载力基本值

卵石	$N_{120}/$击	1	2	3	4	5	6	7	8	9	10
	f_0/kPa	0.097	0.196	0.293	0.390	0.485	0.579	0.671	0.762	0.854	0.944
碎石	$N_{120}/$击	1	2	3	4	5	6	7	8	9	10
	f_0/kPa	1.04	1.12	1.22	1.30	1.40	1.49	1.57	1.67	1.75	1.85

4.4.4 标准贯入试验

4.4.4.1 试验设备

标准贯入试验由带排水、排气孔对开式贯入器、导向杆、锤垫、穿心落锤和探杆组成，导向杆长 1.6~2.0 m，与探杆均为直径 42 mm 的钻杆，穿心锤重 63.5 kg，多采用自动落锤装置。标准贯入试验的仪器设备如图 4-6 所示。

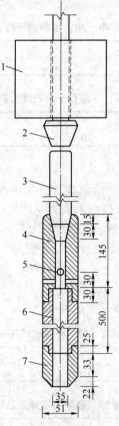

图 4-6 标准贯入试验设备（单位：mm）

1—穿心锤；2—锤垫；3—钻杆；4—贯入器头；5—出水孔；6—由两半圆形管合并而成的贯入器身；7—贯入器靴

4.4.4.2 成果应用

（1）在成果应用前，需对资料进行整理。据有关规范建议需进行钻杆长度修正（见表 4-15）《建筑抗震设计规范》（GB 50011—2010）和《土工试验规程》（SL 237—1999）均不做钻杆长度修正。

表 4-15 钻杆长度修正系数

触探杆长度/m	≤3	6	9	12	15	18	21
a	1.00	0.92	0.86	0.81	0.77	0.73	0.70

（2）对有效粒径 $d_{10} = 0.1 \sim 0.5$ mm 范围内的饱和粉细砂，当密度大于某一临界密度时，由于透水性小，标贯产生的孔隙水压力可使 $N_{63.5}$ 偏大，相当于此临界密度的实测值 $N_{63.5} = 15$。当 $N_{63.5} > 15$ 时应按下式修正：

$$N_{63.5} = 15 + \frac{1}{2}(aN_{63.5} - 15) \tag{4-6}$$

（3）利用 $N_{63.5}$-H 划分土层。

（4）确定地基土承载力。

表 4-16 和表 4-17 列出了《建筑地基基础设计规范》（GB 50007—2011）关于用标贯击数确定黏性土、砂土的承载力基本值的数据[1]。

表 4-16 黏性土的承载力基本值

$N_{63.5}$/击	3	5	7	9	11	13	15	17	19	21	23
f_0/kPa	10.5	14.5	19.0	22.0	29.5	32.5	37.0	43.0	51.5	60.0	68.0

表 4-17 中、粗、粉细砂的承载力基本值

$N_{63.5}$/击	10	15	30	50
中粗砂 f_0/kPa	180	250	340	500
粉粗砂 f_0/kPa	140	180	250	340

4.5 室内试验

室内试验的主要目的是，为土木工程问题分析评价提供所需的技术参数，包括岩土的物性指标、强度参数、固结变形特性参数、渗透性参数和应力、应变时间关系的参数等。

室内试验的优点是：试验条件比较容易控制（边界条件明确，应力应变条件可以控制等），可以大量取样。主要的缺点是：试样尺寸小，不能反映宏观结构和非均质性对岩土性质的影响，代表性差；试样不可能真正保持原状，而且有些岩土也很难取得原状试样。

土工试验是岩土工程规划和设计的前期工作，是解决岩土工程问题的必要手段，正确认识土工试验的作用及其局限性是非常重要的。土工试验成果会因试验方法和试验技巧的熟练程度不同，而有较大差别，这种差别远大于计算方法引起的误差。因此，必须熟练掌握试验仪器设备的操作方法、试验步骤和试验结果的分析与整理等。

4.5.1 土的物理性质试验

4.5.1.1 含水量试验

土的含水量的测定方法很多，比如烘干法、酒精燃烧法、相对密度法、微波炉加热法、核子射线法、碳化钙气压法等。这里介绍烘干法和相对密度法。

A 烘干法

烘干法适用于黏质土、粉质土、砂土类和有机质土类，采用的主要仪器有烘箱（电热烘箱或温度能保持 105~110 ℃的其他能源烘箱，也可用红外线烘箱）、天平（感量 0.01 g）、称量盒等。

基本试验步骤如下：

（1）取具有代表性试样（细粒土 15~30 g，砂土、有机土为 50 g）放入称量盒内，盖好盒盖，称湿土质量。

（2）揭开盒盖，将试样盒放入烘箱内，在 105~110 ℃恒温下烘干（烘干时间，细粒土不少于 8 h，砂土不少于 6 h；对含有机质超过 5%的土，应将温度控制在 65~70 ℃的恒温下烘干）。

（3）将烘干后的试样盒取出，放入干燥器内冷却（一般只需 0.5~1 h 即可），冷却后盖好盒盖，称质量，准确至 0.01 g。

根据试验数据，按下式计算含水量（精确至 0.1%）。

$$\omega = \frac{m - m_s}{m_s} \times 100\% \tag{4-7}$$

式中 m, m_s——湿土和干土的质量。

B 相对密度法

相对密度法仅适用于砂类土，采用的主要仪器有玻璃瓶（容积 500 mL 以上）、天平（称量 1000 g，感量 0.5 g）、漏斗、小勺、吸水球、玻璃片、土样盘及玻璃棒等。

基本试验步骤如下：

（1）取代表性砂类土试样 200~300 g，放入土样盘内。

（2）向玻璃瓶中注入清水至 1/3 左右，然后用漏斗将土样盘中的试样倒入瓶中，并用玻璃棒搅拌 1~2 min，直到所含气体完全排出为止。

（3）向瓶中加清水至全部充满，静置 1 min 后用吸水球吸去泡沫，再加清水使其充满，盖上玻璃片，擦干瓶外壁，称质量。

（4）倒去瓶中混合液，洗净，再向瓶中加清水至全部充满，盖上玻璃瓶片，擦干瓶外壁，称质量，准确至 0.5 g。

根据试验数据，按下式计算含水量（计算精确至 0.1%）。

$$\omega = \frac{m(d_s - 1)}{d_s(m_1 - m_2)} \times 100\% \tag{4-8}$$

式中 ω——砂类土的含水量，%；

m——湿土质量，g；

m_1——瓶、水、土、玻璃片的总质量，g；

m_2——瓶、水、玻璃片的总质量，g；

d_s——砂类土的相对密度。

4.5.1.2 密度试验

对土试样密度的测定可以了解土结构的密实程度，同时也是计算挡土墙土压力、人工和天然斜坡稳定的设计与核算，基础承载力和沉降量的计算以及路基路面施工时压实程度控制的必不可少的指标。

密度试验常采用环刀法，适用于原状的细粒土，采用仪器设备有环刀（内径 6~8 cm，高 2~3 cm，壁厚 1.5~2 mm）、天平（感量 0.1 g）、调土刀、钢丝锯、凡士林等。

基本试验步骤如下：

（1）按工程需要取原装土或制备所需状态的扰动土样，整平两端，环刀内壁涂一薄层凡士林，刀口向下放在土样上。

（2）用调土刀或钢丝锯将土样上部削成略大于环刀直径的土柱，然后将环刀垂直下压，边压边削，至土样伸出环刀上部为止，削去两端余土，使其与环刀口面齐平，并用剩余土样测定含水量。

（3）擦净环刀外壁，称环刀与土的总质量 m_1，准确至 0.1 g。

土样的密度 ρ 按下式计算。

$$\rho = \frac{m_1 - m_2}{V} \tag{4-9}$$

式中 m_1——环刀与土的总质量，g；

m_2——环刀质量，g；

V——环刀体积，cm³。

4.5.1.3 相对密度试验

土的相对密度是计算孔隙比、孔隙率、饱和度的主要指标，也是土的基本物理指标之一。根据土粒的粗细程度不同，可分为相对密度瓶法、浮称法、虹吸筒法。

A　相对密度瓶法

相对密度瓶法适用于粒径小于 5 mm 的各类土，需采用的主要仪器设备有相对密度瓶（容量 100 mL 或 50 mL）、天平（称量 200 g，感量 0.001 g）、恒温水槽（灵敏度±1 ℃）、砂浴、真空抽气设备、温度计（刻度为 0~50 ℃，分度值为0.5 ℃）、烘箱、蒸馏水、孔径 2 mm 及 5 mm 筛、漏斗和滴管等。

基本试验步骤如下：

（1）将相对密度瓶烘干，将 15 g 烘干土装入 100 mL 相对密度瓶内（若用 50 mL 相对密度瓶，装烘干土约 12 g），称量。

（2）为排出土中空气，将已装有干土的相对密度瓶，注蒸馏水至瓶的一半处，摇动相对密度瓶，并将瓶在砂浴中煮沸，煮沸时间自悬液沸腾时算起，砂及低液限黏土应不少于 30 min，高液限黏土应不少于 1 h，使土粒分散，注意沸腾后调节砂浴温度，不使土液溢出瓶外。

（3）如系长颈相对密度瓶，用滴管调整液面恰至刻度（以弯液面上缘为准），擦干瓶外及瓶内壁刻度以上部分的水，称瓶、水、土的总质量。如系短颈相对密度瓶，将纯水注满，使多余水分自瓶塞毛细管中溢出，将瓶外水分擦干后，称瓶、水、土的总质量，称量后立即测出瓶内水的温度，准确至 0.5 ℃。

（4）根据测得的温度，从已绘制的温度与瓶、水的总质量关系曲线中查得瓶水的总质量，如相对密度瓶体积事先未经温度校正，则立即倾去悬液，洗净相对密度瓶，注入事先煮沸且与试验时同温度的蒸馏水至同一体积刻度处，短颈相对密度瓶则注水至满，按第（3）步骤调整液面后，将瓶外水分擦干，称瓶、水的总质量。

（5）如系砂土，煮沸时砂易跳出，允许用真空抽气法代替煮沸法排除土中空气，其余步骤与第（3）步至第（4）步相同。

本试验称量应准确至 0.001 g。对含有某一定量的可溶盐、不亲性胶体或有机质的土，应用中性液体（如煤油）代替蒸馏水。

土样的相对密度 d_s 按下式计算。

$$d_s = \frac{m_s}{m_1 + m_s - m_2} \times d_{w,t} \tag{4-10}$$

式中　m_1——瓶、水的总质量，g；

　　　m_2——瓶、水、土的总质量；g；

　　　$d_{w,t}$——t ℃时蒸馏水（纯水）的相对密度，准确至 0.001。

B　浮称法

浮称法适用于粒径不小于 5 mm 的土，且其中含粒径大于 20 mm 颗粒的土质量应不少于总质量的 10%，采用的仪器设备主要有静水力学天平或物理天平（设定测量 2000 g 以上，感量 1/1000，应附有孔径小于 5 mm 的金属网篮，其直径为 10~15 cm，高为 10~20 cm）、烘箱、温度计、孔径 5 mm 及 20 mm 筛等。

基本试验步骤为如下：

（1）取代表性试样 500~1000 g，彻底冲洗试样，直至颗粒表面无尘土和其他污物。

（2）将试样浸在水中一昼夜取出，立即放入金属网篮，缓缓沉没于水中，并在水中摇晃，至无气泡逸出时为止。

（3）称金属网篮和试样在水中的总质量。

（4）取出试样烘干，称干土质量。

（5）称金属网篮在水中质量，并立即测量容器内水的温度，准确至 0.5 ℃。

土粒相对密度按下式计算（计算至 0.001）。

$$d_s = \frac{m_s}{m_s - (m_1' - m_2')} \times d_{w,t} \tag{4-11}$$

式中 m_1'——金属网篮在水中质量，g；

m_2'——试样和金属网篮在水中的总质量，g。

4.5.1.4 塑限试验（搓条法）

塑限是黏性土由可塑状态转变为坚硬状态的界限含水量。测定黏性土的塑限，可用于计算塑性指数 I_p 和液性指数 I_L，并为评价黏性土的物理状态和可塑性提供参考。

塑限试验设备和仪器主要包括含水量（烘干法）测定所需的仪器设备、毛玻璃板（约 200 mm×300 mm）、直径 3 mm 的金属棒。

基本试验步骤如下：

（1）制备土样。取风干黏性土，在调土碗中加入少量蒸馏水使其浸润，静置一昼夜备用。

（2）搓条。取土样先在手掌中搓成球形，再放在玻璃板上用手掌均匀用力搓成直径为 3 mm 的长条（与金属棒比较）。若此时土条刚刚开始断裂，且裂缝间距较均匀，则土样的含水量为塑限。

（3）调整。若搓至 3 mm 时土条不断裂，说明土样的含水量大于塑限，应让其稍许风干后重新搓条；若土条还未搓至直径为 3 mm 时就已断裂，说明土样的含水量小于塑限，应加少量水调匀后再搓，直至搓条合格为止。

（4）测定塑限。取搓条合格的断裂土条约 5 g，按含水量试验的方法和步骤测定其含水量即为土样的塑限。

试验时应注意：土条长度不宜超过手掌宽度；搓条时不要包入空气，土条不能搓成管状，手上不得有汗液或油脂；土条搓至塑限时，土条裂纹应大致均匀，如果裂纹分布极不均匀或无裂纹时土条突然断裂，一般是用力不均匀或不当所造成的，应重搓；若土条始终搓不到 3 mm 就断裂，说明土样是无黏性土，无塑限。

4.5.1.5　液限试验（锥式液限仪测定法）

液限是黏性土由可塑状态转变为流动状态的界限含水量。测定土的液限，用于计算黏性土的塑性指数和液性指数，从而为确定黏性土的状态、评价其物理力学性质提供依据。

液限试验采用的仪器设备主要有圆锥式液限仪（重 76 g，锥体高 25 mm，锥角为 30°）、天平（感量 0.01 g）、铝盒、调土刀、调土碗、玻璃板、凡士林、烘箱、干燥器、吹风机、秒表等。

基本试验步骤如下：

（1）制备土样。取烘干或风干的黏性土（过孔径为 0.5 mm 的标准筛后）装入调土碗中，加适量的蒸馏水调成糊状，盖上玻璃板，静置一昼夜待用。

（2）装取土样。将制备好的土样用调土刀调匀，分层装入盛土杯中，用调土刀刮平土样表面使与杯口齐平。

（3）放锥。用布擦净圆锥仪表面，在锥体表面涂抹一层凡士林，用手指提着圆锥体手柄，将锥尖对准土样表面中心并恰好与土样表面接触，放开手指，使圆锥在自重下下沉。

（4）计时读数。放锥的同时按下秒表开始计时，经历 5 s 时计下锥体上的下沉深度，若此时的下沉深度刚好为 10 mm，则土样的含水量为液限。

（5）调整。若锥体沉入深度大于（或小于）10 mm，则说明土样的含水量大于（或小于）液限。应将盛土杯中的土样全部取出置于玻璃板上（或调土碗中）适当风干（或加水拌匀），然后再按第（2）、（3）、（4）步骤重新进行试验，直到下沉深度刚好为 10 mm 时方为合格。

（6）测液限含水量。将测试合格的土样取出一部分，用烘干法测定其含水量即为土的液限。

试验时应注意：圆锥体上凡士林不能涂抹太多，测试后立即将黏有凡士林的部分土样剔除；向盛土杯中分层装入土样时，不能留有气泡和空隙；土样含水量超过液限时，不能掺入未经湿化的干土，而应让其慢慢风干或用吹风机吹干。

4.5.2　土的固结试验

土的固结试验是以太沙基单向固结理论为基础的。试验过程中试样是在无侧向变形状态下，沿受力方向产生一维变形，试样内部任何一点的法向应力与外加压力相等，其侧向水平应力取决于土的侧向压力系数值。

4.5.2.1　标准固结试验

标准固结试验适用于测定饱和黏性土的单位沉降量、压缩系数、压缩模量、压缩指数、回弹指数、固结系数以及原状土的先期固结压力等指标，主要仪器设备有固结仪（见图4-7）、环刀（直径61.8 mm，高度20 mm）、透水石、百分表及秒表等。

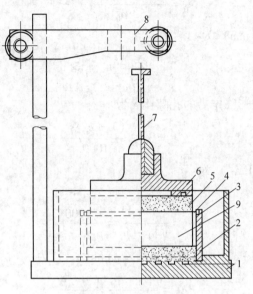

图4-7　固结仪示意图

1—水槽；2—护环；3—环刀；4—导环；5—透水石；6—加压上盖；7—百分表导杆；8—支架；9—试样

基本试验步骤如下：

（1）用环刀切取试样，然后将环刀连同土样放入固结仪的护环内。

（2）土样上面覆透水石，然后放下加压导环和传压活塞，使各部分密切接触，保持平稳。

（3）将压缩容器置于加压框架正中，密合传压活塞及横梁，预加1 kPa压力，使固结仪各部分紧密接触，装好百分表，并调整读数至零。

（4）去掉预压荷载，立即加第一级荷载。加砝码时应避免冲击和摇晃，在加上砝码的同时，立即开动秒表。荷载等级一般规定为50 kPa、100 kPa、200 kPa、300 kPa和400 kPa，有时可以根据土的软硬程度，第一级荷载考虑用25 kPa。

（5）如系饱和试样，则在施加第一级荷载后，立即向容器中注水至满；如系非饱和试样，须以湿棉纱围住上下透水面四周，避免水分蒸发。

（6）如需确定原状土的先期固结压力时，荷载率宜小于1，可采用0.5或0.25，最后一级荷载应大于1000 kPa，使e-lg$p$曲线下端出现直线段。

（7）试验结束后拆除仪器，小心取出完整土样，称其质量，并测定其终结含水量（如不需测定试验后的饱和度，则不必测定终结含水量），并将仪器洗干净。

试验开始时的孔隙比为:

$$e_0 = \frac{\rho_s(1 + 0.01w_0)}{\rho_0} - 1 \tag{4-12}$$

单位沉降量（mm）为:

$$s_i = \frac{\sum \Delta h_i}{h_0} \times 10^3 \tag{4-13}$$

各级荷载下变形稳定后的孔隙比 e_i 为:

$$e_i = e_0 - \frac{(1 + e_0)s_i}{1000} \tag{4-14}$$

压缩系数 $a(\text{kPa}^{-1})$ 为:

$$a = \frac{e_i - e_{i+1}}{p_{i+1} - p_i} = \frac{\dfrac{s_{i+1} - s_i}{1000}}{p_{i+1} - p_i} \tag{4-15}$$

压缩模量 $E_s(\text{kPa})$ 和体积压缩系数 $m_v(\text{kPa}^{-1})$ 为:

$$E_s = \frac{p_{i+1} - p_i}{\dfrac{s_{i+1} - s_i}{1000}} \times \frac{1 + e_i}{1 + e_0} \tag{4-16}$$

$$m_v = \frac{1}{E_s} = \frac{a}{1 + e_i} \tag{4-17}$$

式中　e_0——试验开始时试样的孔隙比;

　　　ρ_s——土粒密度（数值上等于土粒相对密度）, g/cm^3;

　　　w_0——试验开始时试样的含水量,%;

　　　ρ_0——试验开始时试样的密度, g/cm^3;

　　　s_i——某一级荷载下的沉降量, mm/m;

　$\sum \Delta h_i$——某一级荷载下的总变形量,等于该荷载下百分表读数, mm;

　　　h_0——试样起始时的高度, mm;

　　　e_i——某一荷载正压缩稳定后的孔隙比;

　　　p_i——某一荷载值, kPa。

最后,以单位沉降量 s_i 或孔隙比 e 为纵坐标,以压力 p 为横坐标,可得到单位沉降量或孔隙比与压力的关系曲线。

4.5.2.2　快速固结试验

正常固结试验需数天到十多天才能完成。对 2 cm 厚的试样,在荷重作用下 1 h 的固结度一般可达90%以上（以 24 h 为100%计）。为节省时间,按此速率进行试验,对试验结果的 e-$\lg p$ 曲线或 s_i-p 曲线进行校正,可得到与正常压缩试验近似的结果。因此，规程中列有 1 h 快速固结试验法。

当对沉降计算精度要求不高时，可采用快速固结试验法确定饱和黏性土的压缩性指标。试验所需仪器设备及基本步骤与标准固结试验相同。

4.5.2.3 固结试验中的影响因素

土工试验中的成果与采用的仪器设备、试验方法及试验质量等有密切的关系，为了得到符合要求的成果，需要仔细研究影响试验成果的主要因素，并由此对试验方法标准化，尽量保证试验成果的可靠性、再现性和可比性。

(1) 试样尺寸。天然沉积土层一般是非均质而成层的，在水平方向有很大的透水性，其固结速率和孔隙水压力的消散较均质土快得多。因此，试样越大，所得成果的代表性越大。如果试样很薄，成层性起的作用就显著，误差就越大。

(2) 试样的扰动及环刀侧壁摩擦。原状土受扰动后，土的孔隙比减小，压缩性就会降低。故在试验时除取土及运送过程中要尽可能减少扰动外，制备试样时要特别细心，不允许直接将环刀压入土样，应该用钢丝锯（或薄口锐刀）按略大于环刀的尺寸沿土样外缘切削，待土样的直径接近环刀内径时，再轻轻地压下环刀。在削两端余土时，不要用刀来回涂抹，最好用钢丝锯慢慢地一次削去。

试样侧面与环刀间的摩擦力能抵消试样上所加荷载的一部分，使试样上的有效应力偏高，这是固结试验的主要机械误差。

(3) 加荷等级。在标准固结试验中，加荷等级的大小对试样的压缩量、次固结、固结系数以及次固结系数均有一定的影响。试验表明，只有当加荷等级较大时（$\Delta p/p>1$ 时），才会出现太沙基理论曲线的形状，这就是《土工试验规程》（SL 237—1999）将加荷比规定为 1 的原因。加荷等级越大，单位荷载下的主压缩量越大，次压缩量越小。另外，实际建筑物传给地基各部位的荷载，一般是比较缓慢的，而试验室内的荷载是很快传送到试样上，因而估算的沉降量与实测值差别较大。

4.5.3 土的直剪试验

土的直接剪切试验是利用盒式剪切仪，在土样上施加竖向压力，再施加剪切力使其破坏，从而直接测定出总抗剪强度指标的一种方法。它是最古老又是最简单的试验方法，适用于砂土及渗透系数 $k<10^{-6}$ cm/s 的黏土，不适用于测定软黏土的不排水剪强度，这类指标在工程上用于土体稳定的总应力分析方法。

直接剪切试验方法的选择，一般要按土的性质、施工条件和运用条件确定。同时也应考虑设计将采用的分析方法，如采用有效应力法或总应力法。直剪试验测得的参数为总应力强度参数，只适用于总应力分析法。土的抗剪强度与试验排水条件有很大的关系，根据排水条件，试验方法可分为三种，即快剪、固结快剪和慢剪。

4.5.3.1 慢剪试验

慢剪试验方法适用于测定黏性土的抗剪强度指标，采用的主要仪器设备有应变控制式直剪仪、环刀、百分表等，如图 4-8 所示。

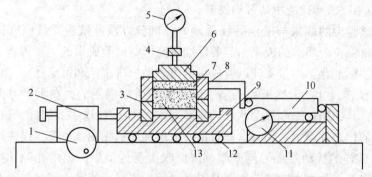

图 4-8 应变控制式直剪仪

1—剪切传动机构；2—推动器；3—下盒；4—垂直加压框架；5—垂直位移计；6—传压板；
7—透水石；8—上盒；9—储水盒；10—测力计；11—水平位移计；12—滚珠；13—试样

基本试验步骤如下：

（1）用环刀切取试样，每组试样不得小于 4 个。

（2）对准剪切容器上下盒，插入固定销，在下盒内放透水石和滤纸，将带有试样的环刀刃向上，对准剪切盒口，在试样上放滤纸和透水石，将试样小心地推入剪切盒口。

（3）移动传动装置，使上盒前端钢珠刚好与测力计接触，依次加上传压板，加压框架，安装垂直位移量测装置，测记初始读数。

（4）根据工程实际和土的软硬程度施加各级垂直压力，然后向盒内注水；当试样为非饱和试样时，应在加压板周围包以湿棉花。

（5）施加垂直压力，一般按 100 kPa、200 kPa、300 kPa、400 kPa 分别施加于不同土样上。

（6）拔去剪切盒上的固定销，以小于 0.02 mm/min 的速率进行剪切，并每隔一定时间测记百分表读数一次。当百分表读数不变或后退时，继续剪切至剪切位移为 4 mm 时停止，记下破坏值。当剪切过程中百分表无峰值时，剪切至剪切位移达 6 mm 时停止。

（7）剪切结束后，吸去盒内水分，撤除剪切力和垂直压力，移动压力框架，取出试样。

剪切位移和抗剪强度分别按式（4-18）和式（4-19）计算。

$$\Delta L = 20n - R \tag{4-18}$$

$$\tau_f = CR \tag{4-19}$$

式中　ΔL——剪切位移，0.01 mm；

　　　　n——手轮转数；

　　　　R——百分表读数，0.01 mm；

　　　　C——测力计校正系数，kPa/0.01 mm。

4.5.3.2　固结快剪试验

固结快剪试验适用于渗透系数小于 10^{-6} cm/s 的黏质土，试验所用的主要仪器设备、试样的制备、试验步骤、结果整理均与慢剪试验相同，所不同的是试验过程中固结快剪的剪切速率为 0.8 mm/min。

4.5.3.3　快剪试验

快剪试验适用于渗透系数小于 10^{-6} cm/s 的黏质土，试验所用的主要仪器设备、试样的制备、试验步骤、结果整理均与慢剪试验相同；所不同的是试验过程中，在施加垂直压力，拔出固定销后立即开动秒表，以 0.8 mm/min 的剪切速率进行。

4.5.3.4　直剪试验的特点

直剪试验已有百年以上的历史，仪器简单，操作方便。对于细粒土，三轴试验需要的固结时间很长，剪切中为了使试件中孔隙水压力分布均匀，剪切速率要求很慢，若用直剪试验，试件的厚度薄、固结快、试验的历时短，有着突出的优点。另外，仪器盒的刚度大，试件没有侧向膨胀的可能，根据试件的竖向变形量就能直接算出试验过程中试件体积的变化，也是这种仪器的优点之一。但是，直剪试验也存在如下不足：

（1）剪切试验过程中试样内的应力状态复杂，应变分布不均匀。这种试验在加剪应力以前，大主应力 σ_1 就是作用于试件上的竖向应力 σ_n。试件处于侧限状态，所以 $\sigma_2 = \sigma_3 = k_0\sigma_1$。加剪应力 τ 后，主应力的方向产生偏转，如图 4-9（a）所示。剪应力越大，偏转角也越大，所以试验过程中主应力的方向是不断变化的。另外，在试验资料的分析中，假定试件中的剪应力均匀分布，但事实上并非如此。当试件被剪破时，靠近剪力盒边缘的应变最大，而试件的中间部分的应变相对要小得多，剪切面附近的应变又大于试件顶部和底部的应变，如图 4-9（b）所示。所以，在剪切过程中，特别是在剪切破坏时，试件内的应力和应变既非均匀又难确定。

（2）试验中剪切面位置被人为地限制在上、下盒的接触面上，而该平面并不一定是试件抗剪强度最薄弱的剪切面。

（3）剪切过程中试样面积逐渐减少，且垂直荷载发生偏心，但计算抗剪强度时却按受剪面积不变和剪应力均匀分布进行计算。

（4）该试验不能严格控制排水条件，因而不能量测试验过程中试样内孔隙水压力的变化。只能根据剪切速率，大致模拟实际工程中土体的工作情况。

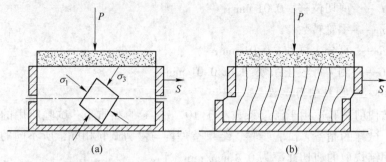

图 4-9　直剪仪内试件的应力（a）和应变（b）

（5）根据试样破坏时的法向应力和剪应力，虽可算出大、小主应力 σ_1、σ_3 的数值，但中主应力 σ_2 无法确定。

由于直剪试验的这些原因，用它来研究土的力学性状有较大的缺点。不过，因为它已广泛用于工程中，积累了很多宝贵的经验数据，给出的抗剪强度仍然很有使用价值[2]。

4.6　岩土工程勘察与评价

岩土工程分析评价应在工程地质测绘、勘探、测试和搜集已有资料的基础上，结合工程特点和要求进行。

4.6.1　分析评价的要求

对分析评价的要求如下：

（1）充分了解工程结构的类型、特点、荷载情况和变形控制要求；

（2）掌握场地的地质背景，考虑岩土材料的非均匀性、各向异性和随时间的变化，评估岩土参数的不确定性，确定其最佳估值；

（3）充分考虑当地经验和类似工程的经验；

（4）对于理论依据不足、实践经验不多的岩土工程问题，可通过现场模型试验或足尺试验取得实测数据进行分析评价；

（5）必要时可建议通过施工监测，调整设计和施工方案。

4.6.2　分析评价与岩土工程勘察等级的关系

分析评价与岩土工程勘察等级的关系如下：

（1）岩土工程的分析评价，应根据岩土工程勘察等级区别进行。

（2）对丙级岩土工程勘察，可根据邻近工程经验，结合触探和钻探取样试验资料进行。

(3) 对乙级岩土工程勘察，应在详细勘探、测试的基础上，结合邻近工程经验进行，并提供岩土的强度和变形指标。

(4) 对甲级岩土工程勘察，除按乙级要求进行外，尚宜提供载荷试验资料，必要时应对其中的复杂问题进行专门研究，并结合监测对评价结论进行检验。

4.6.3　岩土工程计算的要求

岩土工程计算应符合下述要求：

(1) 按承载能力极限状态计算，可用于评价岩土地基承载力和边坡、挡墙、地基稳定性等问题，可根据有关设计规范规定，用分项系数或总安全系数方法计算，有经验时也可用隐含安全系数的抗力容许值进行计算。

(2) 按正常使用极限状态要求进行验算控制，可用于评价岩土体的变形、动力反应、透水性和涌水性等。

(3) 任务需要时，可根据工程原型或足尺试验岩土体性状的量测结果，用反分析的方法反求岩土参数，验证设计计算，查验工程效果或事故原因。

4.6.4　工程勘察报告书和附件

4.6.4.1　工程勘察报告书

工程勘察报告书必须有明确的目的性，结合场地（岩土工程）的工程地质条件、建筑类型和勘察阶段等规定，其内容和格式不能强求统一。总的来说，报告书应该简明扼要，切合主题，并附有必要的插图、照片及表格。有些报告书采用表格形式列举实际资料，虽能起到节省文字、加强对比的作用，但对论证问题来说，文字说明仍应作为主要形式。因此，报告书"表格化"的做法，也须根据实际情况而定，不可强求一致。

报告书的任务在于阐明工作地区（岩土工程）的工程地质条件，分析存在（岩土工程）的工程地质问题，并做出（岩土工程）工程地质评价，提出结论。对较复杂场地的大规模或重型工程的工程勘察报告书，在内容结构上一般分为绪言、一般部分、专门部分和结论。

4.6.4.2　工程地质图和其他附件

工程地质图是由一套图组成的，最基本的如平面图、剖面图和地层柱状图，其他还有分析图、专门图、综合图等，工程勘察报告书借助这些图件进行说明和评价。但是没有必要的附件，工程地质图将不易了解，也不能充分反映工程地质条件，其他附件包括：勘探点平面位置图、土工试验图表、现场原位测试图件等。

(1) 工程地质剖面图。以地质剖面图为基础，反映地质构造、岩性、分层、地下水埋藏条件、各分层岩土的物理力学性质指标等。

工程地质剖面图的绘制依据是各勘探点的成果和土工试验成果。工程地质剖面图用来反映若干条勘探线上工程地质条件的变化情况，由于勘探线的布置是与主要地貌单元的走向垂直、或与主要地质构造轴线垂直、或与建筑主要轴线相一致，故工程地质剖面图能最有效地揭示场地的工程地质条件。

（2）地层综合柱状图。地层综合柱状图反映场地（或分区）的地层变化情况，并对各地层的工程地质特征等作简要的描述，有时还需附各土层的物理力学性质指标。

（3）勘探点平面位置图。当地形起伏时，勘探点平面位置图应绘在地形图上。在图上除标明各勘探点（包括探井、探槽、探坑、钻孔等）、各现场原位测试点和勘探剖面线的平面位置外，还应绘出工程建筑物的轮廓位置，并附上场地位置示意图、各类勘探点、原位测试点的坐标及高程数据表。

（4）土工试验图表。土工试验图表主要是土的抗剪强度曲线、土的压缩曲线、土工试验成果汇总表。

（5）现场原位测试图件。现场原位测试图件包括：载荷试验、标准贯入试验、十字板剪力试验、静力触探试验等的成果图件。

（6）其他专门图件。对于特殊性岩土、特殊地质条件及专门性工程，根据各自的特殊需要，绘制相应的专门图件[2]。

思 考 题

4-1 为什么要划分工程勘察阶段，工程勘察阶段可分为哪几个阶段？
4-2 工程勘察的基本方法有哪些？
4-3 工程勘察手段使用的先后次序是什么？
4-4 简述工程地质测绘的主要方法和内容。
4-5 为什么说原位测试工作很重要，原位测试方法主要有哪些，它们的适用条件和用途是什么？
4-6 工程勘察报告主要包括哪些内容？
4-7 实际工作中如何体现勘察工作服务于工程设计和施工建设？

参 考 文 献

[1] 戴文亭. 土木工程地质 [M]. 武汉：华中科技大学出版社，2013.
[2] 龚文惠. 土力学 [M]. 武汉：华中科技大学出版社，2013.

5 土木工程监测

5.1 概　　述

5.1.1　土木工程监测概述

土木工程结构在内外界因素的影响下会产生损伤，岩土体作为不连续、非均质、各向异性的地质体，自身存在一些孔隙和裂隙，在内外界因素作用下会产生压缩变形或贯通破坏，并且损伤、变形或破坏会随着时间的推移而累积。土木工程监测是指利用现场的、无损伤的监测方式获得结构内部信息，帮助人们了解结构因损伤或者退化而造成的改变，又称为工程安全监测。

5.1.2　土木工程监测的目的

我国有相当一部分住房、桥梁及其他基础设施都是在 20 世纪 50~60 年代、60~70 年代建成服役的，经过五六十年的使用，它们目前的健康状况如何，是否会威胁到人民的生命财产安全？21 世纪以来，我国历经汶川地震、青海玉树地震等多次强地震，许多岩体存在崩落危险，滑坡、崩塌等地质灾害频频发生，尤其是进入雨季之后，其中不乏特、重大地质灾害。2017 年 8 月 28 日，贵州省毕节市纳雍县张家湾镇普洒社区发生大型山体崩塌灾害，造成 26 人死亡、9 人失踪、8 人受伤，直接经济损失达到 5748.6 万元。另外，一些建筑物在受到地震等因素影响下虽未产生明显的塑性变形，但其内部结构遭到严重损伤，对其进行安全监测迫在眉睫。以 1994 年美国加州地震和 1995 年日本神户地震为例，一些建筑物在遭受主震后并未立即倒塌，却在后来的余震中倒塌了，一个重要原因就是建筑物在主震影响下内部结构已遭到严重损伤。

结构受到地震、强风等自然因素或重新装修、布置管道等人为因素的破坏，或者经过长时间使用，通过监测其关键性指标，检查其是否受到损伤，如果受到损伤，损伤位置、损伤程度如何，可否继续使用及其使用寿命等，这个过程为损伤识别，也称为健康监测。通过监测构筑物当前的工作状态时，并与结构的临界失效状态进行比较，评价其安全等级，称为安全性评估[1]。建筑物及其场地状态伴随着工程建设、运维而不断变化，一旦损伤发展到一定程度会危及建筑物的安全性能，监测的目标之一就是在这个临界点到来之前提早做出应对措施，以规避损失的发生或控制损失在合理范围内。

建筑物在建设时，监测工作往往在勘察阶段和施工阶段就开始进行。在施工时需同时进行安全监测，目的是保证工程的质量和安全，提高工程效益。监测工作一般是在勘察和施工期进行的，但对有特殊要求的工程，则应在使用、运营期间内继续进行。

特殊要求的工程包括重大建筑物；损失严重、社会影响强烈；对建筑物和地基变形有特殊限制的工程；使用了新的设计、施工或地基处理方案，尚缺乏必要经验的工程。

此外，土木工程监测可对施工质量进行监控，可以保证工程的质量和安全。现场检验与监测可以求取岩土体的某些工程参数，以此为依据及时修正勘察成果，优化工程设计，同时预测一些不良地质现象的发展演化趋势及其对工程建筑物的可能危害。因此，土木工程监测还具备如下几点作用：

（1）通过对岩土体的变形和受力情况进行实时监测，随时发现潜在的危险先兆，判断工程的安全性，采取必要的工程措施，防止事故的发生。

（2）通过监测数据指导现场施工，评价施工方案和方法的适用性，优化施工方案。

（3）验证土木工程勘测资料，校核设计理论，判断设计参数选择的合理性并进行优化。

（4）通过监测数据，验证和发展土木工程设计理论与施工技术，为以后工程设计、施工及规范修订积累经验并提供依据。

5.2　监测方案设计

5.2.1　监测方案的作用

监测方案的作用对于监测单位，如同施工组织设计对于施工单位，监理实施细则对于监理单位一样，是对监测工作实施进行科学管理的重要手段，它具有战略部署与战术安排的双重作用，突出体现在以下几个方面：

（1）监测方案能从全局出发，充分反映客观实际，符合国家规范、工程设计及合同的要求，统筹安排监测的各个环节，确保各项资源的合理运用，指导和规范现场的实际工作。

（2）通过编写监测方案，可令现场技术人员加深对图纸以及施工环境的认识，从而根据具体工程的特定条件，进一步优化预埋顺序、监测组织、具体监测方法以及测点保护措施，保证监测工作流畅的运转。

（3）监测方案作为监测单位实现科学管理的重要保证文件，不仅是监测单位日常工作的重要依据，同时也是各类内业资料检查中的重要内容。

5.2.2 监测方案的种类

监测方案根据分类标准的不同，大致有以下几种分类方法：

（1）根据监测方角色的不同，分为第三方监测方案和施工方监测方案。

（2）根据监测主体的不同，分为基坑监测方案、隧道监测方案、复合型监测方案。

（3）根据方案用途的不同，分为技术方案（投标用）和实施方案。

（4）根据监测需求的不同，可分为总体方案、分段方案以及专项监测方案。

由于编写人员的时间、精力都是有限的，在编写监测方案之前，应充分了解所写方案的背景，明确方案种类，对不同性质的监测方案进行差别对待。

5.2.3 监测方案的内容

监测方案的内容一般包括工程简介、监测的主要内容、各监测项目实施技术方案、人员及仪器设备的配备、监测技术要求、信息的反馈、质量安全管理、监测设计图册及甲方要求的其他内容等。

以基坑监测为例，监测内容主要依据所在区域的岩土性质、建筑物的形式和重要性来确定。通常应包括如下监测内容：

（1）建筑物和场地周边的变形，如地表沉降，深层土的沉降和水平位移等。通常选择有代表性的监测点，用高精度的水准仪观测沉降，用交会或控制导线观测地表水平位移，用沉降仪观测深部土层的分层沉降，用测斜仪观测深层土水平位移。

（2）结构和岩土应力，如基底压力、构件的钢筋应力或应变、锚杆拉力、支撑轴力等。在结构杆件钢筋上串接钢筋应力计或应变计测量钢筋应力或应变，用柱式测力传感器测量锚固结构的拉力和支撑轴力，用埋设的土压力计测量土压力。

（3）孔隙水压力和地下水位，如加荷与施工期软土中的孔隙水压力变化、地下水的动态。用水位计监测地下水位，用孔隙水压力计监测饱和地基土中的孔隙水压力。

（4）相邻建筑物的沉降和倾斜，如基坑或隧道开挖时邻近建筑和地下管线的沉降与位移。除常规水准仪和全站仪测量方法外，对重点监测的建筑物设置电子倾角仪和连通管形变监测仪，它们都可以安置多个探头，自动连续地监测。

以隧道现场监测为例，一般在工程勘察、施工以至于运营期间，对工程有影响的不良地质现象、岩土体性状和地下水等进行监测，其目的是为了工程的正常施工和运营，确保安全。它包含三方面内容：

（1）施工和各类荷载作用下岩土反应性状的监测。例如，岩土体应力量测、岩土体变形和位移监测、孔隙水压力观测等。

（2）对施工或运营中结构物的监测。对于像核电站、水电站等特别重大的结构物，则在整个运营期间都要进行监测。

（3）对环境条件的监测。该内容包括对工程地质和水文地质条件某些要素的监测，尤其是威胁工程的不良地质现象；对相邻结构物及工程设施在施工中发生的变化、施工振动、噪声和污染等的监测。

5.2.4　常用监测仪器

监测仪器按照监测对象不同可分为以下三类：

（1）变形监测仪器。变形监测仪器包括表面位移观测和内部位移观测，这里位移包括水平位移和垂直位移。观测目的是掌握建筑物或地基的位移变化规律，判断有无裂缝、滑坡、滑动和倾覆的趋势。

表面位移观测一般包括两大类：用经纬仪、水准仪、电子测距仪或全站仪（见图5-1），根据起测基点的高程和位置来测量建筑物表面标点、觇标处高程和位置的变化；或者在建筑物内、外表面安装或埋设一些仪器来观测结构物各部位间的位移，包括接缝或裂缝的位移测量。

图5-1　全站仪

内部安装的位移测量仪器有位移计、多点位移计、测缝计、倾斜仪、沉降仪、垂线坐标仪和应变计等，这些仪器要在结构物的整个寿命期内使用，需满足以下要求：具有良好的长期稳定性、较强的抗蚀能力，适应恶劣工作环境、易于安装操作、长距离传输信息。

（2）应力监测仪器。应力观测指标包括：土压力、孔隙水压力、混凝土应力、钢筋应力、地应力、工程荷载等；应力的测量需要相应的仪器，主要有：钢筋计、测力计、土压力计（见图5-2）孔隙水压力计等。

图 5-2 三轴试验仪器中的土压力计

（3）水位、温度测量仪器。在实际工程中地下水位常常是需要测量的指标，温度有时也是人们关注的对象，比如浇筑混凝土时，相应的监测仪器如电测水位计、电测温度计不可或缺。

5.2.5 监测方案的设计

监测方案的设计可按以下流程进行：

（1）确定观测项目。根据工程类型与复杂程度，工程所在地形、地质条件、施工方法，工程的使用寿命及工程破坏造成的生命财产损失大小等因素，综合确定观测项目。

（2）测点布置。测点布置应有针对性与代表性，应既能了解整个工程的全貌，又能详细掌握工程重要部位及薄弱环节的变化状况。一般选择一个或几个最重要的断面，重点、全面地布置观测仪器，在可能出现最大值、最小测值、平均测值的部位布置测点。

（3）选择观测仪器类型。根据工程的等级、规模、重要性等，对不同的仪器方案进行经济评价，明确各观测项目使用的仪器类型、型号、量程、精度、灵敏度、使用寿命等，各种仪器均应能满足准确可靠、经久耐用及长期稳定等基本要求。

（4）仪器埋设和安装。按有关监测规范，结合工程施工方案确定科学的仪器埋设方案，既要避免仪器埋设对主体工程造成破坏或留下隐患，也要防止主体工程施工对观测仪器的破坏。监测方案设计时，埋设仪器的沟槽开挖与回填、钻孔与封孔、电缆的走向设计、电缆沟的开挖与回填、仪器与电缆的保护、观测房的设计等也应同步进行设计。

（5）仪器的现场观测。现场观测应按规范、设计及仪器使用说明书要求进行，要明确各种仪器的测次、观测频率、观测精度。特殊情况下，如快速加载、出现安全隐患趋势时应加密测次。观测时需将测值与前次测值对比，如有异常，立即重测。同时，还应观测水位、温度、降雨及主体工程填筑速度等相关因素。

（6）观测资料的整理分析。先对原始观测数据进行可靠性检验，再计算各物理量测值并绘制有关的观测项目的过程线和分布图。将观测值与同类物理量、理论计算或模型试验结果、监测警戒值及同类工程实测值等比较，判断工程的安全状态。

5.3　常见工程监测

5.3.1　基坑工程监测

5.3.1.1　概述

在建筑密集的城市中兴建高层建筑时，往往需要在狭窄的场地上进行深基坑开挖。由于场地的局限性，在基槽平面以外没有足够的空间安全放坡，就不得不设计规模较大的开挖支护系统，以保证施工的顺利进行。深基坑工程具有很大的风险性，被称为"最具挑战性的工程"。

在深基坑开挖的施工过程中，由于基坑内外土体应力状态的改变从而引起支护结构承受的荷载发生变化，并导致支护结构和土体的变形，支护结构内力和变形以及土体变形中的任一量值超过容许的范围，将造成基坑的失稳破坏或对周围环境造成不利影响。

在建筑物密集区域的深基坑开挖工程，施工场地四周有建筑物、道路和预埋的地下管线，基坑开挖所引起的土体变形将在一定程度上改变这些建筑物和地下管线的正常工作状态，当土体变形过大时，会造成邻近结构和设施的失效或破坏。同时，与基坑相邻的建筑物又相当于荷载作用于基坑周围土体，这些因素导致土体变形加剧，将引起邻近建筑物的倾斜和开裂，以及管道的渗漏。由于基坑工程中土体和结构的受力性质及地质条件复杂，在基坑支护结构设计和变形预估时，通常对地层条件和支护结构进行一定的简化和假定，与工程实际存在一定的差异；同时，由于基坑支护体系所承受的土压力等荷载存在着较大的不确定性，加之基坑开挖与支护结构施工过程中基坑工作性状存在的时空效应，以及气象、地面堆载和施工等偶然因素的影响，使得在基坑工程设计时，对结构内力计算以及结构和土体变形的预估与工程实际情况之间存在较大的差异，基坑工程设计在相当程度上仍依靠经验。

基坑施工过程中，对基坑支护结构、基坑周围的土体和相邻的建筑物进行全面系统的监测是十分必要的，通过监测才能对基坑工程自身的安全性和基坑工程对周围环境的影响程度有全面的了解，帮助施工单位及早发现工程事故的隐患，在出现异常情况时及时调整设计和施工方案，采取必要的工程应急措施，从而减少工程事故的发生，确保基坑工程施工的顺利进行。进行基坑监测工作的目的是：

（1）确保支护结构的稳定和安全。确保基坑周围建筑物、构筑物、道路及地下管线等的安全与正常使用，根据监测结果，判断基坑工程的安全性和对周围环境的影响，防止工程事故和周围环境事故的发生。

（2）指导基坑工程的施工。通过现场监测结果的信息反馈，采用反分析方法求得更合理的设计参数，并对基坑的后续施工工况的工作性状进行预测，指导后续施工的开展，达到优化设计方案和施工方案的目的，并为工程应急措施的实施提供依据。

（3）验证基坑设计方法，完善基坑设计理论。基坑工程现场实测资料的积累为完善现行的设计方法和设计理论提供依据，监测结果与理论预测值的对比分析，有助于验证设计和施工方案的正确性，总结支护结构和土体的受力和变形规律，推动基坑工程的深入研究。

5.3.1.2　基坑监测基本要求

基坑监测工作有以下要求：

（1）监测方案的编制。根据设计要求和基坑周围环境编制详细的监测方案，对基坑的施工过程开展有计划的监测工作。监测方案应该包括监测方法和使用的仪器、监测精度、测点的布置、监测周期等，以保证监测数据的完整性。

（2）监测数据的可靠性和真实性。监测仪器的精度、测点埋设的可靠性以及监测人员的素质是保证监测数据可靠性的基本条件，所有监测数据必须以原始记录为依据。

（3）监测数据的及时性。监测数据需在现场及时处理，发现监测数据变化速率突然大或监测数据超过警戒值时应及时复测和分析原因。基坑开挖是一个动态的施工过程，只有保证及时监测才能及时发现隐患，采取相应的应急措施。

（4）警戒值的确定。根据工程的具体情况预先设定警戒值，其至少应包含变形值、内力值及其变化速率。当监测值超过警戒值时，应根据连续监测资料和各项监测内容综合分析可能的原因，预测其发展趋势并结合基坑的状况考虑是否采取相应的补救措施。

（5）监测资料的完整性。基坑监测应有完整的监测记录，并提交相应的图表、曲线和监测报告。

5.3.1.3　基坑监测项目

基坑按照开挖深度不同等因素可分为以下三级。

一级：重要工程或支护结构做主体结构的一部分，开挖深度大于 10 m，与邻近建筑物、重要设施的距离在开挖深度以内的基坑；基坑范围内有历史文物、近代优秀建筑、重要管线等需要严加保护的基坑。

二级：介于一级基坑、三级以外的基坑。

三级：开挖深度小于 7 m 且周围环境无特殊要求的基坑。

下列基坑应实施基坑工程监测：

（1）基坑设计安全等级为一、二级的基坑。

（2）开挖深度大于或等于 5 m 的下列基坑：土质基坑；极软岩基坑、破碎的软岩基坑、极破碎的岩体基坑；上部为土体，下部为极软岩、破碎的软岩、极破碎的岩体构成的土岩组合基坑。

（3）开挖深度小于 5 m，但现场地质情况和周围环境较复杂的基坑。

基坑工程现场监测应采用仪器监测与现场巡视检查相结合的方法，主要检测内容见表 5-1，基坑监测项目主要针对土质基坑。

根据中华人民共和国国家标准《建筑基坑工程监测技术标准》（GB 50497—2019）的相关要求，土质基坑工程仪器监测项目应按表 5-1 进行。

表 5-1　土质基坑工程仪器监测项目表

监 测 项 目	基坑工程安全等级		
	一级	二级	三级
围护墙（边坡）顶部水平位移	√	√	√
围护墙（边坡）顶部竖向位移	√	√	√
深层水平位移	√	√	○
立柱竖向位移	√	√	○
围护墙内力	○	∅	∅
支撑轴力	√	√	○
立柱内力	∅	∅	∅
锚杆轴力	√	○	∅
坑底隆起	∅	∅	∅
围护墙侧向土压力	∅	∅	∅
孔隙水压力	∅	∅	∅
地下水位	√	√	√
土体分层竖向位移	∅	∅	∅
周边地表竖向位移	√	√	○
周边建筑竖向位移	√	√	√

监测项目	基坑工程安全等级		
	一级	二级	三级
周边建筑倾斜程度	√	○	∅
周边建筑水平位移	○	∅	∅
周边建筑裂缝、地表裂缝	√	√	√
周边管线竖向位移	√	√	√
周边管线水平位移	∅	∅	∅
周边道路竖向位移	√	○	∅

注：√为应测项目，○为宜测项目，∅为可测项目。

在基坑工程施工期内，每天都应有专门检查人员对基坑进行巡视检查，巡视检查内容主要有如下四项。

（1）支护结构：

1）支护结构成形质量；

2）冠梁、支撑、围檩有无裂缝出现；

3）支撑、立柱有无较大变形；

4）止水帷幕有无开裂、渗漏；

5）墙后土体有无沉陷、裂缝及滑移；

6）基坑有无流砂、管涌。

（2）施工工况：

1）开挖后的土质情况与岩土勘察报告有无差异；

2）基坑开挖分段长度及分层厚度是否与设计要求一致，有无超长、超深开挖；

3）场地地表水、地下水排放状况是否正常，基坑降水、回灌设施是否运转正常；

4）基坑周围地面堆载情况，有无超堆荷载。

（3）基坑周边环境：

1）地下管道有无破损、泄漏情况；

2）周边建筑物有无裂缝出现；

3）周边道路（地面）有无裂缝、沉陷；

4）邻近基坑及建筑物的施工情况。

（4）监测设施：

1）基准点、测点完好状况；

2）有无影响观测工作的障碍物；

3）监测元件的完好及保护情况。

5.3.1.4　监测点的布置

监测点的布置应能反映监测对象的实际状态及其变化趋势，监测点应布置在监测对象受力及变形关键点和特征点上，并应满足对监测对象的监控要求。除此之外，监测点的布置不应妨碍监测对象的正常工作，并且便于监测、易于保护。不同监测项目的监测点宜布置在同一监测断面上，监测标志应稳固可靠、标示清晰。

5.3.1.5　监测报表和监测日志

监测报表一般形式有当日报表、周报表、阶段报表，其中当日报表最为重要，通常作为施工方案调整的依据。周报表通常作为参加工程例会的书面文件，对周的监测成果作简要的汇总。阶段报表作为基坑施工阶段性监测成果的小结，用于掌握基坑工程施工中基坑的工作性状和发展趋势。

监测日报表应及时提交给工程建设、监理、施工、设计、管线与道路监察等有关单位，并另备一份经工程建设或现场监理工程师签字后返回存档，作为报表收到及监测工程量结算的依据。报表中应尽可能采用图形或曲线反映监测结果，如监测点位置图、地面沉降曲线及桩身深层水平位移曲线等，使工程施工管理人员能够直观地了解监测结果和掌握监测值的发展趋势。报表中必须给出原始数据，不得随意修改、删除，对有疑问或由人为和偶然因素引起的异常点应该在备注中说明。

在监测过程中除了要及时给出各种监测报表和测点位置布置图外，还要及时绘制各监测项目的曲线，用于反映各监测内容随基坑开挖施工的发展趋势，指导基坑施工方案实施和调整。主要的监测曲线包括：

（1）监测项目的时程曲线；

（2）监测项目的速率时程曲线；

（3）监测项目在各种不同工况和特殊日期的变化趋势图，如支护桩桩顶、建筑物和管线的沉降平面图，深层侧向位移、深层沉降、支护结构内力、孔隙水压力和土压力随深度分布的剖面图。

在绘制监测项目时程曲线、速率时程曲线时，应将施工工况、监测点位置、警戒值以及监测内容明显变化的日期标注在各种曲线和图件上，以便能直观地掌握监测项目物理量的变化趋势和变化速率，以及反映与警戒值的关系。

在基坑工程施工结束时应提交完整的监测报告，监测报告是监测工作的回顾和总结。监测报告主要包括：

（1）工程概况；

（2）监测项目、监测点的平面和剖面布置图；

（3）仪器设备和监测方法；

（4）监测数据处理方法、监测成果汇总表和监测曲线。

在整理监测项目汇总表、时程曲线、速率时程曲线的基础上，对基坑及周围环境等监测项目的全过程变化规律和变化趋势进行分析，给出特征位置位移或内力的最大值，并结合施工进度、施工工况、气象等具体情况对监测成果进行进一步分析。

5.3.1.6 监测成果的评价

根据基坑监测成果，对基坑支护设计的安全性、合理性和经济性进行总体评价，分析基坑围护结构受力、变形以及相邻环境的影响程度，总结设计施工中的经验教训，尤其要总结监测结果的信息反馈在基坑工程施工中对施工工艺和施工方案的调整和改进所起的作用。通过对基坑监测成果的归纳分析，总结相应的规律和特点，对类似工程有积极的借鉴作用，促进基坑支护设计理论和设计方法的完善。

5.3.2 边坡工程监测

5.3.2.1 概述

边坡按其成因可分为自然边坡和人工边坡，按岩土体性质可分为岩质边坡和土质边坡。自然边坡是地表岩体在漫长的地质年代中经河流的冲蚀、切制以及风化、卸荷等作用形成的。人工边坡是由工程活动进行的挖方、填方所形成的边坡，相对于自然边坡坡面人工边坡的几何形状较规整，坡面暴露时间短，岩土体较为新鲜，边坡因为经过计算设计而更稳定一些。

通过对边坡工程进行监测，工程人员可了解边坡的变形发展，分析其动态变化规律，进而预测边坡工程可能发生的破坏，为边坡加固或地质灾害防治提供依据。

边坡工程监测具有以下特点：

（1）岩土体介质的复杂性。实际工程中边坡监测区域范围往往较大，其应力分布不均，很难形成一个统一的理论模型，所获得的监测参数往往有些矛盾，因而监测人员不仅仅是简单的采集数据，更为重要的是判断和对所获得的数据加以整理后进行整体分析。

（2）监测内容的复杂性。监测的内容相对较多，主要有地面变形监测、地下变形监测以及环境因素监测。监测工作量大，工种复杂，对监测人员的要求也较高。

（3）监测周期长。监测的周期较长，一般不少于两年或更长时间，有时是贯穿于整个工程建设过程中，从工程的可行性研究开始，在施工过程和工程运行中始终进行，对于监测人员和设备的要求有一定连续性。

5.3.2.2 边坡工程监测内容

根据《建筑边坡工程技术规范》（GB 50330—2013）中相关规定，边坡工程应根据其损坏后可能造成的破坏后果（危及人的生命、造成经济损失、产生不良社会影响）的严重性、边坡类型和边坡高度等因素，按表5-2确定边坡工程安全等级。

表 5-2　边坡工程安全等级表

边坡类型	边坡高度 H/m	破坏后果	安全等级
岩质边坡，岩体类型为Ⅰ或Ⅱ类	$H \leqslant 30$	很严重	一级
		严重	二级
		不严重	三级
岩质边坡，岩体类型为Ⅲ或Ⅳ类	$15 < H \leqslant 30$	很严重	一级
		严重	二级
	$H \leqslant 15$	很严重	一级
		严重	二级
		不严重	三级
土质边坡	$10 < H \leqslant 15$	很严重	一级
		严重	二级
	$H \leqslant 10$	很严重	一级
		严重	二级
		不严重	三级

边坡工程可根据安全等级、地质环境、边坡类型、支护结构类型和变形控制要求，按表5-3选择监测项目。

表 5-3　边坡工程监测项目表

测试项目	测点位置布置	边坡工程安全等级		
		一级	二级	三级
坡顶水平位移、垂直位移	支护结构顶部或预估支护结构变形最大处	应测	应测	应测
地表裂缝	墙顶背后 $1.0H$（岩质）~ $1.5H$（土质）范围内	应测	应测	选测

测 试 项 目	测点位置布置	边坡工程安全等级		
		一级	二级	三级
坡顶建（构）筑物变形	边坡坡顶建筑物基础、墙面和整体倾斜	应测	应测	选测
降雨、洪水与时间关系	—	应测	应测	选测
锚杆（索）拉力	外锚头或锚杆主筋	应测	选测	可不测
支护结构变形	主要受力构件	应测	选测	可不测
支护结构应力	应力最大处	—	选测	可不测
地下水、渗水与降雨关系	出水点	应测	选测	可不测

注：H 为边坡高度。

5.3.2.3　边坡工程监测设计

边坡监测时，要根据边坡性质（自然边坡、人工边坡）、工程处于的阶段（施工期、运行期）、采取的加固措施（锚杆、抗滑桩，若无加固措施则不予考虑）等确定监测项目。另外，降雨、地下水常常引起边坡失稳，边坡监测中应特别重视降雨、地下水等与水有关项目的监测。

确定监测项目后，应明确主要监测的范围，在该范围中按照监测方案的要求，确定主要滑动方向，按照主滑动方向和滑动面范围选取布置典型断面，再按照断面布置相应监测点，监测断面应主要选择在地质条件差、变形大、可能破坏的部位，比如存在断层、裂隙、危岩体的部位，且应根据地质条件的好坏选定主要断面和次要断面，主要断面的监测项目和仪器比次要项目的多。除此之外，同一监测项目应平行布置，保证成果的可靠性和相互印证。监测点按照不同的监测方法布置，在空间上构成监测网络。

边坡工程监测可以采用简易观测法、设站观测法、仪表观测法以及远程观测法。地表位移监测通常采用GPS法（通视条件较差）和大地测量法（通视条件较好），辅以经纬仪、全站仪等电子水准仪进行水准测量。地下变形监测常用测斜法、应变测量法、重锤法等，常用地下位移监测仪器包括位移计、测缝仪、沉降仪、倾斜仪、坐标仪、重锤等。

此外，合成孔径雷达干涉测量技术、三维激光扫描技术、声发射技术、无人机倾斜摄影等新兴技术也广泛应用于岩质边坡监测。

边坡工程监测应符合下列规定：

（1）坡顶位移观测，应在每一典型边坡段的支护结构顶部设置不少于3个监测点的观测网，观测位移量、移动速度和移动方向。

（2）锚杆拉力和预应力损失监测，应选择有代表性的锚杆（索），测定锚杆

（索）应力和预应力损失。

非预应力锚杆的应力监测根数不宜少于锚杆总数3%，预应力锚索的应力监测根数不宜少于锚索总数的5%，且均不应少于3根。

（3）监测工作可根据设计要求、边坡稳定性、周边环境和施工进程等因素进行动态调整。

（4）边坡工程施工初期，监测宜每天一次，且应根据地质环境复杂程度、周边建（构）筑物确定监测频率。

（5）对边坡变形敏感程度、气候条件和监测数据调整监测时间及频率，当出现险情时应加强监测；一级永久性边坡工程竣工后的监测时间不宜少于2年。

（6）对地质条件特别复杂的、采用新技术治理的一级边坡工程，应建立边坡工程长期监测系统。

（7）边坡工程监测系统包括监测基准网和监测点建设、监测设备仪器安装和保护、数据采集与传输、数据处理与分析、预测预报或总结等。

监测工作的实施包括：

（1）地面位移监测工作。地面位移监测工作包括地面测点选点、有关标点的埋设和标记使用的制作以及相关保护措施的进行。完成准备工作后正式进行监测，完成测量后将资料汇总并形成报表。

（2）地下位移监测和滑动面测量。该工作的关键是钻孔工作，地下位移监测孔的钻孔技术要求较高，对于孔径、孔斜以及充填材料都有专门的要求。在钻孔完成后可进行有关的埋设工作，有关的元件在进入现场前均应进行标定，埋设完成后应及时进行初测，对相关的测试孔位要进行必要的保护，避免在施工和边坡使用过程中监测孔位及元件发生破坏。完成准备工作后正式进行监测，完成测量后将资料汇总并形成报表。

（3）地下应力及支护结构应力监测。根据边坡岩土体和结构物的受力特性、工作性状、影响因素，确定相应的监测项目和测点位置，在结构物施工时埋设相应的监测元件或仪器，埋设时应注意元件的防潮、防腐蚀和人畜破坏，根据岩土体和结构物的类型、资料汇总并形成报表。

（4）环境因素监测。环境因素检测主要包括：地下水位长期统计、降雨量统计、声波测试、振动测试、地下水化学组分的变化等。通过监测孔进行监测，降雨量统计可从当地气象部门获取。

边坡工程施工过程中及监测期间遇到下列情况时应及时报警，并采取相应的应急措施：

（1）有软弱外倾结构面的岩土边坡支护结构坡顶有水平位移迹象或支护结构受力裂缝有发展，无外倾结构面的岩质边坡或支护结构构件的最大裂缝宽度达到国家现行相关标准的允许值，土质边坡支护结构坡顶的最大水平位移已大于边坡开挖深度的 1/500 或 20 mm，以及其水平位移速度已连续 3 d 大于 2 mm/d。

（2）土质边坡坡顶邻近建筑物的累计沉降、不均匀沉降或整体倾斜已大于现行国家标准《建筑地基基础设计规范》（GB 50007）规定允许值的 80%，或建筑物的整体倾斜度变化速度已连续 3 d 每天大于 0.00008。

（3）坡顶邻近建筑物出现新裂缝、原有裂缝有新发展。

（4）支护结构中有重要构件出现应力骤增、压屈、断裂、松弛或破坏的迹象。

（5）边坡底部或周围岩土体已出现可能导致边坡剪切破坏的迹象或其他可能影响安全的征兆。

（6）根据当地工程经验判断已出现其他必须报警的情况。

5.3.2.4　监测资料汇总分析

边坡工程的监测资料主要包括监测报告和监测表。

边坡工程监测报告应包括：边坡工程概况，监测依据，监测项目和要求，监测仪器的型号、规格和标定资料，测点布置图、监测指标时程曲线，监测数据整理、分析和监测结果评述。

监测表包括监测日报表、阶段性报表、监测总表及其他相关报表，比如地表位移变形矢量图、各时段深度-水平位移/垂直位移曲线、降雨量曲线、位移-降雨量变化曲线等，见表 5-4。

表 5-4　某边坡水平位移日报表

深度/m	位移速度/mm·月$^{-1}$			
	1 号孔		2 号孔	
	A 方向	B 方向	A 方向	B 方向
1	1.69	0.11	0.08	0.08
2	1.7	0.80	0.09	0.89
3	0.40	0.90	1.10	0.09
4	0.40	0.94	0.80	1.01
5	0.55	0.58	1.06	0.04

5.4　土木工程监测技术

5.4.1　全站仪及其应用

5.4.1.1　全站仪概述

全站仪，全称为全站型电子速测仪（electronic total station），是集光、机、电为一体的高技术测量仪器，集水平角、垂直角、距离（斜距、平距）、高差测量功能于一身的测绘仪器系统。一次安置即可完成测站上所有测量工作，因而得名。其广泛应用于大型建筑和隧道施工等领域，用于精密工程测量和变形监测。这种高精度仪器集成了望远镜、测角仪、距离计和数据处理系统，能快速准确地测量水平角、垂直角和斜距。其工作原理基于光学、角度测量和距离测量技术，结合精密的仪器设计和数据处理系统。全站仪在工程测量中扮演关键角色，获取地理空间数据，为工程设计、建造和监测提供可靠支持。全站仪应用广泛，可测量建筑结构、地形地貌、道路、桥梁、隧道等工程，确保工程质量和精度，是工程测量和勘测领域不可或缺的重要工具。

5.4.1.2　全站仪原理简介

全站仪内部的光学原理是通过望远镜和测角仪实现精确的角度测量。典型的全站仪望远镜内含有测角仪，这个测角仪使用光学系统来确保对目标的准确定位。在全站仪的望远镜中，光学系统包括凸透镜和棱镜等组件，这些部件协同工作以确保视线的准直和稳定。当望远镜对准目标时，光线会通过透镜和棱镜系统，确保被观测物体的影像精确地投射在测角仪的测量面上。这些光学组件能够保证光线准确地到达测角仪，使其能够精确地测量望远镜对准目标时产生的水平角和垂直角。测角仪通常使用光电或电子传感器来测量这些角度，这些传感器能够检测望远镜的精确方向，进而测量出水平和垂直方向上的角度，其光学原理的精确性和稳定性是确保全站仪能够进行准确测量的关键。它们通过确保望远镜对准目标并测量出精确的角度，为全站仪提供了准确度和可靠性。

全站仪实现距离测量的主要原理通常基于激光或电磁波技术。

（1）激光技术。全站仪中的激光测距系统工作原理类似于激光测距仪。它通过发射激光束并测量激光束从仪器发射到目标后反射回来所需的时间来确定距离。激光被发射并定向到目标物体上，然后在目标表面反射并返回仪器。利用光速恒定的特性，仪器能够测量激光返回所需的时间，并根据光速和时间之间的关系计算出距离。

（2）电磁波技术。一些全站仪使用电磁波来测量距离。这种技术通过发射电磁波，比如，微波或射频信号，然后接收并分析信号被目标物体反射后返回的时间和特征。通过测量发射和接收之间的时间差，可以计算出仪器到目标的距离。

上述这两种技术都依赖于测量信号发射和接收的时间差，并利用电磁波或激光的速度和恒定特性来计算距离。距离测量的准确性取决于仪器的精密度、信号发射和接收的稳定性，以及对信号反射的处理和分析能力。

全站仪内部配备了一个精密的数据处理系统，这个系统能够接收、处理和存储测量数据。测量得到的角度和距离数据通过这个系统进行计算和记录，然后可以通过显示屏或连接到外部设备的接口进行查看和处理。此外，全站仪还可以生成详尽的测量报告和存储数据，便于后续分析和使用。总的来说，全站仪通过测量望远镜对准目标时产生的水平角、垂直角和距离，结合角度传感器和距离测量技术，利用光学原理和现代测量技术实现高精度的角度和距离测量。这些准确的测量数据为工程测量和勘测提供了可靠的基础，为工程设计、建造和监测提供了重要的支持。因其精确性和多功能性，全站仪在各种工程项目中扮演着关键角色。它广泛应用于测量建筑结构、地形地貌、道路、桥梁等工程项目，为工程师提供了精确的数据支持，确保工程项目的质量和精度。因此，全站仪在工程测量和勘测领域中具有重要意义，为各种工程项目的顺利实施提供了技术保障。

全站仪内部的数据处理系统是核心组成部分，它负责接收、处理和存储测量数据，并提供用户界面以便查看和分析数据。首先，它接收来自测量装置的角度和距离等数据，这些数据经过传输后进入内部的数据处理单元。在这里，数据经过一系列处理步骤，可能包括校正、校准和误差消除，确保测量结果的精确性和准确性。处理后的数据被储存在内部存储器中，以文件或数据库的形式进行存储，包含测量值、校正参数以及设备设置等信息。这些数据可以通过内置的显示屏或外部连接端口输出，连接到计算机、移动设备或其他外部存储设备，方便用户查看、保存和处理数据。最后，数据处理系统还具备报告生成的功能，能够根据测量数据自动生成报告或图表，帮助用户更直观地理解和利用这些数据。整个数据处理系统致力于确保测量数据的准确性、可靠性和可用性，它的作用不仅在于处理原始数据，还在于提供用户友好的界面，使用户能够方便地查看、管理和分析测量数据，从而为工程项目提供准确的测量支持。图5-3为全站仪外观，表5-5为某型号全站仪参数表。

图 5-3 全站仪外观

表 5-5 某型号全站仪参数表

某型号全站仪设备参数名称	详 细 数 据
最小读数	1"/5" 可选
精度	2"/5" 可选
激光测距	120 m
平板水准	30"/2 mm
圆形水准	8"/2 mm

某型号全站仪设备参数名称	详 细 数 据
系统自动补偿器	液体电探测 ±4′
	圆形水准 ±3′
垂直补偿器	液体电探测±1″
	平板水准 30″/2 mm
通信端口	RS-232
尺寸（长×宽×高）	165 mm×157 mm×318 mm
质量	4.3 kg（含电池）
工作温度	−20~45 ℃
防水/防尘性能	IP55
使用时间	10 h

5.4.1.3　全站仪的应用

全站仪的起源可以追溯到 20 世纪 70 年代末和 80 年代初。最初的全站仪在技术上是一种革命性的测量设备，它集成了传统的光学测量仪器和电子技术，实现了自动化和精准度的结合。1971 年，美国的 Wild 公司推出了 Wild T2 全站仪，它是第一台商用的全站仪。然而，它仍然主要依赖于光学测量。随后，在 80 年代初，引入了全电子全站仪，这是一个重大的技术进步，它利用了电子传感器和计算机技术，使得测量更加自动化、准确和高效。从那时起，全站仪迅速发展并逐渐普及，经过不断的技术革新和改进，逐步提升了测量的精确度、功能和适用范围。

（1）建筑物变形监测。在建筑物变形监测中，通过连续测量建筑物各个部分的位置和角度，它能准确记录变化，警示可能存在的结构问题，这项监测工作对于早期发现建筑物倾斜、沉降或变形异常重要。全站仪能够提供实时数据，帮助工程师了解建筑物变化趋势，及时采取补救措施，确保建筑结构的安全性和稳定性。

（2）地质环境监测。在地质环境监测中，全站仪用于监测地下结构和地表的变化。它能检测岩层移动、地表变形等情况，帮助预警地质灾害风险。这种监测工作在地下建筑或挖掘工程中尤为重要，及时的变化监测能有效预防地质灾害的发生，保障工程安全进行。

（3）桥梁、隧道监测。全站仪在桥梁和隧道监测中发挥重要作用，它通过测量结构的变形和稳定性来检测可能存在的问题，例如裂缝、倾斜或沉降。这种监测有助于确保桥梁和隧道工程的稳定性，提前发现潜在安全隐患，确保交通和工程安全运行。

（4）地表沉降监测。在基础设施建设中，全站仪用于监测地表沉降情况。它能及时检测到地表沉降的变化，帮助规划和预防可能的安全隐患。这种监测工作对于城市建设和大型工程项目至关重要，能确保地基稳固、建筑物安全。

（5）震后监测。全站仪在地震后的影响评估中扮演关键角色，它能快速测量建筑物或地表的变形情况，评估地震对结构造成的影响。这项评估工作有助于快速了解地震对建筑物和地质环境的影响程度，为灾后重建提供重要数据支持。

5.4.2 边坡雷达及其应用

5.4.2.1 边坡雷达概述

边坡雷达，全称为边坡变形雷达，是一种集成雷达技术的地质监测仪器。其主要任务是通过实时监测边坡表面的微小变形，提前预警潜在的地质灾害风险，如滑坡、坍塌等，以确保边坡的稳定性，减缓或降低自然灾害对周边环境和人类活动的影响。边坡雷达工作的核心原理是基于雷达技术，即利用无线电波的传播和反射原理。系统通过发射微波或毫米波信号，这些信号穿透大气，与边坡表面发生相互作用。随后，雷达系统精密地接收这些反射信号。通过分析反射信号的相位差和时间差，边坡雷达能够确定雷达波传播的路径和所测量点的表面变形情况。边坡雷达广泛应用于地质灾害监测、工程建设、交通基础设施等领域，其高效的实时监测能力为相关领域的决策提供了及时而准确的数据支持。

5.4.2.2 边坡雷达原理简介

边坡雷达是一种先进的地质监测技术，其工作原理涉及雷达技术、微波或毫米波信号的发射与接收、相位差和时间差的分析等多个方面。在地质监测中，边坡雷达通过实时监测边坡表面的微小变形，为地质灾害风险提前预警提供了关键的数据支持。边坡雷达的核心是雷达技术，雷达（Radar）是一种利用电磁波进行远距离探测和测量的技术。在边坡监测中，雷达被用于发射特定频率的微波或毫米波，然后接收并分析其在边坡表面的反射信号。这一过程需要借助精密的雷达系统，包括天线、发射器、接收器等组成的设备。

边坡雷达工作时，首先通过其系统发射微波或毫米波信号，这些信号穿透大气到达边坡表面后发生反射。微波和毫米波是电磁波的一种，具有穿透力强、对地物反射灵敏的特点，因此非常适合用于地质监测。雷达系统的天线接收由边坡表面反射回来的信号，接收到的信号包含来自边坡表面的信息，其中包括地形、物体表面的微小变形等。

接收到的反射信号在相位和时间上与发射信号存在差异，这些差异蕴含了边坡表面的信息，边坡雷达通过分析这些差异来确定雷达波的传播路径和测量点表面的变形情况。通过分析相位差，边坡雷达能够确定边坡表面在水平和垂直方向上的微小运动。相位差的变化与边坡表面的形变程度成正比，因此可以通过这一信息来评估边坡的稳定性。通过分析时间差，边坡雷达可以确定信号从雷达系统到边坡表面反射的时间，从而计算出测量点与雷达系统之间的距离，这一信息对于定量测量边坡的变形提供了重要数据。

边坡雷达的工作以实时监测为特点，能够连续不断地监测边坡表面的微小运动。通过对这些实时数据的连续采集，形成时间序列，为后续的数据分析和处理提供了丰富的信息。在实际应用中，边坡雷达的监测系统通常会设置多个测量点，以全面覆盖边坡表面。这些测量点的微小变形数据将被汇总并存储，形成全局性的监测结果，这一系统化的数据采集过程为地质监测提供了可靠的数据基础。

边坡雷达获取的数据需要经过精密的处理和分析，以提取有用的信息。数据处理的步骤包括校正、滤波、误差修正等，确保得到的监测结果精确可靠。校正过程通过对数据进行精确调整，提高了监测数据的准确性。同时，滤波技术可以有效去除一些噪声，使得监测结果更为清晰。在数据处理中，还需要进行误差修正，特别是对于相位差和时间差的测量结果。通过建立数学模型和采用先进的算法，可以最小化测量误差，确保最终的监测结果具有高精度，如图 5-4 所示。

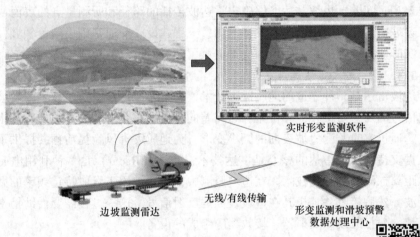

实时形变监测软件

无线/有线传输

边坡监测雷达   形变监测和滑坡预警
                                  数据处理中心

图 5-4   边坡雷达工作原理

图 5-4 彩图

5.4.2.3 边坡雷达的应用
边坡雷达的应用包括：

（1）边坡稳定性监测。通过实时监测边坡表面的微小运动，边坡雷达能够提前发现潜在的滑坡、坍塌等问题，确保边坡的稳定性，这对于边坡周边地区的居民和建筑物的安全至关重要。

（2）地质灾害预警。在地质环境监测中，边坡雷达可预警地质灾害风险，如滑坡、泥石流等。提前的预警为相关部门提供了决策支持，有助于采取及时有效的防范措施。

（3）工程建设安全监测。边坡雷达广泛应用于工程建设领域，特别是在施工前期和施工过程中。它用于监测施工区域边坡的变形情况，以确保施工过程的安全性，避免地质灾害对工程建设的不利影响。

（4）基础设施维护。通过监测周围边坡的变形，边坡雷达为道路、铁路、隧道等基础设施的维护提供了重要的支持。及时采取维护和加固措施，确保基础设施的稳定性和安全性。

5.4.3 InSAR 及其应用

5.4.3.1 InSAR 概述

InSAR 是 Interferometry Synthetic Aperture Radar 的简称，中文翻译为"合成孔径雷达干涉测量技术"。它是利用微波合成孔径雷达图像（SAR）对地表重复观测形成的微波（1 mm～1 m）相位差计算地表形变，精度可以达到毫米级。InSAR 技术是公认的进行大范围地面沉降监测的高效手段，具有全天候、可连续监测、高精度、高时空分辨率等优点。相比于传统的大地测量，InSAR 提高了观测精度，扩大了跨越范围，缩短了观测周期，并且克服了需要野外布点和点密度不足的缺陷，在地面沉降、滑坡、地震、活动断裂、火山、冰川等方面的研究和地质调查领域取得了显著效果。

5.4.3.2 InSAR 原理简介

InSAR 技术是将合成孔径雷达（SAR）置于卫星上，通过两副天线同时观测（单轨模式），或两次近平行的观测（重复轨道模式），对目标场景进行照射，获取地表同一景观的复图像对，其重访周期最高可达每次几天。这项技术无需设置地面观测站，仅需通过雷达卫星对地监测和数据获取分析，即可实现主动式、全天时、全天候数据获取，且单次监测范围可达成百至上千平方公里，而且 InSAR 技术投入成本相对较低，性价比极高。

由于目标与两天线位置的几何关系，在多时相 SAR 影像上产生了相位差，InSAR 技术就是根据这种相位差形成干涉条纹图，干涉条纹图中包含了斜距向上的点与两天线位置之差的精确信息。因此，根据相位差以及传感器高度、雷达波长、波束视向及天线基线距之间的几何关系，InSAR 技术可以精确地测量出图像上每一点的三维位置和微小变化信息[2]。

5.4.3.3 InSAR 的应用

InSAR 的应用主要有：

（1）InSAR 在城市地灾中的应用。利用 InSAR 等相关技术，通过重构历史影像，识别城市不稳定地区的地面运动位移情况，从而实现对城市及其建筑物、构筑物等人工设施的规划、建设、运营全过程进行普查、详查以及监测、分析，从面上及时发现存在形变和破坏风险的设施与区域，进而实现城市安全风险的预警防范和应急处治。此外，根据地表形变的独特征兆，还可以为城市地下空间工程的施工、运营提供风险监测支持。

（2）地质灾害监测。我国是世界上地质灾害发生最多的国家之一，以 2020 年上半年为例，我国发生地质灾害 1747 起，造成直接经济损失 10.1 亿元。地质灾害会严重危害人民的生命和财产安全，常见的地质灾害包括崩塌、滑坡、泥石流、地面塌陷、地裂缝、地面沉降等与地质作用有关的灾害，其中，绝大多数地质灾害由地表形变引起。以 InSAR、offset-tracking 等技术为代表的遥感大数据技术能够获得大面积区域在一定时间内的地表形变情况，并根据形变特征发现相对活跃的区域，为地质灾害及其次生灾害发生的预警预防工作提供高效、可靠、大范围的低成本科技手段。

为全方位识别地质灾害隐患点，有学者提出构建星载平台（InSAR）、航空平台（LiDAR）、无人机摄影和地面平台相结合的天-空-地一体化的多源立体观测体系，综合利用现有技术手段，通过"三查"（卫星普查、无人机详查和人工核查）精确识别危岩体，发现潜在地质灾害隐患[3]。

5.4.4　声发射及其应用

5.4.4.1　声发射概述

材料或构件在受力过程中产生变形或裂纹时，以弹性波形式释放出应变能的现象，称为声发射（Aoustis Emission，AE）。利用接收声发射信号，对材料或构件进行动态无损监测，将声发射信号检测出来，分析检测信号波形或者参数来推断材料内部产生变化的技术，称为声发射技术。作为一种动态无损检测方法，声发射技术具有原理简单、操作方便、灵敏度高、可实时监测等优点，广泛应用于材料性能评价、结构损伤检测等领域。

5.4.4.2　声发射基本原理简介

固体材料产生局部变形时，不仅产生体积变形，而且会产生剪切变形，因此会激起两种波，即纵波（又称压缩波）和横波（又称剪切波）。产生这种波的部位叫作声发射源。这种纵波和横波从声发射源产生后通过材料介质向周围传播，通过介质直接传到安放在固体表面的传感器，形成检测信号；一部分传到表面后会产生折射，形成折射波返回到材料内部，其余则形成表面波（又称瑞利波），表面波沿着介质的表面传播，并到达传感器，形成检测信号。通过对这些信号进行探测、记录和分析，就能够实现对材料进行损伤评价和研究，图 5-5 是声发射信号的采集过程。

声发射信号是一种复杂的波形，不仅包含丰富的声发射源信息，同时在传播的过程中还会发生畸变并引入干扰噪声。因此需要选用合适的信号处理方法来分

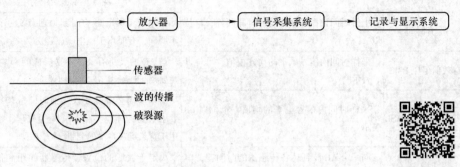

图 5-5 彩图

图 5-5　声发射信号采集过程

析声发射信号，从而获取正确的声发射源信息。根据分析对象的不同，可把声发射信号处理和分析方法分为两类：一是声发射信号波形分析，根据所记录信号的时域波形及与此相关联的频谱、相关函数等来获取声发射信号所含信息的方法，如 FFT 变换、小波变换等；二是声发射信号特征参数分析，利用信号分析处理技术，由系统直接提取声发射信号的特征参数，然后对这些参数进行分析和评价得到声发射源的信息，参数分析是目前声发射信号分析较为常用的方法。根据波形提取几个相关的统计数据，以简化的波形特征参数来表示声发射信号的特征，然后对其进行分析和处理得到声发射源的相关信息，常用的声发射参数包括：撞击（波形）计数、振铃计数、能量、幅度、峰值频率、持续时间、上升时间、门槛等。各参数的含义及用途见表 5-6[4]。

表 5-6　声发射参数表

参　数	含　义	特点与用途
撞击计数	超过阈值并使某一通道获取数据的任何信号称为一个波击，可分为总计数、计数率	反映 AE 活动的总量和频度，常用于 AE 活动性评价
事件计数	由一个或几个波撞击鉴别所得 AE 事件的个数，可分为总计数、计数率	反映 AE 活动的总量和频度，用于源的活动性和定位集中度评价
振铃计数	越过门槛信号的振荡次数，可分为总计数和计数率	粗略反映信号强度和频度，广泛用于 AE 活动性评价，但很受门槛的影响
幅度	事件信号波形的最大振幅值，通常单位用 dB 表示	直接决定事件的可测性，常用于波源的类型鉴别、强度及衰减的测量
能量计数	事件信号检波包络线下的面积，可分为总计数和计数率	反映事件的相对能量或强度，可取代振铃计数，也用于波形的类型鉴别
持续时间	事件信号第一次越过门槛到最终降至门槛所经历的时间间隔，单位以 μs 表示	与振铃计数十分相似，但常用于特殊波源类型和噪声鉴别

参　数	含　义	特点与用途
上升时间	上升时间大振幅所经历的时间间隔,单位以 μs 表示	因很受传播的影响而其物理意义变得不明确,有时用于机电噪声鉴别
有效值电压 RMS	采样时间内信号电平的均方根值,单位以 V 表示	与 AE 的大小有关,不受门槛的影响,主要用于连续型 AE 活动性评价
平均信号电平 ASL	采样时间内信号电平的均值,单位以 dB 表示	对幅度动态范围要求高而时间分辨率要求不高的连续型信号,尤为有用,也用于背景噪声水平的测量
时差	同一个 AE 波到达各传感器的时间差,单位以 μs 表示	决定于波源的位置、传感器间距和传播速度,用于波源的位置计算
外变量	试验过程外加变量,包括经历时间、载荷、位移、温度及疲劳周次	不属于信号参数,但属于波击信号参数的数据集,用于 AE 活动性分析

5.4.4.3　声发射的应用

声发射技术广泛应用于材料分析。在土木工程监测中,混凝土、岩石的损伤分析中声发射技术被广泛地使用,并发挥着不可或缺的重要作用。

岩石内部存在或多或少的原生裂隙,这些缺陷在岩石承受外部荷载时会发生"复活",出现扩展、演化,岩石产生损伤破坏,在破坏过程中以弹性波的形式释放大量应变能,弹性波在岩石内部传播,产生声发射现象,因此声发射的各参数之中蕴含着大量的岩石损伤破裂信息。分析获得的声发射信息,可理解岩石破裂机制、了解岩石损伤演化特征,并预测岩体失稳[5]。

混凝土内部含有许多不同性质的缺陷、裂纹及微观构造上的不均匀性,其受载断裂过程实质上是一个由原生裂隙到微裂纹扩展,最后出现宏观断裂的连续过程。大量实验表明,混凝土在整个断裂过程中都伴有声发射产生,在不同阶段有着不同的声发射特征,并且发射过程中包含有材料临界断裂的突变信息。分析声发射信息,对了解材料内部结构演化特征,混凝土结构的损伤机制和破坏过程具有重要意义[6]。

作为一种优势明显的无损检测技术,声发射在结构工程中可以确定损伤的位置,表征破裂源的破坏性质,分析结构破坏的前兆信息,在结构安全监测中被推广应用,包括楼房、桥梁、大坝、隧道的检测以及混凝土结构裂纹扩展的连续监测。例如,Osamu Minemura 等对本州岛的一座混凝土拱坝进行了声发射监测,通过声发射特征参数法及借助矩张量分析手段对施工期的大坝进行了安全评估,保证了在极端气候条件下拱坝的安全施工[7]。

5.4.5 三维激光扫描技术及其应用

5.4.5.1 三维激光扫描技术概述

三维激光扫描技术又称为实景复制技术，是测绘领域继百度 GPS 技术之后的一次技术革命。它突破了传统的单点测量方法，具有高效率、高精度、非接触、数字化、实时性强等的独特优势。三维激光扫描技术能够提供扫描物体表面的三维点云数据，因此可以用于获取高精度高分辨率的数字地形模型。

作为新的高科技产品，三维激光扫描仪已经成功地在文物保护、城市建筑测量、地形测绘、采矿业、变形监测、工厂、大型结构、管道设计、飞机船舶制造、公路铁路建设、隧道工程、桥梁改建等领域里应用。三维激光扫描仪的扫描结果直接显示为点云，利用三维激光扫描技术获取的空间点云数据，可快速建立结构复杂、不规则场景的三维可视化模型，既省时又省力[8]。

5.4.5.2 三维激光扫描技术原理简介

三维激光扫描技术通过高速测量记录被测物体表面大量密集的点的三维坐标、反射率和纹理等信息，可快速复建出被测目标的三维模型及线、面、体等各种图件数据。由于三维激光扫描系统可以密集地大量获取目标对象的数据点，因此相对于传统的单点测量，三维激光扫描技术也被称为从单点测量进化到面测量的革命性技术突破。

地面三维激光扫描测量系统的工作过程，实际上就是一个不断重复的数据采集和处理过程。它通过具有一定分辨率的空间点组成的点云图来表达系统对目标物体表面的采样结果。地面三维激光扫描测量系统对物体进行扫描后，采集到的物体表面各部分的空间位置信息是以扫描坐标系为基准的。扫描坐标系定义为：坐标原点位于激光束发射处，扫描仪的理论竖直轴（水平时的天顶方向）为 Z 轴，扫描仪水平转动轴的零方向为 X 轴、Y 轴与 X 轴、Z 轴构成右手坐标系口。对于单个采集点，原点到被测点的距离为 S，以 P 点（X_s，Y_s，Z_s）表示被测点，扫描仪测得的水平和竖直扫描角度分别为 α 和 θ，则被测点在扫描坐标系中的坐标可表示为：

$$X_s = S \cdot \cos\theta \cdot \cos\alpha, \quad Y_s = S \cdot \cos\theta \cdot \sin\alpha, \quad Z_s = S \cdot \sin\theta \tag{5-1}$$

三维激光进行扫描时采用分测站测量，因此需要布设控制点进行控制测量。控制点的作用有两个，一个是用于点云数据的拼接；另一个是用于将点云数据的坐标转换到绝对坐标系，控制精度。在布设控制网时，首先应踏勘现场，选择测站点，然后采用全站仪法或 GPS 进行控制测量。由于测站点的精度直接影响到点云坐标的转换精度，因此用全站仪布设控制网应尽量布设成附合导线或闭合导线的形式，而用 GPS 布设控制网应对高程进行拟合或采用水准测量方法进行测量，保证高程方向的精度。

　　扫描仪获取的大量全面、连续的点数据成为点云，点云数据的处理是遥感分析的一个重要过程。点云数据在环境、计算机系统自身等因素的影响下，存在一些"噪声"，需选择合适的算法进行去噪处理。同时，检查数据完整性。经过处理之后，通过重新建立点云数据之间的联系，来重现建筑物的一些特征。

　　三维激光扫描技术的流程如图5-6所示[9]。

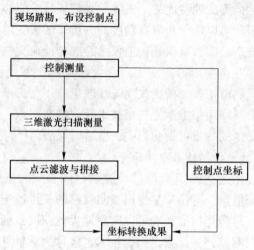

图 5-6 　三维激光扫描技术流程图

5.4.5.3 　三维激光扫描技术的应用

　　三维激光扫描技术作为新一代的遥感技术，具有采集数据效率高、采集量大、数据处理快的特点。随着扫描仪测量精度的提高以及计算机技术的进步，其应用范围也越来越广，不仅在建筑施工领域，比如地形测量、变形监测，在影视制作、结构检测也发挥着日益强大的作用。下面列举常见的监测领域。

　　（1）古建筑保护。现代建筑都有全套的图纸，古建筑由于年代久远，图纸往往丢失或者不全。由于三维激光扫描技术具有非接触、高精度等特点，通过其获得古建筑的点云数据，对点云数据进行去噪、拼接，可实现对古建筑三维建模。中国北京故宫、西安兵马俑均基于三维激光扫描技术实现了数字建模。

　　（2）测绘与地理信息系统。与传统的数字摄影相比，测绘与地理信息系统结合了激光、全球定位系统、惯性测量系统的激光雷达技术，能够为城市规划等应用提供高精度的三维地理信息。

　　（3）机器人导航与自动驾驶。机器人导航和自动驾驶等在应用中设备一直处于移动状态，可以利用三维激光扫描仪快速、实时获取环境及周围物体的空间坐标信息，并对原始数据进行快速有效的预处理，为躲避障碍物、路径规划等后续动作指令提供准确的空间数据，从而实现导航和自动驾驶。

（4）游戏、影视等娱乐产业。游戏和影视特效需要大量真实场景和物体的三维模型，三维激光扫描技术能够在较短的时间内采集现实世界中场景、物体和人物的三维数据，并建立相关的三维模型。电影《阿凡达》将三维激光扫描获得的实景与虚拟三维场景进行融合，制造出了惊人的电影特效[10]。

5.4.6　激光多普勒测振技术

5.4.6.1　激光多普勒测振仪简述

激光多普勒测振仪（Laser Doppler Vibrometer，LDV）是利用激光多普勒效应、光外差干涉等原理，对物体振动进行测量的一种测量仪器。

激光多普勒测振仪基于多普勒效应可检测出目标的振动速度。当物体靠近时，仪器反射光波长缩短，频率增加；反之则波长增加，频率缩短。振动速度 v 根据下式求出。

$$f_r = \frac{\lambda_0 \cdot f_0 + v \cdot \cos\theta}{\lambda_0 \cdot f_0 - v \cdot \cos\theta} \cdot f_0 \tag{5-2}$$

式中　f_0，λ_0——分别为入射光频率和波长；

θ——入射角；

f_r——反射光频率。

入射光对反射光频率变化量为：

$$f_D = f_r - f_0 = \frac{2v \cdot \cos\theta}{\lambda_0 \cdot f_0 - v \cdot \cos\theta} \cdot f_0 \tag{5-3}$$

作为一种远距离、非接触的振动测量装置，激光多普勒测振仪可以实现远程无干扰的结构振动监测。由于激光波长的稳定性，它不仅可以测量人为干扰的强振动状况，也可实现对微小振动的监测。

激光多普勒测振技术就是运用激光多普勒测振仪对物体的振动情况进行测量，通过对固有振动频率等动力学指标的监测分析结构的损伤情况。

5.4.6.2　LDV 与崩塌早期预警

某些岩体，虽然还没有发生崩塌，但具备发生崩塌的主要条件，而且已出现崩塌前兆现象，不久可能发生崩塌，这样的岩体称为危岩体。危岩体在扰动损伤后，其黏结强度不断下降，首先在振动特性上会有所反应。研究表明，不稳定危岩体的振动波形、粒子轨迹与稳定岩体相差甚远[11]。通常，结构可以被认为由刚度、质量、阻尼等物理参数组成的力学系统。一旦结构发生损伤，必然引起系统物理特性的变化，进而导致固有振动频率等动力学监测指标的变化。危岩体破坏前，黏结层发生损伤，位移指标不明显，而固有振动频率指标有明显的变化。

危岩体常常是地质灾害特别是崩塌的诱发因素，危岩体崩塌会经历分离阶段和加速破坏阶段。在地质灾害的早期预警工作中，目前传统的监测预警指标主要分为两种：一是通过静力学指标进行检测，如对应力、位移的检测；二是通过环境量指标来进行，如地下水、降雨量等。这些指标虽然在滑坡、泥石流等塑性破坏灾害的预警中起到很大的作用，但在崩塌灾害这类脆性破坏灾害中还存在很大制约。其前兆不易被察觉，发生时十分突然，运动速度很快，灾害造成的后果往往十分严重，并且引起崩塌的危岩体分布范围广、规模大，灾害发生频率高。静力学指标和环境量指标要么预警时效性差，要么预警准确性不高。

在危岩体的监测中，运用激光多普勒测振技术对固有振动频率等动力学指标进行分析，可在危岩体进入加速破坏阶段之前揭示危岩体的损伤，比如岩桥长度的模糊评价，为崩塌早期预警提供参考。相比于传统的监测手段，激光多普勒测振技术无论是在预警时效还是预警准确性都有了明显提高。

针对边坡失稳引起的滑坡、崩塌等地质灾害，有学者提出建立一套基于动力学指标、静力学指标和环境量指标三位一体的早期监测预警体系。这套早期预警体系实现了动力学特性参数与静力学参数、环境量指标在监测应用领域的有机统一，充分考虑了损伤识别和动态稳定性分析，更加全面、准确、及时，尤其是对崩塌等具有突发性的脆性破坏灾害的防治方面具有重要的指导意义[12]。

目前，我国许多桥梁在经历五六十年的使用后，结构损伤问题引起人们的重视，这些桥梁很多都需要进行维修。由于结构损伤后固有振动频率等动力学指标会发生变化，运用激光多普勒测振技术对桥梁的动力学指标进行分析，可在一定程度上对桥梁的损伤情况进行评价。相比于传统的桥梁损伤检测方法，多普勒激光测振技术操作简单、远距离非接触、空间分辨率高，是一项颇具前景的检测技术。

5.4.7   基于物联网大数据监测预警技术

5.4.7.1   物联网概述

物联网，顾名思义就是"物物相连的互联网"，目前比较认同的定义是：将信息感应器、智能手机、掌上电脑、定位系统、射频识别装置（RFID）、无线传感器网络等各种装置和设备按约定的协议与互联网相连接，借助互联网网络进行信息数据的交换和通信，以实现智能化识别、定位、跟踪、监控和管理的一种网络。在网络中的各个装置和设备能够通过互联网进行数据的传输、共享，在人不干预的情况下发挥各自的作用。

1999 年，美国麻省理工学院自动标识中心在研究识别码时就曾提出物联网的概念。

2004 年年初，中国国家物品编码中心经 EPC（全球产品电子代码管理中心）授权，在国内推广。

2005 年，RFID 技术在卷烟生产经营决策管理系统得到应用，可以实现商业企业到货扫描，随后该技术被广泛应用于自动化物流系统。

2009 年以来，美国、欧盟、日本等纷纷出台物联网发展计划，进行相关技术和产业布局，我国"十二五"规划中也将物联网作为战略性新兴产业予以重点关注及推进。

2009 年 9 月，工业和信息化部成立了传感器标准化小组。同年，《国家中长期科学与技术发展规划（2006—2020 年)》和"新一代宽带移动无线通信网"重大专项中均将传感网列入国家重点研究领域。

2010 年 10 月，《中共中央关于制定国民经济和社会发展第十二个五年规划的建议》明确将物联网产业确定为未来重点扶持的对象。同时，成立了上海物联网产业联盟和上海物联网产业基地，大力推进了我国在物联网相关设备、技术、标准的发展。

5.4.7.2 物联网监测预警平台

监测预警平台要求数据采集终端采用低功耗处理器，内置低功耗、高灵敏度、耐用性强的无线态势感知传感器，可定时或主动采集振动、倾斜等信息，也可定时或阈值采集振动波形，同时，根据需求可外接两支渗流渗压、应力应变、温度等标准接口传感器。监测预警装备主要应用于应急管理，石化、水利水电、铁路、城建、地铁、矿山等工程安全监测，因此通常要求产品内置电源系统确保传感器连续工作 5 年以上。

目前，监测预警系统基于高精度态势感知智能传感物联网，主动监测工程安全参数的细微变化，分析工程安全状态及演变趋势，通过云平台及移动互联网推送实时信息及安全警示。基于物联网平台搭建，主要由主动式阈值触发传感器、外联传感器、一杆式采集测站、云平台、客户端构成，为工程安全提供软硬件一体化、一站式的数据自动采集、在线安全健康诊断、实时警示及精细化安全管理服务。使用者只需接入网络便可直观获取对应工程的实时安全状态，实现实时监控，安全高效，省心省力。另外，一些新的系统具有无线传输、自我供电、无需维护人员、无需配备机房、售后方便、安装简单的特点。该自动化监测预警系统可实现雨量监测、振动监测、监控照片等观测。数据信息通过采集测站无线传输至云平台，使用者通过手机客户端软件访问监测信息（任何联网的电脑或手机都可访问)，同时可查看现场监控照片，数据传输过程如图 5-7 所示。

自动化数据采集系统颠覆传统采集模式，在工程安全监测领域率先实现监测数据的"有线/无线采集、无线传输、远程控制"，具有无线传输、自我供电、无需维护人员、无需配备机房、售后方便、安装简单的特点，只需接入网络即可，大幅提高安全监测工作的质量和效率、降低管理成本，安全高效，采集测站数据传输如图 5-8 所示。

基于物联网的监测预警平台相对传统自动化监测系统具有如下优点。

（1）无线传输：采集测站通过无线方式将数据信息传输至 iSafety 云平台。

图 5-7   数据传输过程图

图 5-7 彩图

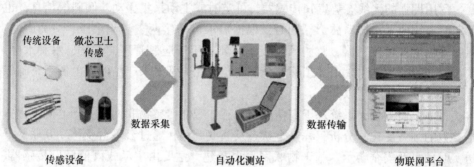

图 5-8   数据采集流程图

图 5-8 彩图

（2）自我供电：采用太阳能和锂电池进行自我供电，可稳定运行 5 年以上。

（3）无需系统运维人员：由于该监测系统结构简单，没有传统监测系统复杂的硬件及软件构成，基本可以达到无需人员进行维护。

（4）售后方便：对于硬件，售后采取更换模块的方式；对于软件，采取远程自动升级的方式，无需现场人员操作；在质保期内，保证该系统正常运行。

（5）无需配备机房：无需购置其他设备，也无需建设中控室，查询软件可安装在任何一台手机上。

（6）安装简单：只需要对一站式测站进行固定即可，安装简单。

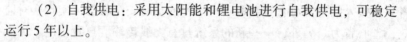

5-1   基坑监测有哪些监测项目？

5-2 声发射技术基本原理是什么？

5-3 声发射技术有哪些常用指标？

5-4 多普勒激光测振相比于传统监测方法有哪些优点？

5-5 三维激光扫描技术有哪些实际应用？

5-6 边坡工程监测有哪些特点？

参 考 文 献

[1] 李东升，李宏男．土木工程结构安全性评估健康监测及诊断述评［J］．地震工程与工程震动，2002：82-90.

[2] 闫永奇．InSAR 技术及其应用介绍［J］．卫星应用，2019，3：18-23.

[3] 许强，董秀军，李为乐．基于天-空-地一体化的重大地质灾害隐患早期识别与监测预警［J］．武汉大学学报（信息科学版），2019，44（7）：957-966.

[4] 张力伟．混凝土损伤检测声发射技术应用研究［D］．大连：大连海事大学，2012：172.

[5] 李志鹏．深埋变质灰岩单轴加载声发射试验研究［J］．岩土工程技术，2018，32（1）：1-5.

[6] 纪洪广，等．混凝土材料声发射过程分形特征及其在断裂分析中的应用［J］．岩石力学与工程学报，2001,6：801-804.

[7] 陈波．声发射检测技术在结构工程中的应用［J］．住房与房地产，2020：241-242.

[8] 蒋明灿．三维激光扫描技术在地质测绘和工程测量中的综合应用［J］．资源信息与工程，2017，32（6）：130-131.

[9] 徐源强．三维激光扫描技术［J］．测绘信息与工程，2010：5-6.

[10] 陈永辉．基于激光扫描的三维点云数据处理技术研究［D］．合肥：中国科学技术大学，2017：124.

[11] 杜岩，谢谟文，蒋宇静，等．基于动力学监测指标的崩塌早期预警研究进展［D］．工程科学学报，2019，41（4）：427-435.

[12] 杜岩．基于固有振动频率的危岩块体稳定评价模型研究［D］．北京：北京科技大学，2016：112.

6 土木工程检测

6.1 土木工程检测概述

土木工程检测包括检查、测量和判定三个基本过程，其中检查与测量是工程检测最核心的内容，判定是目的，是在检查与测量的基础上进行的。土木工程检测就是通过一定的设备，应用一定的技术，采集一定的数据，把采集的数据按照一定的程序，通过一定的方法进行处理，从而得到所检对象的某些特征值的过程。检测对象的特征值，对于材料而言，强度是一个很重要的特征值；对于构件来说，特征值就是该构件的承载能力；对于结构来说，特征值就是该结构的可靠性。

按结构对象不同来分，土木工程检测有砌体结构检测、混凝土结构检测、钢结构检测、木结构检测等。按检测技术不同，土木工程检测可以分为无损检测、破损检测等。破损检测是最直接的检测方式，目前在检测领域仍然具有主导地位。无损检测技术在我国迅速发展，这种技术以不破坏结构见长，是土木工程检测的理想手段和首选技术。

6.2 岩土工程原位检测技术

在施工过程中，岩土工程检测一般在勘察阶段就需要完成，在整个施工过程和检测体系中占有举足轻重的基础地位。岩土工程检测在工程施工中占有重要作用，比如在地基工程中，若将不合格工程定为合格，将酿成重大安全质量事故，给国家和个人带来巨大的经济损失，在行业中造成恶劣的影响，因此岩土工程检测在岩土工程施工中越来越不可忽视。随着我国经济的飞速发展，工程建设也同步发展，对岩土工程提出了严格的要求，岩土工程检测的工作显得更加重要。

岩土工程检测目前国内常用的方法有：圆锥动力触探、标准贯入、静力荷载试验、静力触探试验等，不同的检测方法各有不同的评定准则。

岩土工程原位测试是在天然条件下原位测定岩土体的各种工程性质，与室内试验结果相比，更加符合岩土体的实际情况。

原位测试具有下列优点：

（1）可以测定难以取得不扰动土样的土，如饱和砂土、粉土、流塑状态的淤泥或淤泥质土的工程力学性质。

（2）可以避免取样过程中应力释放的不良影响。

（3）原位测试的土体影响范围远比室内试验大，因此具有较强的代表性。

（4）可以节省时间，缩短岩土工程勘察周期。

常见原位测试方法包括：十字板剪切试验、静力荷载试验、静力触探试验、圆锥动力触探试验、标准贯入试验，以及旁压试验、扁铲侧胀试验、波速试验、现场直接剪切试验等。

6.2.1 十字板剪切试验

十字板剪切试验是一种在钻孔内快速测定饱和软黏土抗剪强度的原位测试方法。自 1954 年由南京水利科学研究院等单位对这项技术开发应用以来，在我国沿海地区得到广泛的应用。理论上，十字板剪切试验测得的抗剪强度相当于室内三轴不排水剪切总应力强度。由于十字板剪切试验不需要采取土样，可以在现场基本保持原位应力状态的情况下进行测试，这对于难以取样的高灵敏度的黏性土来说具有不可替代的优越性。

6.2.1.1 试验基本原理

十字板剪切试验是将具有一定高径比的十字板插入待测试土层中，通过钻杆对十字板头施加转矩使其匀速旋转，根据施加的转矩即可以得到土层的抵抗转矩，进一步可换算成土的抗剪强度。

扭转十字板时，十字板周围的土体将出现一个圆柱状的剪切破坏面，土体产生的抵抗转矩 M 由圆柱侧面的抵抗转矩 M_1 和圆柱的圆形底面和顶面产生的抵抗力矩 M_2 两部分组成，即 $M = M_1 + M_2$。十字板头匀速旋转时，施加转矩和土层抵抗矩相等，即 M 是已知的，由以下公式可得饱和黏性土不排水抗剪强度 C_u 计算式。

$$M = M_1 + M_2 \tag{6-1}$$

$$M_1 = C_u DH\pi \frac{D}{2} \tag{6-2}$$

$$M_2 = 2C_u \frac{\pi D^2}{4} \tag{6-3}$$

$$C_u = \frac{2M}{\pi D^3 \left(\dfrac{\alpha}{2} + \dfrac{D}{H} \right)} \tag{6-4}$$

式中　H，D——分别为十字板高度、直径；

　　　　α——与圆柱顶、底面土体剪应力分布有关的系数，一般均匀时取 2/3、抛物线取 3/5、三角形取 1/2。

十字板剪切试验主要用来测量饱和黏性土不排水抗剪强度 C_u，进而得到试验点土的不排水抗剪峰值强度、残余强度、重塑土强度和灵敏度及其随深度变化曲线，抗剪强度与扭转角的关系曲线等。

6.2.1.2　试验技术要求

试验技术要求如下：

（1）十字板剪切试验点的布置在竖向上的间距可为 1 m。

（2）十字板头形状宜为矩形，径高比为 1：2，板厚宜为 2~3 mm。

（3）十字板头插入钻孔底（或套管底部）深度不应小于孔径或套管直径的3~5倍。

（4）十字板插入至试验深度后，至少应静置 2~3 min，方可开始试验。

（5）扭转剪切速率宜采用（1°~2°）/10 s，并在测得峰值强度后继续测记 1 min。

（6）在峰值强度或稳定值测试完毕后，再顺扭转方向连续转动 6 圈，测定重塑土的不排水抗剪强度。

（7）对开口钢环十字板剪切仪，应修正轴杆与土间摩阻力的影响。

6.2.2　静力荷载试验

静力荷载试验就是在拟建建筑场地上，在挖至设计的基础埋置深度的平整坑底放置一定规格的方形或圆形承压板，在其上逐级施加荷载，测定相应荷载作用下地基土的稳定沉降量，分析研究地基土的强度与变形特性，求得地基土容许承载力与变形模量等力学数据。

地基静载荷试验的目的有：

（1）确定地基土的承载力，包括地基的临塑荷载和极限荷载；

（2）推算试验荷载影响深度范围内地基土的平均变形模量；

（3）估算地基土的不排水抗剪强度；

（4）确定地基土的基床反力系数。

6.2.2.1　静力荷载试验基本原理

在拟建建筑物场地上将一定尺寸和几何形状（圆形或方形）的刚性板，安放在被测的地基持力层上，逐级增加荷载，并测得每一级荷载下的稳定沉降，直至达到地基破坏标准，由此可得到荷载（p）-沉降（s）曲线（即 p-s 曲线）。典型的平板载荷试验 p-s 曲线可划分为三个阶段，如图 6-1 所示。

（1）直线变形阶段。p-s 曲线为直线段（线性关系），对应于此段的最大压力 p_0，称为比例界限压力（也称为临塑压力），土体以压缩变形为主。在直线变形阶段中，受荷土体中任意点产生的剪应力小于土体的抗剪强度，土的变形主要由土中空隙的压缩引起，并随时间趋于稳定，可以用弹性理论进行分析。

图 6-1 静载荷试验 p-s 曲线

（2）剪切变形阶段。当压力超过 p_0，但小于极限压力 p_u 时，压缩变形所占比例逐渐减少，而剪切变形逐渐增加，p-s 线由直线变为曲线，曲线斜率逐渐增大。在剪切变形阶段中，土体除了竖向压缩变形之外，在承压板的边缘已有小范围内土体承受的剪应力达到或超过了土的抗剪强度，并开始向周围土体发展。此阶段土体的变形主要由压缩变形和土粒剪切变形共同引起，可以用弹塑性理论进行分析。

（3）破坏阶段。当荷载大于极限压力 p_u 时，即使维持荷载不变，沉降也会急剧增大，始终达不到稳定标准。在破坏阶段中，土体内部开始形成连续的滑动面，承压板周围土体面上各点的剪应力均达到或超过土体的抗剪强度。

6.2.2.2 静力荷载试验的技术要求

静力荷载试验的技术要求如下：

（1）试验点数量。静力载荷试验的试验点应布置在有代表性的地点，每个场地不宜少于 3 个，当场地内岩土体不均时，应适当增加数量。浅层平板载荷试验应布置在基础底面设计标高处。

（2）试坑宽度。浅层平板载荷试验的试坑宽度或直径不应小于承压板宽度或直径的 3 倍；深层平板载荷试验的试井直径应等于承压板直径；当试井直径大于承压板直径时，紧靠承压板周围土的高度不应小于承压板直径。

（3）岩土扰动。应避免岩土体扰动，保持其天然状态。承压板下铺设不超过 20 mm 的砂垫层找平，对于软塑、流塑黏性土和饱和松砂，承压板周围采用 200~300 mm 原土保护，尽快安装试验设备；螺旋板头入土时，应按每转一圈下入一个螺距进行操作，减少对土的扰动。

（4）承压板。宜采用圆形刚性承压板，根据土的软硬或岩体裂隙密度选用合适的尺寸；土的浅层平板荷载试验承压板面积不应小于 0.25 m²，对软土和粒径较大的填土，为防止其加载过程中发生倾斜，承压板面积应大于或等于 0.5 m²；岩石荷载试验承压板的面积不宜小于 0.07 m²。

（5）加荷方式。采用分级维持荷载沉降相对稳定法（慢速法）；有地区经验时，可采用分级加荷沉降非稳定法（快速法）或等沉降速率法；加荷等级宜取 10~12 级，并不应少于 8 级，荷载量测精度不应低于最大荷载的±1%。

（6）精度要求。百分表或位移计精度不应低于±0.01 mm。

（7）测读。对于慢速法，当试验对象为土体时，每级加载后，间隔 5 min、10 min、10 min、15 min、15 min 各测读一次沉降，以后间隔 30 min 测读一次沉降，当连读 2 h 沉降量小于等于 0.1 mm 时，可认为沉降已达相对稳定标准，施加下一级荷载；当试验对象是岩体时，间隔 1 min、2 min、5 min 测读一次沉降，以后每隔 10 min 测读一次，当连续 3 次读数差值小于或等于 0.01mm 时，可认为沉降已达相对稳定标准，可以施加下一级荷载。

（8）终止试验。当承压板周围的土出现明显侧向挤出，周边岩土出现明显隆起或径向裂缝持续发展；或者本级荷载的沉降量大于前一级荷载下沉降量的 5 倍，荷载-沉降曲线出现明显陡降；或者某级荷载下 24 h 沉降速率不能达到相对稳定标准；或者总沉降量与承压板的直径或宽度之比超过 0.06。这四种情况只要出现一种，终止实验。

6.2.3　圆锥动力触探试验

圆锥动力触探是利用一定的落锤能量，将一定尺寸、一定形状的圆锥探头打入土中，根据打入的难易程度来评价土的物理力学性质的一种原位测试方法。它具有试验设备相对简单，操作方便，适应土类较广，并且可以连续贯入等优点，对难以取样的各种填土、砂土、粉土、碎石土、砂砾土、卵石、砾石等含粗颗粒的土类均可使用；但也存在试验误差较大，再现性较差等缺点。

6.2.3.1　圆锥动力触探基本原理

圆锥动力触探试验中，一般以打入土中一定距离（贯入度）所需落锤次数（锤击数）来表示探头在土层中贯入的难易程度。同样贯入条件下，锤击数越多，表明土层阻力越大，土的力学性质越好；反之，锤击数越少，表明土层阻力越小，土的力学性质越差。因此，通过锤击数的大小就很容易定性地了解土的力学性质。

圆锥动力触探设备较为简单，主要由三部分构成，一是探头部分，二是穿心落锤，三是穿心锤导向的触探杆。图 6-2 是一个圆锥动力触探设备模型简化图。

6.2.3.2 圆锥动力触探技术要求

圆锥动力触探技术要求如下：

（1）应采用自动落锤装置以保持平稳下落。

（2）触探杆最大偏斜度不应超过 2%，锤击贯入应保持连续进行；同时应防止锤击偏心、探杆倾斜和侧向晃动，保持探杆垂直度；锤击速率宜为 15~30 击/min；在砂土或碎石土锤击速率可采用 60 击/min。

（3）每贯入 1 m，宜将探杆转动一圈半；当贯入深度超过 10 m 时，每贯入 20 cm 宜转动探杆一次。

（4）对轻型动力触探，当 $N_{10} > 100$ 击或贯入 15 cm 锤击数超过 50 击时，可停止试验；对重型动力触探，当连续三次 $N_{63.5} > 50$ 击时，可停止试验或改用超重型动力触探。

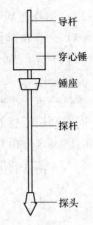

图 6-2 圆锥动力触探
设备模型简化图

（5）为了减少探杆与孔壁的接触，探杆直径应小于探头直径。在砂土中探头直径与探杆直径之比应大于 1.3，在黏性土中这一比例可适当小些。

（6）由于地下水位对锤击数与土的物理性质（砂土孔隙比等）有影响，因此应当记录地下水位埋深。

圆锥动力触探试验的主要成果有锤击数及锤击数随深度的变化曲线，具体分为：

（1）按力学性质划分土层；

（2）确定砂土、圆砾卵石孔隙比；

（3）确定地基土的承载力；

（4）估算单桩承载力标准值。

6.2.4 静力触探试验

静力触探试验（static cone penetration test）简称静探（CPT），是利用静力以一恒定的贯入速率将圆锥探头通过一系列探杆压入土中，根据测得的探头贯入阻力大小来间接判定土的物理力学性质的原位试验方法。

静力触探试验主要适合于黏性土、粉土和中等密实度以下的砂土等土质情况。

静力触探试验的优点是连续、快速、准确，可以在现场直接得到各土层的贯入阻力指标，从而能够了解土层在原始状态下的有关物理力学参数。

静力触探试验的目的主要有：

（1）根据贯入阻力曲线的形态特征或数值变化幅度划分土层；

（2）评价地基土的承载力；

（3）估算地基土层的物理力学参数；

（4）选择桩基持力层、估算单桩承载力，判定沉桩的可能性；

（5）判定场地土层是否液化。

6.2.4.1　静力触探的基本原理

通过一定的机械装置，用准静力将标准规格的金属探头垂直均匀地压入土层中，同时利用传感器或机械量测仪表测试土层对触探头的贯入阻力，并根据测得的阻力情况来分析判断土层的物理力学性质。静力触探实验设备大致由三部分构成：探头、钻杆和加压设备，如图 6-3 所示。

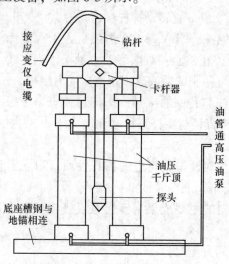

图 6-3　静力触探仪加压系统

探头是静力触探仪与土层直接接触的部分，也是其关键组成部分。目前，国内外使用的探头主要有单桥探头、双桥探头和孔压探头三种，如图 6-4 所示。

（1）单桥探头。单桥探头是我国独有的一种探头，其在锥尖上部带有一定长度的侧壁摩擦筒，使用时只能测定比贯入阻力。单桥探头的优点是结构简单、坚固耐用并且价格低廉，但可测量的参数单一，并且规格与国际不一致，不利于国际交流。

比贯入阻力：$P_s = P/A$，反映锥尖阻力和侧壁摩擦力的综合值。

（2）双桥探头。双桥探头是将锥尖和侧壁摩擦筒分开，因而能分别测定锥尖阻力和侧壁摩擦力，可以分别模拟单桩的桩端阻力和桩侧摩擦力，也是国内外应用最广泛的一种探头。

锥尖阻力 q_c 和侧壁摩擦力 f_a 的定义如下：

$$q_c = Q_c/A$$

式中　Q_c，A——分别为锥尖总阻力和锥底截面积。

$$f_a = P_f / F$$

式中　P_f，F——分别为侧壁总摩擦力和摩擦筒侧面积。

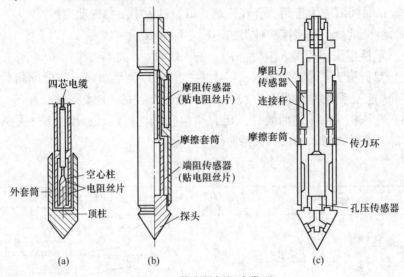

图 6-4　静力触探探头类型

（a）单桥探头；（b）双桥探头；（c）孔压探头

（3）孔压探头。孔压探头是在双桥探头基础上发展而来的一种新探头，相比于双桥探头，孔压探头还可测量触探时的孔隙水压力，这为分析黏性土的测试成果带来了很大便利。

6.2.4.2　静力触探试验的技术要求

静力触探试验的技术要求有：

（1）触探头的测力传感器连同仪器、电缆应进行定期标定，室内探头标定测力传感器的非线性误差、重复性误差、滞后误差、温度零漂、归零误差均应小于 1% FS（满量程读数），现场试验归零误差应小于 3%，绝缘电阻不小于500 MΩ。

（2）深度记录误差不应大于触探深度的 ±1%。

（3）触探头应匀速垂直压入土中，贯入速率为 1.2 m/min。

（4）当贯入深度大于 30 m，或穿过厚软土层再贯入硬土层时，应采取措施防止孔斜或触探杆断裂，也可配置测斜探头量测触探孔的偏斜角，以修正土层界线的深度。

（5）孔压探头在贯入前，应在室内保证探头应变腔为已排除气泡的液体所充满，并在现场采取措施保持探头应变腔的饱和状态，直至探头进入地下水位以下的土层为止。在孔压静探试验过程中不得上提探头，以免探头处出现真空负压，破坏应变腔的饱和状态影响测试结果的准确性。

（6）当在预定深度进行孔压消散试验时，应量测停止贯入后不同时间的孔压值，其计时间隔应由密而疏合理控制。试验过程中不得松动探杆。

静力触探试验，按照探头种类的不同主要有以下实验成果。

（1）单桥探头：比贯入阻力（P_s）与深度（h）关系曲线；

（2）双桥探头：锥尖阻力（q_c）与深度（h）关系曲线、侧壁摩阻力（f_a）与深度（h）关系曲线、摩阻比（R_f）与深度（h）关系曲线；

（3）孔压探头除上述曲线外，还有初始孔压（u_i）与深度（h）关系曲线、孔压（u_t）随对数时间（$\lg t$）关系曲线等，见表6-1。

表6-1　P-h 曲线

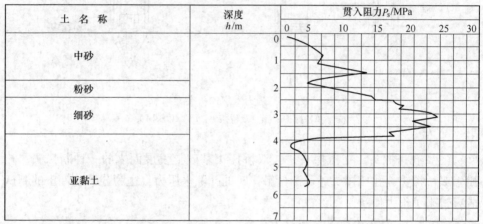

静力触探成果主要应用有：

（1）划分土层界线。土层界线划分是岩土工程勘察工作的一个重要内容，在具体实施时，土层分界线的确定必须考虑到试验时超前和滞后的影响，其具体确定方法如下：

1）上、下层贯入阻力相差不大时，取超前深度和滞后深度的中心位置，或中心偏向小阻力土层5~10 cm处作为分层界线；

2）上、下层贯入阻力相差一倍以上时，当由软土层进入硬土层（或由硬土层进入软土层）时，取软土层最后一个（或第一个）贯入阻力小值偏向硬土层10 cm处作为分层界线；

3）上、下层贯入阻力变化不明显时，可结合 P_s 和 R_f 的变化情况确定分层界线。

（2）划分场地土的类别。利用静力触探试验结果，划分土层类别的方法主要有：

1）以 R_f 和 P_s（或 q_c）的值共同判别土的类别；

2）以 P_s-h 曲线和 q_c-h 曲线形态判别土的类别；

3）以 R_f 和 q_c-h 曲线形态综合判别土的类型。

除此之外，静力触探试验还可以评定地基土的强度参数、地基土的变形参数、地基土的承载力，预估单桩承载力，评价饱和砂土、粉土的液化势。

6.2.5 标准贯入试验

标准贯入试验原来被归入动力触探试验一类，实际上，它在设备规格上与重型圆锥动力触探试验也具有很多相同之处，而仅仅是圆锥形探头换成了由两个半圆筒组成的对开式管状贯入器。此外，与重型圆锥动力触探试验不同的一点在于，规定将贯入器贯入土中 30 cm 所需要的锤击数（又称为标贯击数）作为分析判断的依据。

标准贯入试验具有圆锥动力触探试验的所有优点，它还可以采取扰动的土样，进行颗粒分析，因而对于土层的分层及定名更为准确可靠。

6.2.5.1 标准贯入试验基本原理

与圆锥动力触探试验类似，标准贯入试验中，也是采用标准贯入器打入土中一定距离（30 cm）所需落锤次数（标贯击数）来表示土阻力大小的，并根据大量的对比试验资料分析进一步得到土的物理力学性质指标。

标准贯入试验的目的主要有：

（1）采取扰动土样，鉴别和描述土类，按照颗粒分析试验结果给土层定名。

（2）判别饱和砂土、粉土的液化可能性。

（3）定量估算地基土层的物理力学参数，如判定黏性土的稠度状态、砂土相对密度及土的变形和强度的有关参数，评定天然地基土的承载力和单桩承载力。

标准贯入试验设备主要由三部分构成：贯入器、穿心落锤、穿心导向触探杆，如图 6-5 所示。

6.2.5.2 标准贯入试验技术要求

标准贯入试验技术要求如下：

（1）标准贯入试验应采用回转钻进，钻进过程中要保持孔中水位略高于地下水位，以防止孔底涌土，加剧孔底以下土层的扰动。当孔壁不稳定时，可采用泥浆或套管护壁，钻至试验标高以上 15 cm 时应停止钻进，清除孔底残土后再进行贯入试验。

（2）应采用自动脱钩的自由落锤装置并保证落锤平稳下落，减小导向杆与锤间的摩阻力，避免锤击偏心和侧向晃动，保持贯入

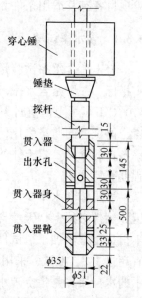

图 6-5 标准贯入试验设备

器、探杆、导向杆连接后的垂直度，锤击速率应小于 30 击/min。

（3）探杆最大相对弯曲度应小于 1/1000。

（4）正式试验前，应预先将贯入器打入土中 15 cm，然后开始记录每打入 10 cm 的锤击数，累计打入 30 cm 的锤击数为标准贯入试验锤击数 N。当锤击数已达到 50 击，而贯入深度未达到 30 cm 时，可记录 50 击的实际贯入深度，并按下式换算成相当于 30 cm 贯入深度的标准贯入试验锤击数 N，并终止试验。

$$N = 30 \times \frac{50}{\Delta S} \qquad (6\text{-}5)$$

式中　ΔS——50 击时的实际贯入深度。

6.3　岩土工程室内试验

这里室内试验主要是指室内土工试验，室内土工试验的目的在于为建筑物的基础设计和施工提供符合实际情况的各类土的性能指标。这里所指的实际情况包括地质条件、工程条件和施工的条件，例如对于粗粒土应当布置筛分试验，液限和塑限试验只适用于黏性土，当建筑物荷载比较大而又取土比较深的时候就应当布置高压固结试验。施工速度比较快使土中水来不及排除时应当采用不排水试验等。由此可见，试验项目及其方法的选择应有明确的目的性和针对性，不同的试验项目各有其适用条件和范围。

6.3.1　含水率试验

岩土体含水率试验是测定表征岩土体内部含水状态指标的试验，可以得到两个指标：一个是含水率（含水比），另一个是含水量。含水量表示岩石在 105～110 ℃下烘干至恒重时失去的水分质量；含水率是指岩土体的含水质量与烘干后岩土体试样的质量之比，以百分数表示。在使用时一定要特别注意含水量和含水率各自的含义。岩土体的含水率间接反映了岩土体中空隙的多少、岩土体的致密程度等特性。

岩土体含水率试验一般采用烘干法测定试样在地质环境中的自然含水状态，因此试件必须保持天然含水状态。现场取样不得采用爆破或湿钻的方法，在室内不得采用湿法加工。试件在采取、运输、储存和试样制备过程中，含水率变化不宜超过 1%。本试验采用烘干法，适用于测定岩石在天然状态下的含水率。被烘干的水分质量是指空隙水或自由水的质量，不包括矿物结晶水。对于含有矿物结晶水的岩土体，应降低烘干温度进行测试，温度应控制在（40±5）℃。

含水率试验所需仪器为：电子天平（称量 500 g，感量 0.01 g）、烘箱和干燥器、具有密封盖的试样盒。试件应在现场采取，室内不得采用湿法加工。试件在采取、运输、储存和制备过程中,含水率的变化不宜超过 1%。试件尺寸应大于组成岩土体最大颗粒粒径的 10 倍。试件质量宜为 40~200 g,每组试件数量不宜少于 6 个。

操作步骤:

(1) 在室温条件下,清洁电子天平,清洗称量盒,并将称量盒烘干。

(2) 制备试件并称其质量。

(3) 对于不含矿物结晶水的岩石,应在 105~110 ℃的恒温下烘干 24 h;对于含有矿物结晶水的岩石,应降低烘干温度,可在 (40±5)℃的恒温下烘干 24 h。

(4) 将试件从烘箱中取出,放入干燥器内冷却至室温,称取质量。

(5) 重复步骤 (3) 和 (4),直到相邻两次称量之差不超过后一次称量的 0.1% 为止。

(6) 上述每次称量精确至 0.01 g。

岩石含水率计算式为:

$$\omega_0 = \frac{m_0 - m_d}{m_d} \times 100\% \tag{6-6}$$

式中 ω_0 ——岩石的含水率,%;

   m_0 ——试件天然质量,g;

   m_d ——试件烘干质量,g。

6.3.2 岩石吸水性试验

岩石吸水性是岩石吸收水分的性能,是指在一定的试验条件下岩石吸入水分的能力。自然吸水率是岩石试样在大气压作用下吸入水分的最大质量与试样烘干质量之比。饱和吸水率是岩石试样在真空或加压状态下吸入水的最大质量与试样烘干质量之比。岩石吸水率大小取决于岩石所含孔隙、裂隙的数量、大小及其张开程度。由于吸水率能有效地反映岩石中孔隙和裂隙的发育程度,因此它也是评定岩石性质的一个重要指标。岩石吸水性试验包括岩石自然吸水率试验和饱和吸水率试验,试验目的是测定岩石的自然吸水率和饱和吸水率,本试验适用于遇水不崩解、不溶解和不干缩湿胀的岩石。

岩石吸水性试验所需仪器为:钻石机、切石机、磨石机、砂轮机、烘箱、干燥器、电子天平 (感量 0.01 g)、水槽、真空抽气设备、煮沸设备和水中称量装置。试件制作参考岩土体含水率试验,不规则试件宜采用边长为 40~60 mm 的浑圆状岩块,每组试验试件的数量不少于 3 个。

操作步骤如下:

(1) 清除试件表面的尘土和松动颗粒。对于软岩和极软岩,试件应采取保护措施，防止试件在吸水过程中掉块或崩解。

（2）试件烘干应遵循岩土体含水率试验水中称量法中的（1）~（3）步。

（3）采用自由吸水法测定岩石自然吸水率时，应将试件放入水槽，先注水至试件高度的 1/4 处，以后每隔 2 h 分别注水至试件高度的 1/2 和 3/4 处，6 h 后全部浸没试件。试件全部浸入水中自由吸水 48 h 后，取出试件，拭干表面水分并称量。

（4）对自由吸水后的试件进行强制饱和。采用煮沸法饱和试件时，煮沸容器内的水面应始终高于试件，煮沸时间不得少于 6 h。经煮沸的试件应放置在原容器中冷却至室温，取出试件，拭干表面水分并称量。

（5）采用真空抽气法饱和试件时，饱和试件容器内的水面应高于试件，真空压力表读数宜为 100 kPa，直至无气泡逸出为止，但抽气时间不得少于 4 h。经真空抽气的试件应放置在原容器中，在大气压力下静置 4 h，取出试件，拭干表面的水分并称量。

（6）称量精确至 0.01 g。

岩石的自然吸水率和饱和吸水率计算式为：

$$\omega_{a} = \frac{m_{a} - m_{d}}{m_{d}} \times 100\% \qquad (6\text{-}7)$$

$$\omega_{s} = \frac{m_{s} - m_{d}}{m_{d}} \times 100\% \qquad (6\text{-}8)$$

式中 ω_{a}——自然吸水率，%；

      ω_{s}——饱和吸水率，%；

      m_{a}——试件浸水 48 h 后自然吸水后的质量，g；

      m_{s}——试件强制饱和吸水后的质量，g。

6.3.3   岩石膨胀压力试验

岩石的膨胀压力试验用于测定岩石吸水后的膨胀特性。岩石的膨胀特性是随所含固体矿物成分不同而发生变化的。某些含黏土矿物（如蒙脱石、水云母和高岭石）成分的软质岩石，经水化作用后在黏土矿物的晶格内部或细分散颗粒的周围生成结合水膜，并且在相邻的颗粒间产生楔劈效应，只要楔劈效应作用力大于结构联结力，岩石就会显示膨胀性。岩石膨胀性的大小一般用膨胀率和膨胀压力两项指标表示，这两项指标可以通过岩石室内试验测定。

岩石膨胀压力试验包括岩石自由膨胀率试验、岩石侧向约束膨胀率试验和体积不变条件下膨胀压力试验。采用不同的试验方式，可得到表征岩石膨胀特征的不同指标。岩石自由膨胀率试验通过测定标准试件浸水后产生的径向和轴向膨胀变形，并分别计算径向和轴向膨胀变形与浸水前试件的径向和轴向长度的比值，得到岩石径向和轴向的自由膨胀率。采用岩石侧向约束膨胀率试验可测定岩石的侧向约束膨胀率参数,即岩石试件在有侧向约束不产生侧向变形的条件下,轴向受有限荷载（5 kPa）作用时,浸水后产生的轴向变形与试件原高度之比,用百分数表示。体积不变条件下膨胀压力试验是测定试样浸水后保持原形不变时所需要的压力,膨胀压力一般采用平衡加载法测定。

岩石膨胀压力试验所需仪器为:钻石机、切石机、石机、测量平台、角尺、千分卡尺、放大镜、电子天平（称量大于 500 g,感量 0.01 g）和膨胀压力试验仪（见图 6-6）。试样应在现场采用干钻法采取,并保持天然含水状态,不得采用爆破或湿钻法取样。试样天然含水率变化不宜超过 1%。试件应为圆柱体,直径宜为 50 mm,尺寸偏差为-0.1~0 mm,高度不宜小于 20 mm 且应大于岩石最大颗粒粒径的 10 倍。两端面不平行度允许偏差为 0.05 m,且应垂直于试件轴线,垂直度允许偏差为±0.25°。体积不变条件下,岩石膨胀压力试验每组试件数量不得少于 3 个。

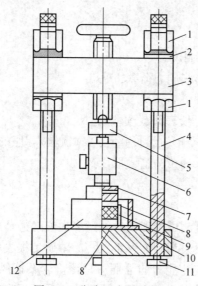

图 6-6   膨胀压力试验装置

1—螺母；2—平垫圈；3—横梁；4—摆柱；5—接头；6—压力传感器；
7—上压板；8—金属透水板；9—试件；10—套环；11—调整件；12—容器

操作步骤如下:

（1）将试件放入内壁涂有凡士林的金属环内,并在试件上、下端分别放置一张薄型滤水纸和金属透水板。

（2）安装加压系统及测量试件变形的千分表,使仪器各部位和试件在同一轴线上,不得出现偏心荷载。

（3）对试件施加 10 kPa 的压力，测记千分表读数，每隔 10 min 测读一次，连续 3 次读数不变时，重新调整千分表并记录千分表读数。

（4）向盛水容器内缓慢注入蒸馏水直至淹没上部透水板。观测千分表的变化，当变形量达到 0.001 mm 时，调节施加的压力，使试件膨胀变形在整个试验过程中保持不变。

（5）开始时每隔 10 min 读数一次，连续 3 次读数差小于 0.001 mm 时，改为 1 h 读数一次；连续 3 次读数差小于 0.001 m 时，即可认为读数稳定并记录试验压力。浸水后总的试验时间不得少于 48 h。

（6）试验过程中应保持水位不变，水温变化不得大于 2 ℃。

（7）试验结束后，应描述试件表面的泥化和软化现象，根据需要可对试件进行矿物鉴定、X 衍射分析和差热分析。

岩石的膨胀压力计算式为：

$$P = F + G_1 - G_2 \tag{6-9}$$

$$P_p = \frac{P}{A} \tag{6-10}$$

式中　P_p——膨胀压力，MPa；

　　　P——侧向约束膨胀压力荷载，N；

　　　A——试件截面积，mm^2；

　　　F——轴向荷载（仪表荷载读数），N。

　　　G_1——上透水板+变形测绘板+千分表+顶丝+球座的重力值，取 14 N。

　　　G_2——盛水槽内水的重力值，取 3 N。

6.3.4　岩石冻融试验

岩石冻融试验是通过测试饱和试件经过多次冻融循环后质量和单轴抗压强度的变化，计算冻融质量损失率和冻融系数。冻融质量损失率和冻融系数的大小直接反映了岩石抵抗冻融破坏能力的强弱，是评价岩石抗风化稳定性的重要指标。岩石的抗冻性能一般用两个指标表示：一是冻融质量损失率，是指岩石冻融前后饱和试件的质量差与冻融前饱和试件质量之比；二是冻融系数，是指冻融后的岩石饱和单轴抗压强度与冻融前的岩石饱和单轴抗压强度之比。

岩石冻融试验所需仪器为：低温冰箱（最低制冷温度不高于-25 ℃）、钻石机、切石机、磨石机、车床、测量平台、角尺、千分卡尺、放大镜、电子天平（称量大于 2000 g，感量 0.01 g）、烘箱、干燥器、试件饱和设备、白铁皮盒（容积为 210 mm×210 mm×200 mm）和铁丝架（可放入白铁皮盒中，铁丝架分为 9 格，每格可放一个试件）和压力试验机。标准试件为圆柱形，可从钻孔岩芯或坑探槽中采取岩块加工制成。试件在采取、运输和制备过程中应避免扰动。制备试件时应采用纯净水作为冷却液。对于遇水崩解、溶解和干缩湿胀的岩石，应采用干法制备试件。试件直径宜为 48~54 mm，但应大于岩石最大颗粒粒径的 10 倍，试件高度与直径之比为 2.0~2.5。对于非均质粗粒岩石或非标准钻孔岩芯，可采用非标准尺寸的试件，但高径比不宜小于 2，每组试件数量不应少于 6 个。

操作步骤如下：

（1）试件的干燥、吸水、饱和处理及称量应符合岩石吸水性试验的规定。

（2）取 3 块饱和试件进行冻融前的单轴抗压强度试验。

（3）将另外 3 块饱和试件放入白铁皮盒内的铁丝架中并放入低温冰箱，在 (-20±2)℃ 温度下冻 4 h，然后取出白铁皮盒，向盒内注水浸没试件，水温应保持在 (20±2)℃，融解 4h，即为一个循环。

（4）根据工程需要确定冻融循环次数，以 20 次为宜，严寒地区不应少于 25 次。

（5）每进行一次冻融循环，详细检查各试件有无掉块、裂缝等，观察其破坏过程，试验结束后进行一次总的检查，并详细记录。

（6）冻融循环结束后，从水中取出试件，拭干表面水分并称量，进行单轴抗压强度试验。

冻融质量损失率计算式为：

$$L_f = \frac{m_s - m_f}{m_s} \times 100\% \tag{6-11}$$

式中　L_f——冻融质量损失率，%；

　　　m_s——冻融试验前饱和试件质量，g；

　　　m_f——冻融试验后饱和试件质量，g。

冻融前后饱和单轴抗压强度计算式为：

$$R_s = \frac{p_s}{A} \tag{6-12}$$

$$R_f = \frac{p_f}{A} \tag{6-13}$$

式中　R_s——冻融前饱和单轴抗压强度，MPa；

　　　R_f——冻融后饱和单轴抗压强度，MPa；

　　　A——试件截面积，mm^2；

　　　p_s——冻融前饱和试件破坏荷载，N；

　　　p_f——冻融后饱和试件破坏荷载，N。

冻融系数计算式为：

$$K_f = \frac{\overline{R_f}}{\overline{R_s}} \tag{6-14}$$

式中 K_f——冻融系数；

　　$\overline{R_s}$——冻融前饱和单轴抗压强度，MPa；

　　$\overline{R_f}$——冻融后饱和单轴抗压强度，MPa。

6.3.5　土的渗透试验

　　渗透试验的原理就是在试验装置中测出渗流量、不同点的水头高度、渗流时间及水头损失，从而计算出渗流速度和水力梯度，代入达西定律公式 $v = ki$ 计算出渗透系数。由于土的渗透系数 k 变化范围很大 10^{-7} cm/s$<k<10^{-1}$ cm/s，故实验室内常用两种不同的试验装置进行试验：常水头渗透试验装置用来测定渗透系数 k 比较大的非黏性土的渗透系数，变水头渗透试验装置用来测定渗透系数 k 比较小的黏性土的渗透系数，见表6-2。

表6-2　试验方法和适用范围

试　验　方　法	适　用　范　围
常水头渗透试验	粗粒土（沙质土）
变水头渗透试验	细粒土（黏质土和粉质土）

6.3.5.1　常水头渗透试验

　　常水头渗透试验所需仪器为：70型渗透仪、天平（最大称量5000 g，分度值1.0 g）、温度计（分度值0.5 ℃）等，如图6-7所示。

　　操作步骤如下：

　　（1）称取具有代表性风干土样3~4 kg，准确至1.0 g，并测定其风干含水率。

　　（2）按图6-7装好仪器，将圆筒装满水，检查各测压管接头处是否漏水，测压孔、渗水孔和溢水孔是否堵塞。然后将水放掉，量测滤网至筒顶的高度。

　　（3）装样及饱和。将调节管和供水管相连，从渗水孔向圆筒充水至水位略高过于金属孔板，关止水夹。

　　（4）将风干土样分层装入仪器内，每层2~3 cm，用木槌轻轻击实到一定厚度，以控制其孔隙比。

　　（5）每层试样装好后，微开止水夹，从渗水孔向圆筒充水，使试样逐渐饱和。当水面与试样顶面齐平时，关止水夹。饱和时水流不应过急，以免冲动试样。

　　（6）逐层装样和饱和，至试样高出上测压孔3~4 cm为止。

　　（7）量测试样顶面至筒顶高度，计算试样高度；称剩余土样的质量，准确至1.0 g，计算装入试样的总质量。

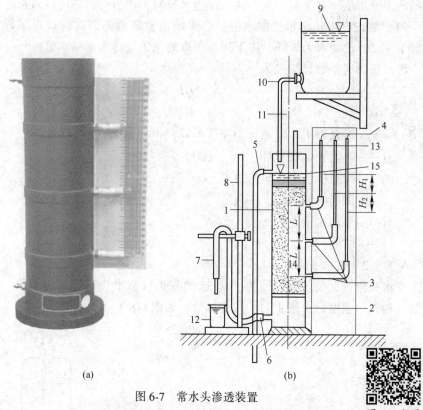

图 6-7 常水头渗透装置

（a）70 型渗透仪；（b）常水头渗透装置示意图

图 6-7 彩图

1—金属封底圆筒；2—金属孔板；3—测压孔；4—测压管；5—溢水孔；6—渗水孔；7—调节管；
8—滑动架；9—供水瓶；10—供水管；11—止水夹；12—量杯；13—温度计；14—试样；15—砾石层

（8）在试样顶面铺 2 cm 砾石作为缓冲层。开止水夹，继续缓缓地由渗水孔向圆筒充水至溢水孔有水溢出，关止水夹。

（9）静置数分钟后，检查各测压管水位是否与溢水孔齐平。如不齐平，说明试样中或测压管接头处有集气阻隔，用洗耳球轻轻地吸水排气，直至测压管水位与溢水孔齐平。

渗透测试步骤如下：

（1）提高调节管使其高于溢水孔，将调节管与供水管分开，并将供水管放入圆筒内，开止水夹，使水由顶部注入圆筒，降低调节管至试样上部 1/3 高度处，形成水位差，水即渗过试样，经调节管流出。调节止水夹，使进入圆筒的水量略多于溢出的水量，溢水孔始终有水溢出，保持圆筒内水位不变，试样处于常水头下渗透。

（2）测压管水位稳定后，记录各测压管水位。开动秒表，用量筒接取一段时间的渗透水量，并重复一次。接取渗透水量时，调节管口不可没入水中。

（3）测记进水和出水处的水温，取平均值。降低调节管管口至试样中部及下部 1/3 处，改变水力坡降，按上述步骤重复测定渗透水量和水温。

常水头渗透系数计算式为：

$$k_T = \frac{QL}{AHt} \tag{6-15}$$

式中 k_T——水温为 T ℃时试样的渗透系数，cm/s；

Q——时间 t s 内的渗出水量，cm^3；

L——两测压管中心间的距离，cm；

A——试样的断面积，cm^2；

H——平均水位差，cm；

t——时间，s。

6.3.5.2 变水头渗透试验

变水头渗透试验所需仪器为：南 55 型渗透仪、水头装置、切土器、100 mL 量筒、秒表、温度计、削土刀、凡士林等，如图 6-8 所示。

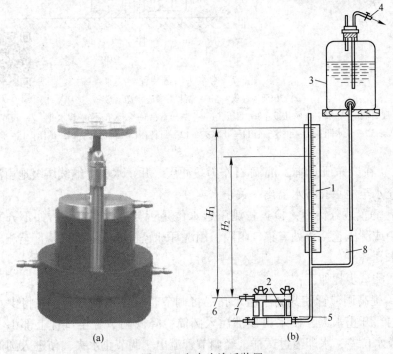

图 6-8 变水头渗透装置

（a）南 55 型渗透仪；（b）变水头渗透装置示意图

1—测压管；2—渗透容器；3—供水瓶；4—接水源管；

5—进水管夹；6—排气管夹；7—出水管夹；8—供水管夹

操作步骤如下：

（1）制样。制备给定密度的扰动试样，并进行充分饱和（对不易透水的试样，采用抽气饱和；对饱和试样和较易透水的试样，直接用变水头装置进行水头饱和）。

（2）装样。将容器套筒内壁涂一薄层凡士林，然后将盛有试样的环刀推入套筒，把挤出的多余凡士林小心刮净。压入止水垫圈，装好带有透水板的上、下盖，并用螺丝拧紧，不得漏水漏气。把渗透容器的进水口与水头装置连通，如图6-8（b）所示。开供水管夹，由供水瓶向测压管注入纯水（试验过程中应及时向测压管中补水，补水时切记关闭进水管夹）。

（3）排气。将容器侧立，使排气管向上，打开排气管夹，然后开进水管夹，使测压管中的纯水流入渗透容器，排除容器底部的空气，直至溢出水中无气泡为止。关闭排气管夹，放平渗透容器。

（4）饱和。开出水管夹，在一定水头作用静置一段时间，待出水管有水溢出时，则认为试样已达到饱和状态。

（5）渗透。使测压管中的水位升至预定高度（水头高度根据试样结构的疏松程度确定，一般不应大于（2）；待水位稳定后，开进水管夹，使水由下往上通过试样，当出水口有水溢出时，开动秒表，同时测记测压管中起始水头高度H_1，经过时间t后，再测记终止水头H_2，并测记出水口的水温。如此连续测记2~3次后，再使水头管水位回升至需要高度，连续测记数次，前后需6次以上，试验终止。

（6）试验过程中，若发现水流过快或出水浑浊，应立即检查容器有无漏水或试样中是否出现渗透通道；若有，应另取试样重新进行试验。

变水头渗透系数计算式为：

$$k_T = 2.3 \frac{aL}{At} \cdot \lg \frac{H_1}{H_2} \tag{6-16}$$

式中　a——变水头测压管截面积，cm^2；

　　　L——渗径，等于试样高度，cm；

　　　H_1——开始时水头，cm；

　　　H_2——终止时水头，cm；

　　　A——试样的断面积，cm^2；

　　　t——时间，s；

2.3——ln 和 lg 的换算系数。

标准温度下的渗透系数计算式为：

$$k_{20} = k_T \frac{\eta_T}{\eta_{20}} \tag{6-17}$$

式中　k_{20}——标准温度时试样的渗透系数，cm/s；

　　　　η_T——T ℃时水的动力黏滞系数，1×10^{-6} kPa·s；

　　　　η_{20}——20 ℃时水的动力黏滞系数，1×10^{-6} kPa·s；

　　η_T/η_{20}——黏滞系数比。

6.3.6　土的固结试验

　　土体的固结是指土体在外力作用下，土体中的水和气体被逐渐排走，孔隙体积减小，土颗粒之间重新排列的现象。土的固结试验是通过测定土样在各级垂直荷载作用下产生的变形，计算各级荷载下相应的孔隙比，用以确定土的压缩系数和压缩模量等。

　　例如，在相同的荷重作用上，软土的压缩量大，而坚密的土压缩量小；又如在同一种土样的条件下，压缩量随着荷重的加大而增加。因此，我们可以在同一种土样上，施加不同的荷重，一般情况下，荷重分级不宜过大。视土的软硬程度及工程情况荷重可取为 0.125 kg/cm²、0.25 kg/cm²、0.5 kg/cm²、1.0 kg/cm²、2.0 kg/cm²、3.0 kg/cm²、4.0 kg/cm²、6.0 kg/cm²、8.0 kg/cm²等，最后一级荷重应比土层计算压力大 1~2 kg/cm²。这样，便可得到不同的压缩量，从而可以算出相应荷重时土样的孔隙比。如图 6-9 所示，当土样在荷重 p_1 作用下，压缩量为 Δh，一般认为土样的压缩主要由土的压密使孔隙减少产生的。因此，与未加荷重前相比，可得 $\Delta h = e_0 - e_1$。

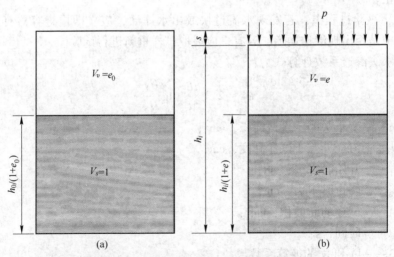

图 6-9　侧限条件下土样孔隙比的变化
（a）不加荷重；（b）加荷重

而土样在荷重 p_1 作用下产生的应变为 $\varepsilon = \dfrac{\Delta h}{h_0}$，从图 6-9 可得：

$$\frac{\Delta h}{h_0} = \frac{e_0 - e_1}{1 + e_0}$$

$$(6\text{-}18)$$

$$e_0 - e_1 = \frac{\Delta h}{h_0}(1 + e_0)$$

式中　e_1——在荷重 p_1 作用下，土样变形稳定时的孔隙比；

　e_0，h_0——原始土样的孔隙比和高度，mm；

　Δh——在荷重 p_1 作用下，土样变形稳定时的压缩量，mm。

这样，施加不同荷重 p_i，可得相应的孔隙比 e_i。根据 e_i、p_i 值可绘制压缩曲线，并求得压缩系数 α_i。试样制备按密度试验要求取原状土或制备扰动土土样，并测定试样的含水率和密度，取切下的余土测定土粒比重。试样需要饱和时，应按规定进行抽气饱和。

土的固结试验所需仪器为：固结仪、环刀、加压设备（应符合现行国家标准《岩土工程仪器基本参数及通用技术条件》（GB/T 15406—2007）的规定）、秒表、物理天平、变形量测设备和电热烘箱。

操作步骤如下：

（1）在压密容器中放置好透水石和滤纸，将带有环刀的试样和环刀一起刃口向下小心放入护环，在试样上放置滤纸和透水石，最后放上传压活塞，安装加压装置和百分表。

（2）施加 1 kPa 的预压力使试样与仪器上下各部件之间接触，将百分表或传感器调整到零位或测读初读数，通常将百分表测距调到大于 8 mm。确定需要施加的各级压力，压力等级宜为 12.5 kPa、25 kPa、50 kPa、100 kPa、200 kPa、400 kPa、800 kPa、1600 kPa、3200 kPa。第一级压力的大小应视土的软硬程度而定，宜用 12.5 kPa、25 kPa 或 50 kPa，最后一级压力应大于土的自重压力与附加压力之和。只需测定压缩系数时，最大压力不小于 400 kPa。

（3）需要确定原状土的先期固结压力时，初始段的荷重率应小于 1，可采用 0.5 或 0.25。施加的压力应使测得的 e-p 曲线下段出现直线段。对超固结土，应进行卸压、再加压来评价其再压缩特性。

（4）对于饱和试样，施加第一级压力后应立即向水槽中注水浸没试样。非饱和试样进行固结试验时，须用湿棉纱围住加压板周围。需要测定沉降速率、固结系数时，施加每一级压力后宜按时间顺序测记试样的高度变化，时间顺序为 6 s、15 s、1 min、2 min 15s、4 min、6 min 15 s、9 min、12 min 15 s、16 min、20 min 15 s、25 min、30 min 15 s、36 min、42 min 15 s、49 min、64 min、100 min、200 min、400 min、23 h、24 h，至稳定为止（注：测定沉降速率仅适用饱和土)。

(5) 不需要测定沉降速率时,则施加每级压力 24 h 后测定试样高度变化,作为稳定标准;只需测压缩系数的试样,施加每级压力后,每小时变形达 0.01 mm 时,作为试样高度变化稳定读数。

(6) 记下稳定读数后,加第二级荷载,依照加第一级荷载时的读数时间记下量表读数,直至稳定。依此逐级加荷,至试验结束。

(7) 需要进行回弹试验时,可在某级压力下固结稳定后退压,直至退到要求的压力,每次退压至 24 h 后测定试样的回弹量。稳定标准同前面的要求。

(8) 试验结束后吸去容器中的水,先卸除百分表,然后卸除砝码,升起加载框,拆除仪器各部件,取出固结容器和整块试样,测定含水率。

原始孔隙比 e_0 计算式为:

$$e_0 = \frac{d_s(1 + \omega_0)\rho_w}{\rho_0} - 1 \tag{6-19}$$

式中 e_0——土样初始孔隙比;

    ρ_0——土样初始密度,g/cm^3;

    d_s——土样比重,g/cm^3;

    ω_0——土样含水率,%;

    ρ_w——水的密度,g/cm^3。

压力 p_i 作用下土样的稳定压缩量为:

$$\Delta h_i = h_0 - h_i \tag{6-20}$$

式中 h_0——土样初始高度,mm;

    h_i——压力 p_i 作用下土样压缩稳定后的高度,mm。

计算各级荷重下变形稳定后的孔隙比为:

$$e_i = e_0 - \frac{\Delta h_i}{h_0}(1 + e_0) \tag{6-21}$$

计算某一压力范围内的压缩系数 α_i 为:

$$\alpha_i = \frac{e_i - e_{i+1}}{p_{i+1} - p_i} \tag{6-22}$$

式中 α_i——某级压力范围内的压缩系数,MPa^{-1};

  e_i,e_{i+1}——p_i、p_{i+1} 时的孔隙比;

  p_i,p_{i+1}——试验时某级压力值,MPa。

计算压缩模量 E_s 公式为:

$$E_s = \frac{1 + e_0}{\alpha_i} = \frac{1 + e_i}{e_i - e_{i+1}}(p_{i+1} - p_i) \tag{6-23}$$

式中 E_s——某级压力范围的压缩模量,MPa。

计算压缩指数或回弹指数公式为：

$$C_{\text{c}} \text{ 或 } C_{\text{s}} = \frac{e_i - e_{i+1}}{\lg p_{i+1} - \lg p_i} \tag{6-24}$$

式中　C_{c}——压缩指数；

　　　C_{s}——回弹指数。

以孔隙比为纵坐标，压力为横坐标，绘制孔隙比与压力关系 $e\text{-}p$ 曲线，并求得压缩系数 α_i，如图 6-10 所示。

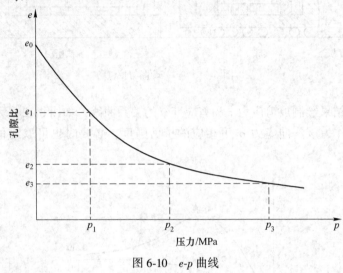

图 6-10　$e\text{-}p$ 曲线

6.3.7　直剪试验

直剪试验是测定土的抗剪强度指标的室内试验方法之一，它可直接测出给定剪切面上土的抗剪强度。它所使用的仪器称为直接剪切仪或直剪仪，分为应变控制式和应力控制式两种，前者对试样采用等速剪应变测定相应的剪应力，后者则是对试样分级施加剪应力测定相应的剪切位移。仪器由固定的上盒和可移动的下盒构成，试样置于上、下盒之间的盒内，试样上、下各放一块透水石以利于试样排水，如图 6-11 所示。试验时，首先由加荷架对试样施加竖向压力 F_{N}，水平推力 F_{s} 则由等速前进的轮轴施加于下盒，使试样在沿上、下盒水平接触面产生剪切位移。总剪力 F_{s}（即水平推力）由量力环测定，切变形由百分表测定。在施加每一种法向应力后（$\sigma = \dfrac{F_{\text{N}}}{A}$，$A$ 为试件面积），逐级增加剪切面上的剪应力 $\tau\left(\tau = \dfrac{F_{\text{s}}}{A}\right)$，直至试件破坏。一般由曲线的峰值作为该法向应力 σ 下相应的抗剪强度 τ_{f}，必要时也可取终值作为抗剪强度。

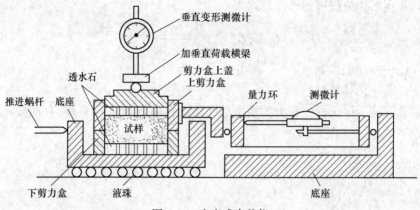

图 6-11 应变式直剪仪

将试验结果绘制成剪应力 τ 和剪应变 γ 的关系曲线，如图 6-12 所示。一般以曲线的峰值作为该法向应力 σ 下相应的抗剪强度，必要时也可取终值作为抗剪强度。

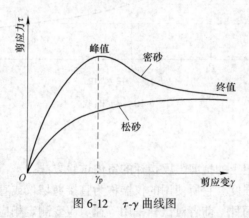

图 6-12 τ-γ 曲线图

直剪仪具有构造简单、操作简便的优点，很多实验室采用这种简单的检测方法。但缺点也很明显，实验过程中假设剪切面剪应力分布均匀，受剪面积不变，但剪切过程中试样内的剪应变和剪应力分布不均匀；试样剪破时，靠近剪力盒边缘应变最大，而试样中间部位的应变相对小得多。此外，剪切面附近的应变又大于试样顶部和底部的应变。基于同样的原因，试样中的剪应力也是很不均匀的，并且剪切过程中试样面积逐渐减小，垂直荷载发生偏心，与假设矛盾。

除此之外，直剪试验不能严格控制排水条件，不能测量孔隙水压力。人为限定剪切面为上、下盒接触面，但该平面并不是试样抗剪最弱的剪切面。

采用不同的法向应力，分别测出对应的抗剪强度，绘制 σ-τ 曲线，可得出土的莫尔-库仑破坏包线，如图 6-13 所示。

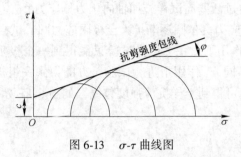

图 6-13 $\sigma\text{-}\tau$ 曲线图

6.3.8 三轴压缩试验

土工三轴仪是一种能较好地测定土的抗剪强度的试验设备，如图 6-14 所示。与直剪仪相比，三轴仪试样中的应力相对比较均匀和明确。三轴仪也分为应变控制和应力控制两种，随着技术的进步，计算机和传感器等组成的自动化控制系统可同时具有应变控制和应力控制两种功能。三轴仪的核心部分是压力室，它是由一个金属活塞、底座和透明有机玻璃圆筒组成的封闭容器；轴向加压系统用以对试样施加轴向附加压力，并可控制轴向应变的速率；周围压力系统则通过液体（通常是水）对试样施加围压；试样为圆柱形，并用橡皮膜包裹起来，以使试样中的孔隙水与膜外液体（水）完全隔开。试样中的孔隙水通过其底部的透水面与孔隙水压力量测系统连通，并由孔隙水压力阀门控制。

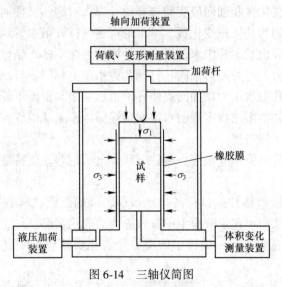

图 6-14 三轴仪简图

实验时，先打开围压系统阀门，使试样在各向所受围压为 σ_3，并维持不变。

然后，由轴压系统通过活塞向试样施加轴向压力偏应力 $\Delta\sigma = \sigma_1 - \sigma_3$，维持 σ_3 不变而 $\Delta\sigma$ 不断增大，应力莫尔圆逐渐扩大至极限应力圆，试样最终被剪破。

在给定围压 σ_3 作用下，一个试样试验只能得到一个极限应力圆，同种土样至少需要 3 个以上不同 σ_3 作用下进行试验，方能得到一组极限应力圆。绘制极限应力圆的公切线，可得到土样抗剪强度包线，如图 6-15 所示。

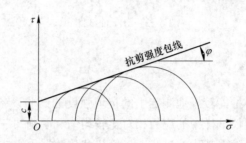

图 6-15　土样抗剪强度包线

三轴压缩试验可根据工程实际情况的不同，采用不同的排水条件进行试验。在试验中，既能令试样沿轴向压缩，也能令其沿轴向伸长。通过试验，还可测定试样的应力、应变、体积应变、孔隙水压力变化和静止测压力系数等。如试样的轴向应变可根据其顶部刚性试样帽的轴向位移量和起始高度算得，试样的侧向应变可根据其体积变化量和轴向应变间接算得，那么对饱和试样而言，试样在试验过程中的排水量即为其体积变化量。排水量可通过打开量水管阀门，让试样中的水排入量水管，并由量水管中水位的变化计算出。在不排水条件下，如要测定试样中的孔隙水压力，可关闭排水阀，打开孔隙水压力阀门，对试样施加轴向压力后，由于试样中孔隙水压力增加而迫使零位指示器中水银面下降，此时可用调压筒施反向压力，调整零位指示器的水银面始终保持原来的位置，从孔隙水压力表中即可读出孔隙水压力值。

三轴压缩试验可供在复杂应力条件下研究土的抗剪强度特性使用，其突出优点如下：

（1）试验中能严格控制试样的排水条件，准确测定试样在剪切过程中孔隙水压力的变化，从而可定量获得土中有效应力的变化情况。

（2）与直剪试验相比，试样中的应力状态相对地较为明确和均匀，不硬性指定破裂面位置。

（3）除抗剪强度指标外，还可测定，如土的灵敏度、测压力系数、孔隙水压力系数等力学指标。

6.4 其他工程结构检测

6.4.1 砌体结构检测

6.4.1.1 砌体结构的质量检查内容

砌体结构的质量检查包括以下几个方面。

（1）物理力学性能检查：砌体结构施工时，应定时对其原材料按照国家标准或部颁建材标准进行随机抽样检查。已建砌体结构，应对砌筑材料砖、砌块、石料、砂浆的强度及其腐蚀、风化与冻融损坏情况进行检查，取样检测或实地进行检测，特别对于墙基、柱脚以及经常处于潮湿、腐蚀条件下的外露砌体，应当进行重点检查和检测。

（2）裂缝检查：应当重点对墙、柱受力较大的部位（如梁支座下的砌体、墙和柱的变截面处、地基不均匀沉降以及产生明显变形的部位）进行检查。对于已产生裂缝的部位，应当仔细测定其裂缝宽度、长度及其分布状况。

（3）损伤检查：对于已经出现的损伤部位，应测绘出损伤面积大小和分布状况。特别对于承重墙、柱及过梁上部砌体的损伤应严格进行检测。另外，对于非正常开窗、打洞和墙体超载、砌体的通缝、局部受压等情况也应认真检查。

（4）变形检查：重点检查承重墙、高大墙体、柱的凸凹变形和倾斜变位等变形情况。

（5）连接部位的检查：检查墙体的纵横连接，垫块设置及连接件的滑移、松动、损坏情况。特别对于屋架、屋面梁、楼面板与墙、柱的连接点，吊车梁与砖墙的连接点，应当重点进行严格检查。

（6）圈梁检查：检查圈梁的布置、拉接情况及其构造要求是否合理。检查其原材料的材质情况，比如，混凝土的强度，有条件的情况下可以对圈梁钢筋位置、直径及强度进行复查。

（7）墙体稳定性检查：主要是检测其支承约束情况和高厚比，对于独立的填充墙应注意其连接情况。

（8）施工质量检查：施工质量主要是指砌筑质量，砂浆的饱满程度、砂浆与砌块的黏结性能，检查组砌是否得当、墙面平整度等指标。另外，还应对圈梁、墙梁、托梁等重要构件混凝土施工质量进行检查。

6.4.1.2 砌体结构的质量检查程序

（1）砌体结构检测的工作程序为：接受委托→调查并确定检测目的、内容和范围→确定检测方法→设备、仪器标定→检测→计算、分析、推定→检测报告。

（2）调查阶段工作内容如下：

1）收集被检测工程的原设计图纸、施工验收资料、砖与砂浆的品种，以及有关原材料的试验资料。

2）现场调查工程的结构形式、环境条件、使用期间的变更情况、砌体质量，以及其存在问题。

3）进一步明确检测原因和委托方的具体要求。

（3）选择检测方法。根据调查结果和检测的目的、内容和范围，选择一种或数种检测方法。砌体结构强度检测方法见表6-3。

表6-3　砌体结构强度检测方法一览表

序号	检测方法	特　　点	用　　途	限制条件
1	取样法	（1）属于取样检测，在墙体上取出符合要求的砌体试样，在实验室进行力学指标试验；（2）直观性、准确性受外界影响因素小；（3）取样、运输困难；（4）检测部位局部破损	检测普通砖砌体的抗压强度	（1）取样尺寸有一定限制；（2）同一墙体上的测点数量不宜多于1个；（3）取样、运输时不能使试件受损
2	轴压法	（1）属于原位检测，直接在墙体上检测，检测结果综合反映了材料质量和施工质量；（2）直观性、可比性强；（3）设备较重；（4）检测部位局部破损	检测普通砖砌体的抗压强度	（1）槽间砌体每侧的墙体不应大于1.5 m；（2）同一墙体上的测点数量不宜多于1个，测点总数量不宜太多；（3）限用于240 mm及其以上宽度的墙体
3	扁顶法	（1）属于原位检测，直接在墙体上检测，检测结果综合反映了材料质量和施工质量；（2）直观性、可比性强；（3）扁顶重复率较低；（4）砌体强度较高或轴向变形较大时，难以测出抗压强度；（5）设备较轻便；（6）检测部位局部破损	（1）检测普通砖砌体的强度；（2）检测古建筑和重要建筑的实际应力；（3）检测具体工程的砌体弹性模量	（1）槽间砌体每侧的墙体不应大于1.5 m；（2）同一墙体上的测点数量不宜多于1个，测点数量不宜太多；（3）限用于240 mm及其以上宽度的墙体
4	原位单剪法	（1）属于原位检测，直接在墙体上检测，检测结果综合反映了施工质量和砂浆质量；（2）直观性强；（3）检测部位局部破损	检测各种砌体的抗剪强度	（1）测点宜选在窗下墙部位，且承受反作用力的墙体应有足够长度；（2）测点数量不宜太多

序号	检测方法	特　点	用　途	限制条件
5	原位单砖双剪法	（1）属于原位检测，直接在墙体上检测，检测结果综合反映了施工质量和砂浆质量；（2）直观性强；（3）检测部位局部破损	检测烧结普通砖砌体的抗剪强度；其他墙体应经试验确定有关换算系数	当砂浆强度低于5 MPa时，误差较大
6	推出法	（1）属于原位检测，直接在墙体上检测，检测结果综合反映了施工质量和砂浆质量；（2）设备较轻便；（3）检测部位局部破损	检测普通砖墙体的砂浆强度	当水平灰缝的砂浆饱满度低于65%时，不宜选用
7	筒压法	（1）属于取样检测；（2）仅需利用一般混凝土实验室的常用设备；（3）取样部位局部破损	检测烧结普通砖墙体中的砂浆强度	测点数量不宜太多
8	砂浆片剪切法	（1）属于取样检测；（2）专用的砂浆强度仪及其标定仪，较为轻便；（3）试验工作较简便；（4）取样部位局部破损	检测烧结普通砖墙体中的砂浆强度	砂浆强度不应小于2 MPa
9	回弹法	（1）属于原位无损检测，测区选择不受限制；（2）回弹仪有定型产品，性能较稳定，操作简便；（3）检测部位的装饰面层仅局部损伤	（1）检测烧结普通砖墙体中的砂浆强度；（2）适宜于砂浆强度均质性普查	砂浆强度不应小于2 MPa
10	点荷法	（1）属于取样检测；（2）试验工作较简便；（3）取样部位局部破损	（1）检测烧结普通砖墙体中的砂浆强度	（1）定量推定砂浆强度，宜与其他检测方法配合使用；（2）砂浆强度不应小于2 MPa；（3）检测前，需要用标准靶检校
11	射钉法	（1）属于原位无损检测，测区选择不受限制；（2）射钉枪、子弹、射钉有配套定型产品，设备较轻便；（3）墙体装饰面层仅局部损伤	烧结普通砖、多孔砖砌体中，砂浆强度均质性普查	砂浆强度不应小于2 MPa

（4）划分检测单元。检测单元是指受力性质相似或结构功能相同的同一类构件的集合，一个或若干个可以独立分析的结构单元作为检测单元，每一结构单元划分为若干个检测单元。

（5）确定测区。测区是检测样的集合，是检测单元的子集。一个测区能够独立地产生一个强度代表值（或推定强度值），这个子集必须具有一定的代表性。一个检测单元内，应随机选择6个构件（单片墙体、柱），作为6个测区。当检测单元中不够6个构件时，应将每个构件作为一个测区。

（6）执行规范规定的测点数。测点是独立产生强度换算值的最小单元，这个强度换算值是强度代表值的计算依据之一。强度换算值与强度代表值的区别在于，前者没有经过概率保证而后者有。各种检测方法的测点数，应符合要求：

1）原位轴压法、扁顶法、原位单剪法、筒压法，测点数不应少于1个；

2）原位单砖双剪法、推出法、砂浆片剪切法、回弹法、点荷法、射钉法，测点数不应少于5个。

（7）其他事项有：

1）检测前应先检查设备、仪器，并进行标定。

2）计算分析过程中，若发现检测数据不足或出现异常情况时，应组织补充检测。

3）现场检测结束后，应立即修补因检测造成的砌体局部损伤部位；修补后的砌体，应满足原构件承载能力的要求。

4）从事检测和强度推定的人员，应当经过专门培训，合格者方能参加检测和撰写报告。

（8）完成检测报告。检测工作完毕，应及时提出符合检测目的的检测报告。

6.4.1.3　砌体结构的强度检测方法分类

按照对墙体的损伤程度分类如下：

（1）非破损检测方法，即在检测过程中，对砌体结构的既有性能没有影响。

（2）局部破损检测方法，在检测过程中，对砌体结构的既有性能有局部的、暂时的影响，但可以修复。一般来说，局部破损法检测得到的数据要比非破损法检测所得数据准确一些。砖柱和宽度小于2.5 m的墙体，不适宜选用有局部破损的检测方法。

按检测内容分类有：

（1）检测砌体抗压强度有原位轴压法、扁顶法；

（2）检测砌体工作应力、弹性模量有扁顶法；

（3）检测砌体抗剪强度有原位单剪法、原位单砖双剪法；

（4）检测砌体砂浆强度有推出法、筒压法、砂浆片剪切法、回弹法、点荷法、射钉法。

按照得到砖砌体强度的方法分类有：

（1）直接法。直接测定砌体的某一单项强度指标（如抗压强度、抗剪强度或弯拉强度）。当需要砖砌体其他强度指标时，需根据已测定的指标推断并计算砌体砂浆的强度等级，并测定砌筑砖或砌块的强度等级，最后推断砌体的其他强度指标。例如，原位轴压法、扁顶法、原位单砖双剪法等。

（2）间接法。间接法是分别测定砌体砂浆的强度等级以及砖的强度等级，并用检测得到的数据评定砌体的多项强度指标。目前已有的间接法有筒压法、点荷法、回弹法等。

按测定数据的场所分为：

（1）原位法。原位法是在现场砌体上直接测定砌体或砂浆的强度。

（2）取样法。取样法是从砖砌体中取得不同的试样，在脱离砌体的情况下测定所需的参数。

两者相比原位法测定较快，有一些影响因素不易排除，取样法的取样过程比较麻烦。为避免混淆，本章中砌筑块材的强度用 f_1 表示、砂浆强度用 f_2 表示、砌体强度用 f 表示。

6.4.2 混凝土结构检测

6.4.2.1 混凝土结构检测的作用和意义

钢筋混凝土结构在我国建设工程中占有统治地位，应用范围很广，数量也很大。对于已经使用的混凝土结构，有种种原因可能导致结构的安全性、适用性或耐久性不能满足相应规范的技术要求。比如，设计错误、施工质量低劣、增层或改造导致结构荷载增加、灾害损伤以及耐久性损伤等。当结构构件的可靠性鉴定等级被评定为 c 级或 d 级时，一般应采取相应的加固措施。

混凝土结构检测的作用就在于能够相对科学地判断原结构的残余能力，其意义在于尽量有效地应用社会资源。

对于新建工程，《混凝土强度检测评定标准》（GBJ 107—89）中明确规定，当对混凝土试块强度的代表性有怀疑时，可用从结构中钻取试样的方法或采用非破损检测方法，按有关标准的规定对结构或构件中混凝土的强度进行推定。

6.4.2.2 混凝土结构检测的内容和分类

混凝土结构检测的内容很广，凡是影响结构可靠性的因素都可以成为检测的内容，从这个角度看，检测内容根据其属性可以分为：

（1）几何量检测，如结构几何尺寸、变形、混凝土保护层厚度、钢筋位置和数量、裂缝宽度等。

（2）物理力学性能检测，如材料强度、结构的承载力、结构自振周期和结构振型等。

（3）化学性能检测，如混凝土碳化、钢筋锈蚀等。

混凝土结构检测的方法可分为以下四大类。

（1）非破损检测。

1）混凝土材料强度检测。非破损法对混凝土材料强度的检测，是以混凝土立方体试块强度与某些物理量之间的相关性为基础，检测时在不影响混凝土结构或构件任何性能的前提下，对相关物理量进行测试，然后根据混凝土强度与这些物理量的相互关系推算被测混凝土的标准强度换算值，并以此推算出强度标准值的推定值。常用的方法有回弹法、超声脉冲法、射线吸收法等。

2）混凝土材料内部缺陷检测，这类方法主要有超声脉冲法、脉冲回波法、雷达扫描法、红外热谱法、声发射法等。

除强度和缺陷检测外，还有混凝土的弹性性能、非弹性性能、耐久性、受冻层深度、含水率、钢筋位置与钢筋锈蚀、水泥含量等，常用的方法有共振法、敲击法、磁测法、电测法、微波吸收法、渗透法等。

（2）半破损检测。半破损法以不影响结构或构件的承载力为前提，在结构或构件上直接进行局部破坏性试验，或者直接钻取芯样进行微破坏性试验，然后根据试验值与混凝土标准强度的相互关系，换算成标准强度的特征强度。属于这类方法的有钻芯法、拔出法、射击法等，这类检测法的特点是以局部破坏性试验来获得混凝土的实际抵抗破坏的能力，因而不适合用于大面积的全面检测。

（3）破损检测。破损检测就是在力的作用下，按照有关规定，观测所检对象受力全过程的试验。

对于一些建筑用产品或半成品，在使用之前必须要了解其真实的受力性能，比如混凝土空心楼板、混凝土水管等。为了确保建设工程质量，按照一定比例要求对其进行抽样做破损性检测是很有必要的。

（4）综合法。所谓综合法就是采用两种或两种以上的检测方法，获取多种物理参量，并建立所检对象的相关性能与多项物理量的综合相互关系，以便从不同的角度评价所检对象的相关性能。

对于混凝土强度而言，由于综合法采用多项物理参数，能较全面地反映构成混凝土强度的各种因素，并且还能抵消部分影响强度与物理量相互关系的因素，因而比单一物理量的检测方法具有更高的准确性和可靠性。目前常用的综合法有超声回弹综合法、超声钻芯综合法、声速衰减综合法等，其中超声回弹综合法在我国已得到广泛应用，并制定了相应的技术规程。

6.4.3　钢结构检测

6.4.3.1　钢结构强度检测

钢结构材料的强度检测主要有三种方法：取样拉伸法，在试验机下按照标准方法直接测试材料的屈服强度、抗拉强度以及伸长率等的技术指标；表面硬度法，根据钢材硬度与强度的关系，通过测试钢材硬度，推算钢材的强度；化学分析法，通过化学分析测量钢材中有关元素的含量，根据化学成分与钢材强度的关系计算强度。

（1）取样拉伸法。钢材的拉伸试验过程包括取样和拉伸两个试验步骤，其中拉伸试验步骤与钢筋的拉伸试验相同，所不同的是试件取样及加工不同。按钢材试样的长宽比不同，钢材的试样有比例试样和非比例试样两种。按照钢材规格类型不同，有厚度在 0.1~3.0 mm 薄板和薄板带使用的试样类型；有厚度等于或大于 3 mm 的板材和扁材以及直径或厚度等于或大于 4 mm 的线材、棒材、型材使用的试样类型；有直径或厚度小于 4 mm 的线材、棒材、型材使用的试样类型等三类。《金属材料室温拉伸试验方法》（GB/T 228—2002）中对试样的形状、试样的尺寸、试样的制备三个方面有具体要求。

（2）表面硬度法。大量试验表明，钢材的极限强度与其布氏硬度之间存在正比例关系，见表 6-4。

表 6-4　钢材强度与其布氏硬度的关系表

钢材品种	低碳钢	高碳钢	调质合金钢
相关公式	$\sigma_b = 3.6HB$	$\sigma_b = 3.4HB$	$\sigma_b = 3.25HB$

注：σ_b 为钢材的极限强度，N/mm^2；HB 为布氏硬度。布氏硬度用布氏硬度仪直接在钢材表面测得。

当 σ_b 确定后，根据同种钢材的屈服强度比，能够计算钢材的屈服强度或条件屈服强度。

（3）化学分析法。化学分析法是根据钢材中各化学成分粗略估算碳素钢强度的方法，公式为：

$$\sigma_b = 285 + 7C + 0.06Mn + 7.5P + 2Si \tag{6-25}$$

式中　C，Mn，P，Si——钢材中碳、锰、磷和硅元素的含量，以 0.01% 为计量单位。

6.4.3.2　钢结构连接检测

A　焊缝无损检测

焊缝探伤主要采用斜探头横波探伤，斜探头使声束倾斜入射。用三角形标准试块的比较法来确定内部缺陷的位置。斜探头的倾斜角有多种，使用斜探头发现焊缝中的缺陷与用直探头探伤一样，都是根据在始脉冲与底脉冲之间是否存在伤脉冲来判断的。当发现焊缝中存在缺陷之后，如何确定焊缝中缺陷的具体位置，则常采用钢质三角形试块比较法来判断。超声脉冲波经换能器发射进入被测材料，当通过不同界面（构件材料表面、内部缺陷和构件底面）时，会产生部分反射。在超声波探伤仪的示波屏上，分别显示出各界面的反射波及其相对的位置。根据伤反射波与始脉冲和底脉冲的相对距离可确定缺陷在构件内的相对位置。如果焊缝内部无缺陷，则显示屏只有始脉冲和底脉冲，不会出现缺陷反射波，具体方法为：

（1）标定换能器。利用三角形标准试块，在试块的 α 角度与斜向换能器超声波和折射角度相同的前提下，根据公式 $l = L\sin^2\alpha$ 建立 l 和 L 的一一对应关系。

（2）记录 l 值。在构件焊缝内探测到缺陷时，记录换能器在构件上的位置。

（3）判断缺陷位置。根据 l 和 L 的对应关系，确定换能器在三角形标准试块

上的位置 L，并可按公式 $h = L\sin\alpha \cdot \cos\alpha$ 确定缺陷的深度 h。

超声法检测比其他方法（如磁粉探伤、脉冲反射法、射线探伤等）更有利于现场检测。钢材密度比混凝土大得多，为了能够检测钢材或焊缝较小的缺陷，要求选用比混凝土检测频率高的超声频率，常用的为 0.5~2 MHz。

焊缝的内部质量判定参见《压力容器无损检测》（JB 4730）以及《钢焊缝手工超声波探伤方法和探伤结果分级》（GB 11345）。

焊缝的外观质量检测参照《钢结构工程施工质量验收规范》（GB 50205）执行，常用的外观质量名词有气孔、夹渣、烧穿、焊瘤、咬边、未焊透、未融合等。

（1）气孔：是指焊条熔合物表面存在的人眼可辨的小孔。

（2）夹渣：是指焊条熔合物表面存在有熔合物锚固着的焊渣。

（3）烧穿：是指焊条熔化时把焊件底面熔化，熔合物从底面两焊件缝隙中流出而形成焊瘤的现象。

（4）焊瘤：是指在焊缝表面存在多余的（受力不起作用）像瘤一样的焊条熔合物。

（5）咬边：是指焊条熔化时把焊件过分熔化，使焊件截面受到损伤的现象。

（6）未焊透：是指焊条熔化时焊件熔化的深度不够，焊件厚度的一部分没有焊接的现象。

（7）未融合：是指焊条熔化时没有把焊件熔化，焊件与焊条熔合物没有连接或连接不充分的现象。

B　普通螺栓

普通螺栓作为永久性连接时，应该进行最小拉力载荷试验。试验方法与高强螺栓的相应技术相同。普通螺栓的破坏类型有：螺母滑丝、螺杆滑丝、螺头与杆部的交接处脆断、螺杆塑性破坏。这四种破坏形式中，只有符合力学性能要求的螺杆塑性破坏属于正常破坏。

C　高强螺栓

（1）螺栓实物最小载荷检验。测定螺栓实物的抗拉强度是否满足现行国家标准《紧固件机械性能螺栓、螺钉和螺柱》（GB 3098.1）的要求。

需要专用卡具将螺栓实物置于拉力试验机上进行拉力试验，为避免试件承受横向载荷，试验机的夹具应当能自动调正中心，试验时夹心张拉的移动速度不应超过 25 mm/min。

螺栓实物的抗拉强度应根据螺纹应力截面积（A_s）来计算确定，其取值应按现行国家标准《紧固件机械性能螺栓、螺钉和螺柱》（GB 3098.1）的规定取值。

进行试验时，承受拉力载荷的末旋合的螺纹长度应当是螺距的 6 倍以上；当试验拉力达到现行国家标准《紧固件机械性能螺栓、螺钉和螺柱》（GB 3098.1）

中规定的最小拉力载荷（ $A_s \times \sigma_b$ ）时，不得断裂。当超过最小拉力载荷直至拉断时，断裂应发生在杆部或螺纹部分，而不应当发生在螺头与杆部的交接处。

（2）扭剪型高强度螺栓连接副预拉力复验。复验用的螺栓应在施工现场待安装的螺栓批中随机抽取，每批应抽取 8 套连接副进行复验。连接副预拉力可以采用经计量检定、校准合格的轴力计进行测试。电测轴力计、油压轴力计、电阻应变仪、扭矩扳手等计量器具，应在试验前进行标定，其误差不得超过 2%。

采用轴力计方法复验连接副预拉力时，应将螺栓直接插入轴力计。紧固螺栓分初拧、终拧两次进行，初拧应采用手动扭矩扳手或专用定扭电动扳，初拧值应为预拉力标准值的 50% 左右。终拧应采用专用电动扳手，至尾部梅花头拧掉，读出预拉力值。

每套连接副只能做一次试验，不得重复使用。在紧固中垫圈发生转动时，应更换连接副，重新试验。复验螺栓连接副的预拉力平均值和标准偏差应符合表 6-5 规定。

表 6-5　不同螺栓的预拉力平均值和标准偏差

螺栓直径/mm	16	20	22	24
紧固预拉力的平均值 $\bar{P}$/kN	90~120	154~186	191~231	222~270
标准偏差 σ_P/kN	10.1	16.7	19.5	22.7

（3）高强度螺栓连接副施工扭矩检验。高强度螺栓连接副扭矩检验是包含初拧扭矩、复拧扭矩、终拧扭矩的现场无损检验，检验所用的扭矩精度误差不能大于 3%。高强度螺栓连接副扭矩检验分扭矩法检验和转角法检验两种，原则上检验法与施工法应相同，扭矩检验应在施拧 1 h 后，48 h 以内完成。

（4）高强度大六角头螺栓连接副扭矩系数复验。复验用的螺栓应当在施工现场待安装的螺栓批中随机抽取，每批应抽取 8 套连接副进行复验。

连接副扭矩系数复验时用的计量器具应在试验前进行标定，误差不得超过 2%。每套连接副只能做一次试验，不得重复使用。在紧固中垫圈发生转动时，应更换连接副，重新试验。

（5）高强度螺栓连接摩擦面的抗滑系数检验。制造厂和安装单位应分别以钢结构制造批为单位，进行抗滑移系数试验。制造批可按分部（子分部）工程划分规定的工程量，每 2000 t 为一批，不足 2000 t 的可视为一批。选用两种及两种以上表面处理工艺时，每种处理工艺应单独检验，每批 3 组试件。抗滑移系数试验应采用双摩擦面的两栓拼接的拉力试件，如图 6-16 所示。

抗滑移系数试验用的试件应由制造厂加工，试件与所代表的钢结构构件应为同一材质、同批制作、采用同一摩擦面处理工艺和具有相同的表面状态，并应当

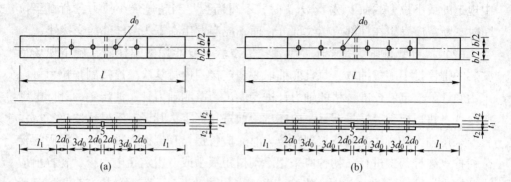

图 6-16 抗滑移系数拼接试件的形式和尺寸

(a) 两栓抗滑移系数；(b) 三栓抗滑移系数

使用同批同一性能等级的高强度螺栓连接副，在同一环境条件下存放。

6.4.4 木结构检测

木材的显著特点就是存在天然的缺陷（木节、裂缝、翘曲等），这些缺陷在使用过程中还会不断地发展，设计、施工中也会产生各种缺陷。木材是有机材料，很容易遭受菌害、虫害和化学性侵蚀等灾害，随着时间的流逝，木材的菌害会越来越重。所以，木结构的外观检测比其他结构的外观检测更重要。

6.4.4.1 木结构腐朽检测

进行木材腐朽检测时，应该注意：

（1）考虑不同木腐菌生长的特性和危害的部位，比如，柱子埋在土里的部分、空气中的部分、地面交界部分的木腐菌就不同，木材腐朽速度也不同。

（2）腐朽的初期阶段通常产生木材变色、发软、容易吸水等现象，会散发一种使人生厌的气味，在腐朽后期木材会出现翘曲、纵横交错的细裂纹等特征。

（3）当木材腐朽的表面特征不很明显时，可以用小刀插入或用小锤敲击来检查。若小刀很容易插入木材表层，且撬起时木纤维容易折断，则已经腐朽。用小锤敲击木材表面，腐朽木材声音模糊不清，健康木材则响声清脆。

（4）处于已腐和未腐两种状态之间时，该部位可能已受木腐菌感染进入初腐阶段。

6.4.4.2 木结构连接检测

现场检测保险螺栓与木齿能否共同工作时，需进行载荷试验，原建筑工程部建筑科学研究院和原四川省建筑科学研究所进行的大量试验结果证明，在木齿未被破坏以前，保险螺栓几乎不受力。在双齿连接中，保险螺栓一般设置两个。木材剪切破坏后节点变形较大，两个螺栓受力较为均匀。

6.4.4.3 木结构变形检测

木结构变形可采用水准观测等方法直接在现场检测，当检测结构的变形超过以下限度时，应视为有危害性的变形，此时应按其实际荷载和构件尺寸进行核算，并应进行加固。

（1）受压构件的侧弯变形超过其长度的 1/150。

（2）屋盖中的檩条、大梁、顺水或其他形式的梁，其挠度超过规范要求的计算值。

（3）木屋架及钢木屋架的挠度超过其设计时采用的起拱值。

6.5 工程结构无损检测

6.5.1 概述

工程结构无损检测技术是以被测结构或构件不被物理破坏而测得与所使用材料有关的各种物理量，并以此推定结构或构件强度及其内部是否有缺陷的一种测试技术。基于此特点，这一经济而实用的技术在工程结构或构件测试中得到了广泛的应用。它主要用于：

（1）评定结构或构件的质量，特别是评定新建的工程结构混凝土的施工质量。

（2）已建工程结构的承载力、耐久性。

（3）加强施工管理、施工进度等。

下面主要介绍回弹法和超声法，这两种方法也是在无损检测中应用非常广泛的方法。

6.5.2 回弹法

回弹法是指用一弹簧驱动的重锤，通过弹击传力杆，弹击混凝土表面，以回弹值（反弹距离与弹簧初始长度之比）测量混凝土表面硬度，由此推定混凝土强度的一种方法。图 6-17 为回弹仪结构示意图。

由于混凝土表面的硬度与混凝土强度之间存在相关关系，通常情况下，混凝土表面硬度越大，混凝土强度越高。因此，通过测得混凝土表面的硬度可间接推定混凝土强度值，即可采用表征混凝土表面硬度的回弹值与混凝土强度值的关系曲线来推定混凝土强度大小。

批量混凝土构件检测其强度推定值时，首先要确定抽检构件的数量，其次是确定和布置每个构件上的测区数量及测区分布的位置，且在测区内弹击测点。

（1）构件的批量抽检。抽检的数量不得少于该批构件总数的 30%，且不得

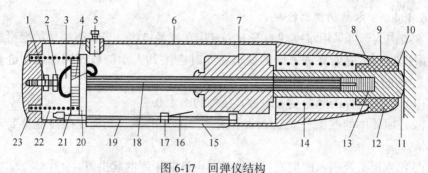

图 6-17   回弹仪结构

1—紧固螺母；2—调零螺钉；3—挂钩；4—挂勾销子；5—按钮；6—机壳；
7—弹击锤；8—拉簧座；9—卡环；10—密封毡圈；11—弹击杆；12—盖帽；13—缓冲压簧；
14—弹击拉簧；15—刻度尺；16—指针片；17—指针块；18—中心导杆；19—指针轴；
20—导向法兰；21—挂勾压簧；22—压簧；23—尾盖

少于 10 件。

(2) 测区。所谓测区，是指每一试样的测试区域，每一测区相当于该试样同条件混凝土的一组试块。每一构件长度大于等于 4.5 m 时，不应少于 10 个测区；当长度小于 4.5 m 时，高度小于 0.3 m 的构件，其测区数量可适当减少，但不应少于 5 个测区。构件或结构的受力部位及易产生缺陷部位（如梁与柱相接的节点处）需布置测区；测区优先考虑布置在混凝土浇筑的侧面（与混凝土浇筑方向相垂直的贴模板的一面），且安排在相对的两个侧面交错位置。

如不能满足这一要求时，可选在混凝土浇筑的表面或底面；测区须避开位于混凝土内保护附近设置的钢筋和预埋铁件。对于弹击时产生颤动的薄壁、小型的构件，应设置支撑加以固定。测区表面应清洁、平整、干燥，不应有疏松层、饰面层、粉刷层、浮浆、油垢、蜂窝麻面等，必要时可采用砂轮清除表面杂物和不平整处。每个测区一般为 400 cm² 的正方形，当混凝土浇筑质量比较均匀时，可酌情增大测区间的间距，但其间距不得超过 2 cm。此外，靠近构件的测区与构件边缘或外露钢筋的距离一般不小于 3 cm。

(3) 测点。在每个测区内均匀弹击 16 个测点，测点之间距离不小于 2 cm（通常为 4 个测点 1 排，共 4 排）。回弹时回弹仪应始终与测面相垂直，并不得打在气孔和外露石子上。同一测点只允许弹击一次，每一测点的回弹值读数准确至 1°。

(4) 碳化深度的测定。回弹法是以混凝土表面硬度的回弹值来推定混凝土强度值的，因此必须考虑影响混凝土表面硬度的碳化深度。由于混凝土表面的氢氧化钙和空气中的二氧化碳生成碳酸钙的结硬层，此结硬层的深度即碳化深度。随着时间的推移，构件越陈旧，其碳化深度也就越深（当达到一定碳化深度后，其碳化深度也会大幅减缓或停止）。回弹仪水平方向测试混凝土浇筑侧面时，应从每一测区的 16 个回弹值中剔除其中 3 个最大值和 3 个最小值，取余下的 10 个回弹值的平均值作为该测区的平均回弹值。

6.5.3 超声法

声波可分为可闻声波、次声波和超声波三种。可闻声波在传播过程中是逐步发散的，而超声波传播的指向性较其他声波的指向性要好。

超声仪由一个换能器在被测混凝土的一个侧面发出超声波，而相对应的被测混凝土的另一侧面用另一个换能器接收此超声波。这是因为超声波在穿过混凝土中的孔洞时，要比穿过密实的混凝土所花时间要长，即速度要慢；而混凝土密实程度与混凝土的强度密切相关，混凝土越密实，其混凝土强度就越高，故可用超声波在混凝土中传播的速度快慢来推定其混凝土的强度值。依照相关的超声波在混凝土中传播的速度与混凝土强度之间的关系曲线，即可得到混凝土强度的推定值。为防止换能器与混凝土之间有缝隙，致使传播速度减慢影响探测准确度，通常在换能器表面涂上黄油或糨糊之类的介质，使其换能器与混凝土之间无空气介质。

超声仪采用非金属超声仪，工作频率在 1 MHz 以下（通常采用 50 ~ 100 kHz）。测区不得少于 10 个，每个测区沿对角线安排 3 个测点。量出超声波穿过混凝土的厚度，将两换能器保持在一条直线上，换能器与混凝土表面接触面涂上如黄油或糨糊之类的介质。3 个测点则由 3 个传播时间求取平均值，再由 R-C 曲线得到此测区的混凝土强度的推定值。在混凝土浇筑面或底面测试时，其所测得的声速需乘以 1.034。其中，R 即混凝土强度的换算值，C 即超声波在混凝土中的传播速度（它由超声波在混凝土中的传播距离除以传播时间得到），R-C 曲线可由试验方法或有关的技术规范或规程提供，如图 6-18 所示。

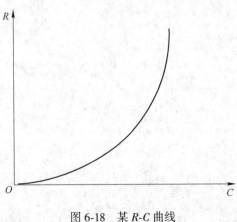

图 6-18 某 R-C 曲线

思 考 题

6-1 岩土工程原位实验包含哪几种实验方法，常用原位实验采用什么实验原理？

6-2 与三轴压缩试验相比，直剪试验有哪些优点？

6-3 砌体结构检测的主要内容有哪些？

6-4 钢结构中钢材强度检测的方法有哪些？

6-5 钢结构连接检测的内容有哪些？

6-6 抗滑移系数的含义是什么，如何确定滑移荷载？

6-7 简述木材腐朽的原因以及防止木材腐朽的措施。

6-8 回弹法怎么测量混凝土强度？

6-9 十字板剪切试验怎样计算饱和黏性土不排水抗剪强度？

参 考 文 献

[1] 中华人民共和国国家标准.建筑基坑工程监测技术标准（GB 50497—2019）[S].北京：中国计划出版社，2020.

[2] 中华人民共和国国家标准.建筑边坡工程技术规范（GB 50330—2013）[S].北京：中国建筑工业出版社，2014.

[3] 宋彧.工程结构检测与加固 [M].北京：科学出版社，2005.

[4] 黄金林，余长洪.土力学实验指导 [M].北京：科学出版社，2018.

[5] 孟陆波.岩体力学试验 [M].北京：科学出版社，2020.

[6] 宿连红.人工边坡治理设计案例分析 [J].科技与企业，2015，4：168.

[7] 杜向锋.基坑变形监测方案实例 [J].大众科技，2010，6：110-111.